建筑与市政工程施工现场专业人员职业标准培训教材

资料员岗位知识与专业技能
（第 2 版）

建筑与市政工程施工现场专业人员职业标准培训教材编审委员会　编

主　编　张　玲　石志强

副主编　高丽丽　王吉超

主　审　李志仁

黄 河 水 利 出 版 社

·郑州·

内 容 提 要

本书以《建筑与市政工程施工现场专业人员职业标准》(JGJ/T 250—2011)为依据,按照现行的建筑与市政工程规范、规程和相关标准要求进行编写。全书共分十二章,内容包括概述、建设工程资料立卷、建设工程资料的归档、建设工程资料的验收与移交、资料的安全管理、建设单位文件资料(A 类)的管理、监理单位文件资料(B 类)的管理、施工单位文件资料(C 类)的管理、竣工图资料(D 类)的编制与管理、市政工程资料档案管理、工程资料的计算机管理、法律规范对资料管理的要求等。

本书是建筑与市政工程施工现场专业人员职业标准培训教材,可作为建设行业大中专师生、工程资料管理人员的参考用书,也可作为资料员编制资料的工具书。

图书在版编目(CIP)数据

资料员岗位知识与专业技能/张玲主编;建筑与市政工程施工现场专业人员职业标准培训教材编审委员会编. —2版. —郑州:黄河水利出版社,2018.2

建筑与市政工程施工现场专业人员职业标准培训教材
ISBN 978 – 7 – 5509 – 1995 – 2

Ⅰ.①资… Ⅱ.①张… ②建… Ⅲ.①建筑工程 – 技术档案 – 档案管理 – 职业培训 – 教材 Ⅳ.①G275.3

中国版本图书馆 CIP 数据核字(2018)第 044734 号

出 版 社:黄河水利出版社 网址:www. yrcp. com
　　　　地址:河南省郑州市顺河路黄委会综合楼14层 邮政编码:450003
发行单位:黄河水利出版社
　　　　发行部电话:0371 – 66026940、66020550、66028024、66022620(传真)
　　　　E-mail:hhslcbs@ 126. com
承印单位:河南承创印务有限公司
开本:787 mm×1 092 mm 1/16
印张:17.25
字数:419 千字 印数:1—3 000
版次:2018 年 2 月第 1 版 印次:2018 年 2 月第 1 次印刷

定价:52.00 元

建筑与市政工程施工现场专业人员职业标准培训教材
编审委员会

序

为了加强建筑工程施工现场专业人员队伍的建设，规范专业人员的职业能力评价方法，指导专业人员的使用与教育培训，提高其职业素质、专业知识和专业技能水平，住房和城乡建设部颁布了《建筑与市政工程施工现场专业人员职业标准》（JGJ/T 250—2011），并自2012 年 1 月 1 日起颁布实施。我们根据《建筑与市政工程施工现场专业人员职业标准》（JGJ/T 250—2011）配套的考核评价大纲，组织建设类专业高等院校资深教授、一线教师，以及建筑施工企业的专家共同编写了《建筑与市政工程施工现场专业人员职业标准培训教材》，为 2014 年全面启动《建筑与市政工程施工现场专业人员职业标准》的贯彻实施工作奠定了一个坚实的基础。

本系列培训教材包括《建筑与市政工程施工现场专业人员职业标准》涉及的土建、装饰、市政、设备 4 个专业的施工员、质量员、安全员、材料员、资料员 5 个岗位的内容，教材内容覆盖了考核评价大纲中的各个知识点和能力点。我们在编写过程中始终紧扣《建筑与市政工程施工现场专业人员职业标准》（JGJ/T 250—2011）和考核评价大纲，坚持与施工现场专业人员的定位相结合、与现行的国家标准和行业标准相结合、与建设类职业院校的专业设置相结合、与当前建设行业关键岗位管理人员培训工作现状相结合，力求体现当前建筑与市政行业技术发展水平，注重科学性、针对性、实用性和创新性，避免内容偏深、偏难，理论知识以满足使用为度。对每个专业、岗位，根据其职业工作的需要，注意精选教学内容、优化知识结构，突出能力要求，对知识和技能经过归纳，编写了《通用与基础知识》和《岗位知识与专业技能》，其中施工员和质量员按专业分类，安全员、资料员和材料员为通用专业。本系列教材第一批编写完成 19 本，以后将根据住房和城乡建设部颁布的其他岗位职业标准和施工现场专业人员的工作需要进行补充完善。

本系列培训教材的使用对象为职业院校建设类相关专业的学生、相关岗位的在职人员和转入相关岗位的从业人员，既可作为建筑与市政工程现场施工人员的考试学习用书，也可供建筑与市政工程的从业人员自学使用，还可供建设类专业职业院校的相关专业师生参考。

本系列培训教材的编撰者大多为建设类专业高等院校、行业协会和施工企业的专家和教师，在此，谨向他们表示衷心的感谢。

在本系列培训教材的编写过程中，虽经反复推敲，仍难免有不妥甚至疏漏之处，恳请广大读者提出宝贵意见，以便再版时补充修改，使其在提升建筑与市政工程施工现场专业人员的素质和能力方面发挥更大的作用。

建筑与市政工程施工现场专业人员职业标准培训教材编审委员会
2013 年 9 月

前　言

本书以《建筑与市政工程施工现场专业人员职业标准》(JGJ/T 250—2011)为依据,按照《建设工程文件归档规范》(GB/T 50328—2014)和现行的建筑与市政工程规范、规程和相关标准要求进行编写。全书共分十二章,内容包括:第一章概述,主要介绍了建设工程资料管理、组成以及建筑业统计制度等相关内容;第二章建设工程资料立卷,主要介绍了建设工程资料的分类与编号、立卷方法等内容;第三章建设工程资料的归档,主要介绍了建设工程资料归档整理依据、归档要求与方法;第四章建设工程资料的验收与移交,主要介绍了建设工程资料的验收内容、移交方法和要求;第五章资料的安全管理,主要介绍了我国资料安全管理的相关规定和确保资料安全的措施;第六章建设单位文件资料(A 类)的管理,主要介绍了建设单位资料管理要求、资料的种类、资料的编制与管理;第七章监理单位文件资料(B 类)的管理,主要介绍了监理单位资料的管理规定、资料的种类、资料的编制与管理,以及河南省监理单位文件资料编制示例;第八章施工单位文件资料(C 类)的管理,主要介绍了施工单位资料的管理规定、资料的种类、资料的编制与管理,以及河南省施工单位文件资料编制示例;第九章竣工图资料(D 类)的编制与管理,主要介绍了竣工图的管理规定、内容、种类、编制方法、图章及图纸折叠等内容;第十章市政工程资料档案管理,主要介绍了市政工程资料档案管理的基本规定、编制与组卷、归档与验收、档案报送清单等相关内容;第十一章工程资料的计算机管理,主要介绍了工程项目管理软件发展现状、常用工程资料管理系统介绍;附录为法律规范对资料管理的要求,主要介绍了建设工程监理规范、建设工程文件归档整理规范及建筑工程施工质量验收统一标准等内容。

本书的编写注重实用性和可操作性,以国家和行业规范为依据,按照建筑与市政工程行业的生产实际进行编写。本书是建筑与市政工程施工现场专业人员职业标准培训教材,可作为建设行业大中专师生、工程资料管理人员的参考用书,也可作为资料员编制资料的工具书。

本书由安阳工学院张玲、石志强任主编,高丽丽、王吉超任副主编,由河南工业职业技术学院李志仁担任主审。参编人员有安阳工学院张仲军、申志灵、王立波、陈鹏飞,河南省建设教育协会樊军。具体编写分工如下:张玲编写第一章;高丽丽编写第二章、第三章;张仲军编写第四章~第六章,并与申志灵合编第八章第三节;王立波编写第七章;石志强编写第八章第一节、第二节一~三;申志灵编写第八章第二节四~八;陈鹏飞编写第九章;樊军编写第十章;王吉超编写第十一章及附录。

由于本书编写时间仓促,难免有疏漏和不足之处,敬请读者指正。

编　者

2017 年 7 月

目　录

第一章 概 述

【学习目标】

了解建筑工程文件和档案资料管理的意义、建筑工程文件和档案资料的特征;建筑工程资料的组成、参建各方工程资料管理的基本职责,建筑业统计基本知识、施工统计工作的主要内容;掌握资料员的工作职责、各阶段的资料组成及载体形式、加强施工企业统计工作的措施。

建设工程资料管理,是建设工程全过程中一项重要的管理工作,是工程质量管理的组成部分,是工程竣工验收的基本条件,是工程使用、管理、维修的依据。一套完整的建设工程资料,需要在建设项目全过程的各个阶段,逐渐积累,逐步形成。作为"资料员",应掌握整个建设工程的全过程,掌握建设工程各个阶段工程资料的内容和整理方法,掌握建设各方需要整理留存的工程资料内容,掌握工程资料的编制与组卷,掌握工程资料的验收与移交,掌握工程资料计算机管理技术,掌握相关法律法规对工程资料管理的要求。

第一节 建设工程资料管理概述

建设工程资料,是反映建筑工程质量状况和工作质量状况的重要依据,是评定建筑安装工程等级的重要依据,也是单位工程日后维修、扩建、改造、更新的重要档案材料。建设工程资料的编制包括建设单位文件资料、监理单位文件资料、施工单位文件资料、竣工图资料等四大部分。其中,施工单位文件资料全面反映了工程质量状况,是建设工程资料管理的重点。工程竣工后工程文件资料中,一部分提交城建档案馆管理,一部分上报建设主管部门备案,一部分各单位自行保管留存。

一、建设工程文件和档案资料的概念

(一)建设工程文件的概念

建设工程文件是指在工程建设过程中形成的各种形式的信息记录文件,包括工程准备阶段文件、监理文件、施工文件、竣工图和竣工验收文件等,也可简称为工程文件。工程准备阶段文件,是指建设单位整理的,工程开工前,在立项、审批、征地、勘察、设计、招投标等工程准备阶段形成的文件;监理文件是指监理单位在工程设计、施工等监理过程中形成的文件;施工文件是指施工单位在工程施工过程中形成的文件;竣工图是指在工程竣工验收后,真实反映建设工程项目施工结果的图样;竣工验收文件是指在建设工程项目竣工验收活动中形成的文件。

(二)建设工程档案与建设工程档案资料的概念

建设工程档案是指在工程建设活动中直接形成的具有归档保存价值的文字、图表、声像等各种形式的历史记录,简称为工程档案。

建设工程档案资料是指规划文件资料、建设文件资料、施工技术资料、竣工图与竣工测量资料和竣工验收资料等。资料是现实中与档案关系最密切的概念，其外延有部分重合，资料的外延大于档案，但内涵有区别。资料是个相对性、动态性极强的概念，外延极宽，只要对人们研究解决某一问题有信息支持价值，无论其具体是什么，均可视为资料。档案没有资料那样的相对性与动态性，档案可作为资料使用，资料却不能直接作为档案看待。档案是保存备查的历史文件。档案是由文件转化而来的，广义上的文件不仅指常规的文书，也包括技术文件、各种手稿等工作中直接使用的材料，各单位在工作活动中，为了相互交往，上传下达和记录事务，总要产生和使用许多文件，由于工作的持续进行和事业发展的客观需要，人们又自然要把日后仍需查考的文件有意识地留存下来，就成为了档案。

二、建设工程文件和档案资料管理的意义

建设工程文件和档案资料管理是保证工程质量与安全的重要环节，做好建设工程文件和档案资料的管理具有以下重要意义：

(1)按照规范的要求积累而成的完整、真实、具体的工程技术资料，是工程竣工验收交付的必备条件；

(2)工程资料为工程的检查、维修、改造、扩建提供可靠的依据；

(3)一个质量合格的工程必须要有一份内容齐全、原始资料完整、文字记载真实可靠的资料；

(4)对优良工程的评定，更有赖于工程资料的完整无缺；

(5)做好建设工程文件和档案资料管理工作也是项目管理的重要内容；

(6)建设工程文件和档案资料是建设单位对建设工程管理的依据；

(7)做好建设工程文件和档案资料管理是维护企业经济效益和社会信誉的需要；

(8)做好建设工程文件和档案资料管理是开发利用企业技术资源的需要；

(9)做好建设工程文件和档案资料管理是保证城市规范化建设的需要。

三、建设工程文件和档案资料的载体与特征

(一)建设工程文件和档案资料的载体

档案的记载手段是多种多样的，除纸质材料外，还存在大量其他形式的载体，包括磁性材料、感光材料和其他合成材料等。它们不但可以记录文字，还可以记录声音、图像，从而能更为生动形象地反映生产经营活动的过程，如照片、缩微胶片、录音磁带、录像带、磁盘、光盘等。习惯上，人们把这些非纸质材料的档案统称为特殊载体档案，也有人称之为新型载体档案。

建设工程文件和档案资料的特殊载体档案包括声像档案、缩微档案和电子档案。建设工程声像档案是竣工档案不可缺少的重要组成部分，是反映建设工程现场原地物、地貌和工程施工主要过程及建成后的建(构)筑物的照片和录音、录像档案。照片档案是指采用感光材料，利用摄影的方法记录形象的历史记录。录音、录像档案，是指用专门的器械和材料，采用录音、录像的方法，记录声音和图像的特殊载体档案，分为机械录音档案、磁带录音档案和磁带录像档案等。声像材料整理应附文字说明，对事由、时间、地点、人物、作者等内容进行著录。电子档案，是指利用计算机技术形成的，以代码形式存储于特定介质上的档案，如磁盘、磁带、光盘等。

（二）建设工程文件和档案资料的特征

1. 真实性和全面性

真实性是对所有文件、档案资料的共同要求，但对建设工程的文件和档案资料来讲，这方面的要求更为迫切。建设工程文件和档案资料只有全面反映建设工程的各类信息，形成一个完整的系统，才更有实用价值，只言片语地引用往往会起到误导作用。所以，建设工程文件和档案资料必须真实地反映建设工程的情况，包括发生的事故和存在的隐患。

2. 继承性和时效性

随着建筑技术、施工工艺、新材料和施工企业管理水平的不断提高，建设工程文件和档案资料被继承下来与不断积累起来。新的项目在建设中可以吸取以前的经验和教训，避免重犯以前的错误。同时，建设工程文件和档案资料具有很强的时效性，其作用会随着时间的推移而衰减，有时，文件和档案资料一经形成就必须尽快送达有关部门，否则会造成严重的后果。

3. 多专业性和综合性

建设工程文件和档案资料依附于不同的专业对象而存在，又依赖于不同的载体而流动，涉及建筑、市政、公用、消防等各个专业，也涉及力学、电子、声学等多种学科，且同时综合了质量、进度、造价、合同、组织、协调等方面的内容，因此具有多专业性和综合性的特点。

4. 分散性与复杂性

建设工程项目周期长且影响因素多，生产工艺复杂，建筑材料种类多，建设阶段性强且相互穿插，由此导致了建设工程文件和档案资料的分散性与复杂性。这个特征决定了建设工程文件和档案资料是多层次、多环节、相互关联的复杂系统。

5. 随机性

建设工程文件和档案资料产生于项目建设的整个过程中，工程前期、工程开工、施工和竣工等各个阶段与环节都会产生各种文件和档案资料。虽然各类报批文件的产生具有规律性，但是还是有相当一部分文件和档案资料的产生是由于具体工程事件引发的，因此具有较大的随机性。

四、建设工程资料归档整理依据

建设工程资料归档管理的目的，是为提高工程资料案卷质量，更好地为城市建设服务。建设工程资料归档整理的主要依据是国家现行相关法律法规、国家标准、行业标准、部门规章、地方标准以及企业规章等。

（一）建设工程资料归档整理须依据的国家法律法规

建设工程资料归档整理必须遵守：《中华人民共和国建筑法》、《中华人民共和国合同法》、《中华人民共和国消防法》、《中华人民共和国安全生产法》、《中华人民共和国建设工程安全生产管理条例》、《中华人民共和国行政复议法》、《中华人民共和国招标投标法》、《中华人民共和国产品质量法》、《中华人民共和国行政处罚法》、《建筑工程质量管理条例》、《房屋建筑工程质量保修办法》、《房屋建筑工程和市政基础设施工程实行见证取样和送检的规定》、《特别重大事故调查程序暂行规定》、《城市房地产开发经营管理条例》等现行国家法律法规。

（二）建设工程资料归档整理须依据的部门规章

建设工程资料归档整理必须遵守：《房屋建筑和市政基础设施工程竣工验收备案管理办法》、《房屋建筑工程质量保修办法》、《建筑工程施工许可管理办法》、《实施工程建设强制性标准监督规定》、《建设工程监理范围和规模标准规定》、《工程建设项目施工招投标办法》、《建设行政处罚程序暂行规定》、《建筑工程质量检测管理方法》、《房屋建筑工程和市政基础设施工程竣工验收暂行规定》等现行部门规章。

（三）建设工程资料归档整理须依据的规范

建设工程资料归档整理必须遵守：《建设工程文件归档规范》（GB/T 50328—2014）、《城市建设档案著录规范》（GB/T 50323—2001）、《建设工程项目管理规范》（GB/T 50326—2017）、《建设工程监理规范》（GB 50319—2013）、《建筑工程施工质量验收统一标准》（GB 50300—2013）、《技术制图　复制图的折叠方法》（GB/T 10609.3—2009）、《科学技术档案案卷构成的一般要求》（GB/T 11822—2008）等统一标准规范。同时，也必须遵守：各分部分项工程质量验收标准、各种建筑材料标准规范、各类分部分项工程现行安全管理规范等。

（四）建设工程资料归档整理须依据的企业标准

建筑施工企业标准是建筑施工企业对本单位内需要协调、统一的技术、管理、工作要求，自行组织制定，由企业法人代表批准、发布，由主管科室统一管理的标准。此外，还包括由省、市标准化管理机构和专业局批准发布的地区性企业标准。建筑施工企业标准的种类有：技术标准（包括严于国家标准、行业标准或地方标准的企业内控标准，对国家标准的选择和补充的标准），施工生产、经营管理活动中的管理标准和工作标准。企业内控标准是为了保证与达到国家标准、行业标准和上级批准发布的企业标准，或为了争优质、创品牌、提高水平而实施的标准。

建筑施工企业在进行编制和整理建设工程资料以及进行资料归档整理时，须在满足国家、行业、部门有关法律法规、标准规范的基础上，按照企业标准进行建设工程资料的编制与管理工作。

第二节　建设工程资料的组成

建设工程资料按照归档整理主体不同，一般由建设单位文件资料、监理单位文件资料、施工单位文件资料、竣工图资料四个部分组成。

一、建设单位文件资料

建设单位文件资料也称基建文件或工程准备阶段文件，包括：项目建议书等立项文件，国有土地使用证等建设用地、征地、拆迁文件，工程地质勘察报告等勘察、测绘、设计文件，勘察设计招投标文件等招投标文件，建设工程施工许可证等开工审批文件，工程投资估算等财务文件，工程项目管理机构（项目经理部）及负责人名单等建设、施工、监理机构及负责人文件等。

二、监理单位文件资料

监理单位文件资料包括:监理规划、监理月报、监理会议纪要、进度控制、质量控制、造价控制、分包资质、监理通知、合同与其他事项管理、监理工作总结等文件资料。

三、施工单位文件资料

施工单位文件资料包括:施工技术准备文件,施工现场准备文件,地基处理记录文件,工程图纸变更记录,施工材料预制构件质量证明文件及复试试验报告,施工试验记录,隐蔽工程检查记录,施工记录,工程质量事故处理记录,工程质量检验记录,工程竣工总结、竣工验收记录及其他竣工验收文件等。

四、竣工图资料

竣工图资料包括:综合图、室外专业图、建筑竣工图、结构竣工图、装修(装饰)工程竣工图、电气工程(智能化工程)竣工图、给排水工程(消防工程)竣工图、采暖通风空调工程竣工图、燃气工程竣工图等建筑安装工程竣工图;道路工程,桥梁工程,广场工程,隧道工程,铁路、公路、航空、水运等交通工程,地下铁道等轨道交通工程,地下人防工程,水利防灾工程,排水工程,供水、供热、供气、电力、电信等地下管线工程,高压架空输电线工程,污水处理、垃圾处理处置工程等市政基础设施工程竣工图等。

第三节　建设工程资料的管理

一、建设工程资料管理的一般要求

建设工程资料的管理,要与工程项目进展相一致,特别是施工单位文件资料的编制与整理,必须与施工进度同步。但是,一些房屋建筑工程,由于工程量不大,施工单位往往平时不收集、整理施工资料,而是拖到工程完工需要竣工验收时才开始收集有关建材、构件、设备的合格证、质保单,补写隐蔽工程验收记录,编造分项、分部工程检查评定记录,目的只是应付质量监督部门在核定工程质量等级时对施工资料的规定要求;平时应及时做的,如施工日记、施工安装记录、工序检查记录、材料测试记录等都不与每道工序的操作进度同步,而是事后随意编造。在施工单位文件资料的管理上,项目经理应经常检查并督促有关岗位及时按实际情况做好施工单位文件资料的整理收集,要充分发挥施工员、材料员、质检员各自的职责,准确、及时地做好各种施工记录,工序自检记录,隐蔽工程记录及材料、设备检查记录等技术资料,以协助资料员做好资料的及时收集与整理工作。

建设工程资料的收集与管理是一个复杂烦琐的过程,需要工程参建各方都积极主动,分工协作,认真完成,以保证工程资料的完整性、准确性,保证工程质量。

二、参建各方工程资料管理的基本职责

(一)基本职责

(1)工程参建各方应该把工程资料的形成和积累纳入工程管理的各个环节与相关人员的职责范围。

(2)工程参建各方填写的工程资料应以施工及验收规范、工程合同与设计文件、工程质量验收标准等为依据。

(3)工程资料应随工程进度及时收集、整理,并应按专业归类,认真书写,字迹清楚,项目齐全、准确、真实,无未了事项。表格应采用本地区建筑行政管理部门或档案管理部门设计的统一格式。

(4)工程资料应该随着工程进度同步收集、整理和立卷,并按照有关规定进行移交。

(5)工程资料应该实行分级管理,由建设、勘察、设计、监理、施工等相关单位的主管(技术)负责人组织各自单位的工程资料管理的全程工作。在工程建设过程中,工程资料的收集、整理和审核工作应由熟悉业务的专业技术人员负责。

(6)对工程资料进行涂改、伪造、随意抽撤或工程资料被损毁、丢失等的,应按有关规定予以处罚;情节严重的,应依法追究法律责任。

(二)建设单位的工程资料管理职责

(1)应加强基建文件的管理工作,并设专人负责基建文件的收集、整理和归档工作。编制的基建文件不得少于两套。其中,归入工程档案一套,移交产权单位一套,保存期应与工程合理使用年限相同。

(2)在与监理单位、施工单位签订监理、施工合同时,应对监理资料、施工资料和工程档案的编制责任、编制套数和移交期限作出明确的规定。

(3)必须向参与工程建设的勘察设计、施工、监理等单位提供与建设工程有关的原始资料,原始资料必须真实、准确、齐全。负责工程建设过程中对工程资料进行检查并签署意见。

(4)负责组织工程档案的编制工作,可委托总承包单位、监理单位组织该项工作;负责组织竣工图的绘制工作,可委托总承包单位、监理单位或设计单位完成该项工作。

(5)监督与检查参建各方工程资料的形成、积累和立卷工作,也可委托监理单位或其他单位监督与检查参建各方工程资料的形成、积累和立卷工作。

(6)及时收集与汇总勘察、设计、监理和施工等参建各方立卷归档的工程资料。

(7)组织竣工图的绘制、组卷工作。可自行完成,也可委托设计单位或监理单位、施工单位来完成。

(8)工程开工前,与城建档案馆签订《建设工程竣工档案责任书》,工程竣工验收前,提请城建档案馆对列入城建档案馆接收范围的工程档案进行预验收。未取得《建设工程竣工档案预验收意见》的,不得组织工程竣工验收。

(9)应严格按照国家和当地有关城建档案管理的规定,及时收集、整理建设项目各环节的资料,建立健全工程档案,并在建设工程竣工验收后的 3 个月内,将一套符合规范、标准规定的工程档案原件移交给城建档案馆,并与城建档案馆办理好移交手续。

(三)勘察、设计单位的工程资料管理职责

(1)按照合同和规范的要求及时提供完整的勘察、设计文件。

（2）对需要勘察、设计单位签字的工程资料应签署意见。

（3）在工程竣工验收时，应据实签署本单位对工程质量检查验收的意见。

（四）监理单位的工程资料管理职责

（1）应加强监理资料的管理工作，并设熟悉业务的专业技术人员来负责监理资料的收集、整理、归档等方面的管理工作。

（2）监督检查工程资料的真实性、完整性和准确性。在设计阶段，对勘察、测绘、设计单位的工程资料进行监督、检查并签署意见；在施工阶段，对施工单位的工程资料进行监督、检查并签署意见，确保其完整、齐全、准确、真实、可靠。

（3）负责对施工单位报送的施工资料进行审查、签字。

（4）接受建设单位的委托，进行工程档案的组织编制工作。

（5）在工程竣工验收后3个月内，由项目总监理工程师组织对监理资料进行整理、装订与归档。监理资料在归档前必须由项目总监理工程师审核并签字。

（6）负责编制的监理资料不得少于两套，其中，移交建设单位一套，自行保存一套，保存期自竣工验收之日起5年。如建设单位对监理资料的编制套数有特殊要求的，可另行约定。

（五）施工单位的工程资料管理职责

（1）应加强施工资料的管理工作，实行技术负责人负责制，逐级建立健全施工资料管理岗位负责制，并配备专职资料员，负责施工资料的管理工作。

（2）总承包单位负责汇总整理各分承包单位编制的全部施工资料，分承包单位应各自负责对分承包范围内的施工资料的收集和整理工作，各承包单位应对其施工资料的真实性和完整性负责。

（3）接受建设单位的委托，进行工程档案的组织编制工作。

（4）应按有关要求，在竣工前将施工资料整理汇总完毕并移交建设单位进行工程竣工验收。

（5）负责编制的施工资料不得少于三套，其中，移交建设单位两套，自行保存一套，保存期自竣工验收之日起5年。如果建设单位对施工资料的编制套数有特殊要求的，可另行约定。

（六）城建档案馆的职责

（1）负责对建设工程档案的接收、收集、保管和利用等日常性的管理工作。

（2）负责对建设工程档案的编制、整理、归档工作进行监督、检查、指导。

（3）组织精通业务的专业技术人员，对国家和省、市重点工程项目建设过程中工程档案的编制、整理和归档等工作进行业务指导。

（4）在工程开工前，与建设单位签订《建设工程竣工档案责任书》；在工程竣工验收前，对工程档案进行验收，并出具《建设工程竣工档案预验收意见》。

（5）在工程竣工后的3个月内，对工程档案进行正式验收。合格后，接收入馆，并发放《工程项目竣工档案合格证》。

三、施工单位的工程资料管理

施工资料是整个工程资料的重点，施工企业是工程资料管理的主体单位。因此，施工企业除应负责汇总、整理所承包范围内的工程施工资料外，还应配合建设单位和监理单位完成相关工程资料的收集和整理工作。实行总包的工程项目,总包单位负责汇总、整理各分包单位编制的全部施工资料。分包单位应负责各自分包项目的施工资料的收集和整理工作,未实行总包的工程项目建设单位应委托一家施工单位负责收集、整理各分包单位的施工资料。

施工企业应加强对资料管理工作的领导。各级职能部门及其管理工作应配备工程技术人员,并经建委或企业培训和考核合格后,方可从事该项管理工作。工程项目施工现场应设资料员专人负责收集、管理资料工作。

项目部要实行项目经理、总工程师负责制。项目必须建立健全岗位责任制,明确各部门及专业责任人员的职责。

(一)项目经理职责

(1)指导、监督项目施工资料管理工作。

(2)参与项目施工组织设计的优化审查。

(3)对工程竣工资料负全部责任。

(4)领导项目部、分承包方的工作。

(5)领导项目建筑安装施工技术资料管理及现场试验室工作。

(二)项目总工程师职责

(1)负责项目施工资料的管理工作。

(2)负责对工程材料、设备的选型。

(3)组织领导项目、图纸会审及工程设计修改、洽商变更工作。

(4)领导、组织编制项目施工组织设计、施工方案、专业施工方案、方案技术交底。

(三)质量总监职责

(1)组织、开展项目质量保证及资料管理工作。

(2)组织项目施工试验、施工记录、隐检、质量评定等工程报检工作以及进场材料、设备、构配件的报送审批(监理审批)工作。

(四)工程部门经理、区域负责人职责

指导、监督、检查土建工程的技术资料管理工作。

(五)技术人员职责

(1)在项目总工程师领导下,负责项目图纸会审及工程设计洽商工作。

(2)负责编制项目施工组织设计、施工技术方案及施工详图、安装综合布线图设计,重要施工组织设计、方案及技术措施应及时报送监理单位,审批后方可实施。

(3)负责制订重要原材料质量三方认证检测计划及竣工图的制作。

(4)负责对工程材料、设备的选型和审查,并填写材料、构配件、设备报验单。

(六)施工员职责

(1)指导、检查所辖分承包方做好分部分项工程隐检、预检、施工记录、测量放线以及施工日志等施工技术资料,对不合格技术资料限期整改,确保资料完整并建立技术资料台账。

(2)指导项目资料管理人员的工作,做到资料与施工进度同步。

(3)指导、检查项目试验室工作,及时通知项目试验员进行试验取样工作。

(4)是工程施工资料的主要提供者及组织者。对重要施工资料,应及时填写报验单。

(七)机电工程施工管理人员职责

(1)负责机电工程(水、电、暖、卫、通风、空调、通信、报警、自动控制、设备安装等)所有施工资料,接受项目监督检查。

(2)负责进场机电材料与设备的及时报验(报送总包方)。

四、资料员的基本要求和工作职责

(一)资料员的基本要求

资料员是施工企业五大员(施工技术员、质量员、安全员、资料员、材料员)之一。一个建设工程的质量具体反映在建筑物的实体质量上,即所谓硬件。另外,也反映在该项工程资料的质量上,即所谓软件。这些资料的形成,主是靠资料员收集、整理、编制成册。因此,资料员在施工过程中担负着十分重要的责任。

要当好资料员,除本身具有认真、负责的工作态度外,还必须了解建设工程项目的工程概况,熟悉本工程的施工图(包括建筑、结构、电气、给排水等),施工基础知识,施工技术规范,施工质量验收规范,建筑材料的技术性能、质量要求及使用方法,有关政策、法规和地方性法规、条文等。要了解掌握施工管理的全过程,要了解掌握分部、分项的施工过程和验收节点,要了解掌握每项资料在什么时候产生。

由于资料员工作过程中需要与各方面人员协作,结交面广泛。因此,必须处理好各方面的关系,才能做好资料工作。一般应处理好的关系有以下几个方面:

(1)与项目经理的关系——责任承包关系;

(2)与技术主管的关系——业务领导关系;

(3)与相关部门的关系——协同保证关系;

(4)与上级主管部门的关系——局部与整体关系;

(5)与监理部门的关系——监督与管理关系;

(6)与业主的关系——合同关系;

(7)与档案部门的关系——监督与指导关系。

(二)资料员的工作职责

1.熟练掌握档案资料工作的有关业务知识

(1)国家、地区、上级单位有关档案、资料管理的法规、条例、规定等;

(2)资料的收集归档;

(3)报送建设单位(业主)归档资料:参照建设工程文件归档范围和保管期限表的建设单位部分;

(4)施工单位归档资料:参照建设工程文件归档范围和保管期限表的施工单位部分;

(5)报送城建档案室归档资料:提交给城建档案管理部门的归档资料。

2.把握资料收集过程中的基本原则

(1)参与的原则。资料管理必须纳入项目管理的程序中,资料员应参加生产协训会、项目管理人员工作会等,及时掌握施工管理信息,便于对资料的管理监控。

(2)同步的原则。资料的收集必须与实际施工进度同步。

(3)否定的原则。对分包单位必须提供的施工技术资料,从项目经理、技术主管到资料员应严格把关,对所提供的资料不符合规定要求的不予结算工程款(包括对供货单位)。

3.妥善进行资料保管

(1)分类整理。先按归档对象划分,再按资料内容划分,同类资料按产生时间的先后顺序排列。

（2）固定存放。根据实际条件，配备必要的箱柜存放资料，并注意做到防火、防蛀、防霉。

（3）借阅有手续。必须建立一定的资料借阅制度，并按制度办理借阅手续。

（4）按规定移交、归档。项目通过竣工验收后，按时移交给公司、建设单位和城建档案部门。

（三）资料员的工作内容

工作阶段不同，资料员的工作内容也不同。建设工程项目按阶段可划分为施工前期阶段、施工阶段、竣工验收阶段。

1. 施工前期阶段

（1）熟悉建设工程项目的有关资料和施工图；

（2）协助编制施工技术组织设计（施工技术方案），并填写施工组织设计（方案）报审表给现场监理项目机构要求审批；

（3）报开工报告、填报工程开工报审表、填写开工通知单；

（4）协助制定各种规章制度；

（5）协助编制各工种的技术交底材料。

2. 施工阶段

（1）及时收集整理进场的工程材料、构配件、成品、半成品和设备的质量保证资料（准用证、交易证、生产许可证、出厂质量证明书），填报工程材料、构配件、设备报审表，由监理工程师审批；

（2）与施工进度同步，做好隐蔽工程验收记录及检验批质量验收记录的报审工作；

（3）阶段性地协助整理施工日记；

（4）及时整理施工试验记录和测试记录。

3. 竣工验收阶段

1）工程竣工资料的组卷

第一卷：单位（子单位）工程质量验收资料。包括施工现场质量管理检查记录、单位（子单位）工程质量竣工验收记录、各分部（子分部）工程质量验收记录、各分项工程质量验收记录、各分项工程检验批质量验收记录、单位（子单位）工程观感质量检查记录。

第二卷：单位（子单位）工程质量控制资料核查记录。包括图纸会审，设计变更，工程洽商记录，工程定位放线记录，工程材料，构配件，成品、半成品和设备的出厂质量证明书及现场抽检测试报告，施工试验报告及见证检验报告，隐蔽工程验收记录，施工记录。

第三卷：单位（子单位）工程安全与功能检验资料核查及主要功能抽查资料。包括屋面淋（防）水试验记录，建（构）筑物沉降观测成果，厨、厕间蓄水试验记录（通用），建筑物垂直度、标高、全高测量记录，外窗气密性、水密性、耐风压检测报告，门窗建筑物理性能检验报告，给水、排水与采暖、给水管道通水试验记录，排水干管通球试验记录，卫生器具满水试验记录，照明全负荷安全试验运作试验记录，线路、插座、开关接地检验记录，避雷接地电阻测试记录。

第四卷：单位（子单位）工程施工技术管理资料。包括工程开工报审表、施工组织设计、技术交底记录表、施工日记、预检工程（技术复核）记录、自检互检记录、工序交底单。

2)归档资料(提交城建档案馆(室))

第一部分:施工技术准备文件。包括图纸会审记录、控制网设置资料、工程定位测量资料、基槽开挖线测量资料。

第二部分:地基处理记录。包括地基钎探记录和钎探平面布置点、验槽记录和地基处理记录、桩基施工记录、试桩记录。

第三部分:工程图纸变更记录。包括设计会议会审记录、设计变更记录、工程洽谈记录。

第四部分:施工材料预制构件质量证明文件及复试试验报告。

第五部分:施工试验记录。包括土壤试验记录、砂浆混凝土抗压强度试验报告、商品混凝土出厂合格证和复试报告、钢筋接头焊接报告。

第六部分:隐蔽工程检查记录。包括基础与主体结构钢筋工程、钢结构工程、防水工程、高程测量记录。

第七部分:施工记录。包括工程定位测量记录、沉降观测记录、现场施工预应力记录、工程竣工测量、新型建筑材料、施工新技术。

第八部分:工程质量事故处理记录。

第九部分:工程质量检验记录及施工试验记录。工程质量检验记录包括基础、主体验收记录,幕墙工程验收记录,分部(子分部)工程质量验收记录;施工试验记录包括电气接地电阻测试记录,绝缘电阻测试记录,楼宇自控、监视、安装、视听电话等系统调试记录,变配电设备安装、检查、通电、满负荷测试记录,给排水、消防、采暖、通风、空调、燃气等管道强度、气密性、通水、灌水、试压、通球等试验记录,电梯接地电阻、绝缘电阻测试记录及调试记录。

第四节　建筑业统计制度

一、施工企业统计概述

在发展社会主义市场经济的条件下,施工企业统计数据有着非常重要的作用,它既有展示施工企业生产经营成果物化的一面,又有指导企业生产经营活动的一面,同时也是政府宏观经济决策的重要依据。因此,企业统计是企业生产经营管理的基础和重要组成部分。如果一家施工企业建立或完善了一套既科学、合理,又行之有效的统计工作制度,那么,这套制度将具有统计服务与统计监督的作用,既能为有关方面提供统计成果(包括原始统计资料、经过加工整理的统计资料和图表、统计分析报告等),又能通过资料反映生产活动的实际情况和存在的问题,及时把信息反馈到有关部门和领导,以便及时校正和调整。

(一)施工统计工作的基本原则

统计工作的根本原则是如实地反映情况。统计是以统计数字为基础,而统计数字建立在系统周密的调查研究基础上,根据统计制度规定的要求,如实报告统计数字,不准虚报、瞒报。所以,统计人员必须坚持实事求是的原则,要经常深入实际、深入群众进行调查研究,做到大数算准、小数算全,不重不漏,为各部门提供可靠的统计成果。

(二)施工统计工作的主要内容

(1)工程统计。主要包括施工生产的规模、工程实物量、质量和施工进度、竣工工程。

（2）劳动统计。主要包括职工及构成、劳动时间利用、劳动生产率、工资福利、劳动安全等。

（3）设备统计。主要包括机械设备拥有数量与能力、完好状况及利用情况等。

（4）材料统计。主要包括材料收入量、材料消耗与储备情况等。

（5）财务成本统计。主要包括固定资产、流动资产、工程成本与财务成果等。

（6）其他统计。如技术革新、附属生产单位的生产经营等。

二、施工企业统计工作的主要问题

（一）对统计工作的性质认识不清

很多企业认为统计是计划经济条件下的产物，是反映计划完成情况、为计划而服务的，市场经济条件下统计的地位和作用应该弱化。同时，对统计工作的内容了解不够，认为统计是为政府统计部门和上级主管部门服务的，只是为了完成上报任务。工作越多，企业统计工作的负担越重。统计工作仅停留在简单的数据收集上，没能进行很好的分析利用。还有对统计工作的作用了解不全面，认为统计仅反映生产经营的规模，对经营决策没有太多实际意义。

（二）统计指标过于烦琐

一些企业统计月报报表指标设置太多、太复杂，不够简练，没有突出重点；对一些统计快报，没有必要设置那么多指标；上报时间太仓促，往往会计报表还没报出，就要求企业上报统计报表了。特别是一些实行定额税的小规模企业，会计报表不用上报其主管部门，因此急于要求企业上报统计报表，形成税务部门、财政部门与企业统计部门上报报表的时间不统一，报表中相同指标结果有误差，造成企业管理中运用指标数据混乱，缺乏决策的可用性。

（三）企业统计台账和原始记录不健全

很多企业填报统计指标的随意性大，统计数据质量不高。随着改革开放的深入和市场经济的发展，企业的所有制形式由单一的国有、集体发展到包括私营、个体、股份制、外商投资等多种形式并存，经营方式与管理模式也日益多样化，许多新企业应运而生。在这些新企业中，有相当一部分没有建立规范的企业统计制度。

（四）计算机应用软件开发能力不足

目前，企业统计工作手段虽然已做到人机结合，但基本上还是以手工为主，在计算机的使用上，一般只是利用上级部门下发的现成软件来完成汇总、计算和报表生成任务，计算机应用软件开发能力则显得严重不足。

（五）统计部门配备力量不足

统计部门配备力量不足主要表现在以下方面：

（1）人员编制少，形成了工作任务的"金字塔"和人员力量"倒金字塔"的突出矛盾。

（2）人员配备不足，未按管理层次及专业管理需要配备专（兼）职统计员，不能形成统计工作网络。

由于企业统计工作存在诸多问题，所以统计对企业经营管理者决策的参考作用就有所减弱，或者说，就没有发挥过太大作用。作用越小，就越得不到重视；越得不到重视，就越难以有效发挥作用。

三、加强施工企业统计工作的措施

（一）增强企业统计法律意识

统计处罚力度不够，现行《中华人民共和国统计法》（简称《统计法》）就难以树立权威，难以产生震慑力，难以提高企业的统计意识。现行《统计法》对迟报、拒报等违法行为的处罚较轻，对一些企业来说，可谓不疼不痒、有恃无恐。新的《统计法》应考虑设立"妨碍国家统计调查罪"，让那些无视统计、藐视统计的企业负责人不仅受到经济处罚，而且还要"挨板子"。通过抓典型、对严重统计违法案件进行公开曝光等形式，使《统计法》产生震慑力，树立《统计法》的权威，增强企业的统计法律意识。

（二）调整与扩展统计指标体系

企业统计工作要发展，必须改变以服务政府统计为主的模式。企业统计人员应该在服务企业经营管理为主的同时，为政府统计服务。企业统计的服务对象转到以服务企业经营管理为主后，仅仅围绕政府统计的一套指标体系是不够的，必须下功夫建立一套与企业经营管理相耦合的指标体系，这套指标体系完全涵盖了政府统计指标体系，也可以说，这套指标体系比政府统计指标体系涵盖的内容要多、范围要广。

（三）做好统计基本工作

在企业统计工作中，要规范内部业务工作流程，理顺工作关系。抓好统计基础工作，提高统计核算的支持力。企业工作开展到哪里，统计工作就要做到哪里，形成纵横到边的统计工作网络。原始记录、统计台账的设置应适应生产经营的变化，使生产经营中发生的能够用数量反映的基础核算数据都要在原始记录上反映出来，确保统计数据来源的完整性、系统性。

（四）加快制定本企业的统计指标体系

设计并制定本企业的统计指标体系及统计信息的报送要求。要充分考虑企业经营与管理的需要，考虑企业面向市场、参与竞争的需要，把政府统计部门、企业主管部门的要求同本企业的实际相结合，提出完整的指标体系并分解到各个部门、单位，明确其报送或提供的时间、内容及方式，明确各部门的统计责任，收集、审核、汇总、提供各种统计信息。要对应由综合统计部门负责且由各级单位层层上报的信息进行审核，而后加以汇总；要收集审核本企业其他职能部门负责汇总的信息；要收集分析本企业以外但对企业生产经营有参考价值的各种统计信息。在此基础上，各个部门一方面，应完成各种统计报表的对外报送任务；另一方面，应负责向本企业领导和各有关部门提供其所需的统计信息。利用各种统计信息进行综合分析研究，分析研究的方法、形式可因研究内容不同而有所不同，但其结果应以分析研究报告的形式体现。

（五）加快统计信息网络建设

随着现代信息技术的飞速发展，信息网络已经进入到各行各业，并发挥着越来越重要的作用。企业统计应充分利用信息化技术的优势，建立健全统计信息网络，实现主要统计数据的及时更新，加快企业统计信息网络与部门统计网络的连接，实行企业联网直报。这就要求企业统计信息系统必须做到规范、统一。总之，企业应充分运用现代科技管理水平和计算机技术，广泛收集信息，加快信息处理、传递和反馈速度，进一步提高统计数据质量，加快统计信息的传递与应用。

（六）不断提高统计人员的业务素质

在对统计人员进行知识培训中,应针对不同重点,开展季度培训、半年培训、年度培训和统计专向业务培训。内容上要以《统计法》的宣传为重点,以统计知识、统计业务技能的学习和培训为核心,并制定严格的考核和奖惩制度。可以根据当地经济的实际情况,尝试争取上级拨一点、自己筹一点等办法,设立"统计奖励专项基金",加大对制作优秀统计报表个人的物质奖励力度,并进行大张旗鼓的宣传,产生"鲇鱼效应",以激活企业的统计工作积极性。

总之,施工企业统计工作要从为执行国家统计报表制度为主的定位,改变为立足企业、积极参与企业信息管理系统的建设上来,不断提高统计数据的加工能力,更好地为企业发展服务。

第二章　建设工程资料立卷

【学习目标】
　　了解建筑工程资料的分类、建筑工程资料的编号。掌握工程资料立卷和组卷的原则与方法。

第一节　建设工程资料的分类与编号

一、建设工程资料的分类

　　建设工程资料是按照文件资料的来源、类别、形成的先后顺序以及收集和整理单位的不同来进行分类的,以便于资料的编制、收集、整理、组卷和存档。从整体上,可以把全部的工程资料按照编制单位的不同划分为四大类,即可以分为建设单位文件资料、监理单位文件资料、施工单位文件资料以及竣工图资料。

　　建设单位文件资料可以划分为:立项文件、建设规划用地文件、勘察设计文件、工程招投标及合同文件、工程开工文件,财务文件,工程竣工验收及备案文件、其他文件等不同小类。

　　监理单位文件资料可以划分为:监理管理资料、监理质量控制资料、监理进度控制资料、监理造价控制资料等不同小类。

　　施工单位文件资料可以划分为:施工管理资料、施工技术资料、施工物资资料、施工测量记录、施工记录、隐蔽工程检查验收记录、施工检测资料、施工质量验收记录、单位(子单位)工程竣工验收资料等不同小类。

　　竣工图资料可以划分为:综合竣工图、室外工程专业竣工图、专业竣工图等不同小类。

　　在各部分文件资料中的每一个小类,可以细分为若干种文件、资料或变更等。

　　施工单位文件资料是工程资料的重点,量大而且烦琐,伴随着施工过程产生,关系到工程的施工质量和安全。因此,施工单位文件资料的分类更细,可以根据类别和专业不同来进行划分。要按照《建设工程文件归档规范》(GB/T 50328—2014)、《建筑工程施工质量验收统一标准》(GB 50300—2013),以及地方标准及规程进行分类。

二、建设工程资料的编号

　　建设工程资料数量巨大、种类繁多,为便于编制、收集、审查、验收、归档、管理、借阅,需要对工程资料进行分类编号管理。一般,各地市都规定了自己的建设工程资料的分类编号方法,不同地市的资料员在进行资料编制、归档过程中,要在《建设工程文件归档规范》(GB/T 50328—2014)、《建筑工程施工质量验收统一标准》(GB 50300—2013)等现行规范框架下,按照当地有关规定进行分类编号。一般,建设工程资料编号的基本方法如下所述。

(一)对各大类的编号

　　按照编制单位的不同划分的工程资料大类,可以分别用大写英文字母 A,B,C,D 来表示。即 A 类为建设单位文件资料，B 类为监理单位文件资料，C 类为施工单位文件资料，D 类为竣工图资料。

（二）对各小类的编号

对于 A 类资料中所含的各小类资料，可以分别按照 A1、A2、A3、…的顺序依次排列编号；B 类资料中所含的各小类资料，可以分别按照 B1、B2、B3、…的顺序依次排列编号；同理，C 类，D 类资料中所含的各小类资料，分别按照 C1、C2、C3、…，D1、D2、D3、…的顺序依次排列编号。

（三）对具体文件、资料或表格的编号

在每一小类中，再细分的若干种类的文件、资料或表格等的编号，一般可以在小类编号后用横杠分开，分别以自然数按顺序进行编号。例如，若是 A1 中的第 9 个资料，就编号为 A1—09；若是 B2 中的第 10 个资料，就编号为 B2—10 等。

第二节　建设工程资料的立卷方法

建设工程资料的立卷，是将整个建设工程在论证、立项、设计、施工、竣工全过程中，按照第一章"建设工程资料归档整理依据"的要求，整理留存下的所有资料，进行分类、组合、整理、编目的过程。

一、立卷的流程、原则和方法

（一）立卷的流程

立卷应按下列流程进行：

(1) 对属于归档范围的工程文件进行分类，确定归入案卷的文件材料。

(2) 对卷内文件材料进行排列、编目、装订（或装盒）。

(3) 排列所有案卷，形成案卷目录。

（二）立卷的基本原则

(1) 立卷应遵循工程文件的自然形成规律和工程专业的特点，保持卷内文件的有机联系，便于档案的保管和利用。

(2) 工程文件应按不同的形成、整理单位及建设程序，按工程准备阶段文件、监理文件、施工文件、竣工图、竣工验收文件分别进行立卷，并可根据数量多少组成一卷或多卷。

(3) 一项建设工程由多个单位工程组成时，工程文件应按单位工程立卷。建设工程项目中由多个单位工程组成时，公共部分的文件可以单独组卷；当单位工程档案出现重复时，原件可归入其中一个单位工程，其他单位工程不需要归档，但应说明清楚。

(4) 不同载体的文件应分别立卷。

（三）各类文件资料立卷的方法

1. 建设单位文件资料（A 类）的立卷方法

建设单位文件资料可根据类别和数量的多少组成一卷或多卷。如果工程较大资料较多，可考虑分别组成立项文件卷、建设规划用地文件卷、勘察设计文件卷、工程招投标及合同文件卷、工程开工文件卷、商务文件卷、工程竣工验收及备案文件卷、其他文件卷等多卷。

2. 监理单位文件资料(B类)的立卷方法

监理单位文件资料可根据资料类别和数量的多少组成一卷或多卷。如果工程较大资料较多,也可考虑分别组成监理管理资料卷、监理质量控制资料卷、监理进度控制资料卷、监理造价控制资料卷等多卷。

3. 施工单位文件资料(C类)的立卷方法

施工单位文件资料立卷应按照单位(子单位)工程、分部工程、系统来划分,每卷再按照资料类别从 C1、C2、…顺序排列,并根据资料数量多少组成一卷或多卷。

对于专业化程度高,施工工艺比较复杂的工程,通常由专业分包施工单位对子分部(分项)工程的资料进行分别组卷,如基坑工程、桩基、预应力混凝土、钢结构、木结构、网架(索膜)、幕墙、给排水与采暖、供热锅炉、电气工程交配电室和智能建筑工程的各系统。应单独组卷的子分部(分项)工程可以根据资料数量的多少组成一卷或多卷。

4. 竣工图资料(D类)的立卷方法

竣工图资料应按图纸的类别,如综合竣工图(D1)、室外专业竣工图(D2)、专业竣工图(D3)进行分类立卷整理。不同专业一般应分别立卷,如按专业竣工图卷、建筑竣工图卷、结构竣工图卷、给排水及采暖竣工图卷、燃气工程竣工图卷、建筑电气竣工图卷、建筑智能化竣工图卷、通风空调竣工图卷、电梯竣工图卷等,来分别进行立卷,每一专业也可以根据图纸数量的多少组成一卷或多卷。

5. 其他立卷方法

(1)文字资料和图纸资料原则上不能混装在一个装具内,如资料较少,需放在一个装具内时,文字资料和图纸资料必须混合装订,其中文字资料排前,图纸资料排后。

(2)单位工程档案的总案卷数超过 20 卷时,应编制总目录卷。

(3)案卷内的页码编写应以独立卷为单位,在案卷内资料排列顺序确定后,均在有书写内容的页面编写页码。每卷从阿拉伯数字 1 开始,使用黑色、蓝色油墨的打号机打号或使用墨水笔书写页码,依次逐张地连续标注。案卷封面、卷内目录和卷内备考表不编写页码。

(4)打印或书写页码的位置应视资料的情况而定。单面书写的文字资料页码标注在右下角,双面书写的文字资料页码正面标注在右下角,背面标注在左下角。折叠后的图纸,无论是何种形式,页码一律标注在右下角。

(5)电子文件立卷时,每个工程(项目)建立多级文件夹,应与纸质文件在案卷设置上一致,并建立相应的标识关系。

(6)音像资料应按建设工程各阶段立卷,重大事件及重要活动的声像资料应按专题立卷,声像档案与纸质档案应建立相应和标识关系。

二、卷内文件的排列

建设工程文件和归档资料中,建设单位文件资料相对较少,内容统一,便于整理立卷,其次是监理单位文件资料;整个文件资料归档的重点是施工单位文件资料,其内容复杂、数量巨大,竣工图资料一般也是由施工单位来完成的。因此,施工单位是建设工程文件归档的核心单位,建设单位、监理单位要积极配合、协助、监督、检查施工单位完成工程资料的组卷与排列。

资料排序的总体原则为:

（1）卷内文件应按《建设工程文件归档规范》（GBT 50328—2014）中的附录 A 和附录 B 的类别和顺序排列。

（2）文字材料应按事项、专业顺序排列。同一事项的请示与批复、同一文件的印本与定稿、主体与附件不应分开，并应按批复在前、请示在后，印本在前、定稿在后，主体在前、附件在后的顺序排列。

（3）图纸应按专业排列，同专业图纸应按图号顺序排列。

（4）当案卷内既有文字材料又有图纸时，文字材料应排在前面，图纸应排在后面。

施工单位需要完成的资料包括 C 类、D 类资料，可以按照以下顺序进行立卷整理。

（一）建筑与结构工程施工资料

1. 施工管理资料

（1）施工现场质量管理检查记录；

（2）建设工程特殊工种上岗证审查表；

（3）施工日志；

（4）工程开工/复工报审表；

（5）工程停工/复工报告表等。

2. 施工技术资料

（1）单位工程施工组织；

（2）专项施工方案及专项施工方案专家论证审查报告；

（3）技术、质量交底记录；

（4）设计交底记录；

（5）图纸会审记录；

（6）设计变更通知单；

（7）工程洽商记录；

（8）技术联系（通知）单等。

3. 施工物资资料

1）出厂质量证明文件

（1）各种材料、构件、半成品、成品质量证明文件；

（2）钢材性能检验报告；

（3）钢筋机械连接形式检验报告；

（4）水泥性能检验报告；

（5）砂石性能检验报告；

（6）外加剂性能检验报告；

（7）掺合料性能报告；

（8）防水涂料性能检验报告；

（9）防水卷材性能检验报告；

（10）砖（砌块）性能检验报告；

（11）轻基料性能检验报告；

（12）保温材料的外墙外保温系统耐候性检验报告；

（13）胶粉 EPS 颗粒保温浆料外墙外保温系统抗拉强度检验报告；

(14)EPS板现浇混凝土外墙外保温系统黏结强度检验报告；

(15)保温材料的外墙外保温系统抗风荷载性能检验报告；

(16)保温材料的外墙外保温系统抗冲击性检验报告；

(17)保温材料的外墙外保温系统吸水性检验报告；

(18)保温材料的外墙外保温系统耐冻融性检验报告；

(19)保温材料的外墙外保温系统热阻检验报告；

(20)保温材料的外墙外保温系统抹面层不透水性检验报告；

(21)保温材料的外墙外保温系统保护层水蒸气渗透阻检验报告；

(22)外墙外保温系统组成材料性能检验报告；

(23)门、窗性能检验报告；

(24)吊顶材料性能检验报告；

(25)饰面板材性能检验报告；

(26)饰面石材性能检验报告；

(27)饰面砖性能检验报告；

(28)轻质隔墙材料性能检验报告；

(29)涂料性能检验报告；

(30)玻璃性能检验报告；

(31)壁纸、墙布防火、阻燃性能检验报告；

(32)装饰用胶粘剂性能检验报告；

(33)隔声/隔热/阻燃/防潮材料特殊性能检验报告；

(34)木结构材料检验报告；

(35)预拌混凝土出厂合格证等。

2)试验报告

(1)钢材物理性能试验报告；

(2)钢材化学分析试验报告；

(3)水泥试验报告；

(4)砂试验报告；

(5)碎(卵)石试验报告；

(6)混凝土早强、减水类外加剂试验报告；

(7)混凝土引气剂试验报告；

(8)混凝土缓凝剂试验报告；

(9)混凝土泵送剂试验报告；

(10)砂浆防水剂试验报告；

(11)混凝土防水剂试验报告；

(12)混凝土防冻剂试验报告；

(13)混凝土膨胀剂试验报告；

(14)混凝土速凝剂试验报告；

(15)砌筑砂浆增塑性试验报告；

(16)掺合料试验报告；

(17)轻骨料试验报告;

(18)烧结普通砖试验报告;

(19)烧结空心砖、空心砌砖、烧结多孔砖试验报告;

(20)粉煤灰砖试验报告;

(21)蒸压灰砂砖、蒸压灰砂砖空心砖试验报告;

(22)粉煤灰砌块试验报告;

(23)轻骨料混凝土小型空心砌块试验报告;

(24)普通混凝土小型砌块试验报告;

(25)木结构材料试验报告;

(26)膨胀珍珠岩试验报告;

(27)聚苯乙烯泡沫塑料试验报告;

(28)胶粉 EPS 颗粒浆料试验报告;

(29)木板胶粘剂性能试验报告;

(30)耐碱玻璃纤维网格布试验报告;

(31)门、窗力学性能试验报告;

(32)门、窗物理性能试验报告;

(33)门、窗保温性能试验报告;

(34)密封材料试验报告;

(35)外墙涂料试验报告;

(36)合成树脂乳液内墙材料试验报告;

(37)外墙饰面砖试验报告;

(38)防水涂料试验报告;

(39)防水卷材试验报告;

(40)装饰装修材料有害物质试验报告等。

4.施工测量记录

(1)工程定位测量记录;

(2)基槽(孔)验线记录;

(3)楼层平面放线记录;

(4)楼层标高抄测记录;

(5)建筑物垂直度、标高、全高测量记录;

(6)建筑物沉降观测测量记录等。

5.施工记录

(1)地基验槽(孔)记录;

(2)地基处理记录;

(3)预拌混凝土运输交接记录;

(4)混凝土开盘鉴定;

(5)混凝土工程施工记录;

(6)混凝土拆模申请批准单;

(7)混凝土养护测温记录;

（8）大体积混凝土养护测温记录；

（9）混凝土结构同条件养护试件测温记录；

（10）构件安装记录；

（11）焊接材料烘焙记录；

（12）木结构施工记录；

（13）涂料施工记录等。

6.隐蔽工程检查验收记录

（1）地基验槽记录；

（2）地基处理复检记录；

（3）基础钢筋绑扎、焊接工程；

（4）主体工程钢筋绑扎、焊接工程；

（5）现场结构焊接；

（6）屋面防水层下各层细部做法；

（7）厕浴间防水层下各层细部做法等。

7.施工检测资料

（1）锚固抗拔承载力检测报告；

（2）地基平板载荷试验报告；

（3）土工击实试验报告；

（4）回填土密实检测报告；

（5）钢筋（材）焊接接头物理性能检测报告；

（6）钢筋机械连接接头抗拉强度检验报告；

（7）砂浆配合比试验报告；

（8）砂浆抗压强度检测报告；

（9）贯入法砂浆抗压强度检测报告；

（10）地下工程防水效果检验记录；

（11）防水工程淋（蓄）水检验记录；

（12）通风（烟）道检查记录；

（13）墙体传热系数检测报告；

（14）室内环境污染物检测委托单；

（15）室内环境污染物检测报告等。

8.检验批、分项工程、分部（子分部）工程施工质量验收记录

（1）地基与基础分部工程质量验收记录；

（2）地基与基础分部工程中分项工程质量验收记录；

（3）主体结构分部工程质量验收记录；

（4）主体结构分部工程中分项工程质量验收记录；

（5）建筑装饰装修分部工程质量验收记录；

（6）建筑装饰装修分部工程中各分项工程质量验收记录；

（7）建筑屋面分部工程质量验收记录；

（8）建筑屋面分部工程中各分项工程质量验收记录；

(9)结构实体检验记录等。

(二)基坑工程施工资料

1.施工技术资料

同建筑与结构工程施工资料的施工技术资料。

2.施工物资资料

(1)出厂质量证明文件;

(2)试验报告。

3.施工测量记录

基坑工程施工测量、放线记录。

4.施工记录

(1)支护结构施工记录;

(2)降水及排水施工记录;

(3)土方开挖施工记录。

5.隐蔽工程检查验收记录

基坑隐蔽工程检查验收记录。

6.施工检测资料

(1)基坑支护变形监测记录;

(2)基坑(观测点)平面示意图;

(3)锚固抗拔承载力检测报告;

(4)基坑支护工程施工监测记录;

(5)基坑支护工程用锚杆检测记录;

(6)土钉现场锁定力(抗拔力)抽样检测记录。

7.施工质量验收记录

(1)检验批施工质量验收记录;

(2)分项工程施工质量验收记录;

(3)分部(子分部)工程施工质量验收记录。

(三)桩基工程施工资料

1.施工技术资料

同建筑与结构工程施工资料的施工技术资料。

2.施工物资资料

(1)出厂质量证明文件;

(2)试验报告。

3.施工测量记录

施工测量放线报验表等。

4.施工记录

(1)钻孔后压浆混凝土灌注桩施工记录;

(2)钻孔后压浆灌注桩施工记录;

(3)振动沉管灌注桩施工记录;

(4)混凝土预制桩打桩施工记录;

(5)静力压桩施工记录等。

5.隐蔽工程检查验收记录

桩基础工程隐蔽检查验收记录。

6.施工检测资料

(1)基桩检测报告；

(2)桩基工程其他检测项目报告。

7.施工质量验收记录

(1)检验批施工质量验收记录；

(2)分项工程施工质量验收记录；

(3)分部(子分部)工程施工质量验收记录。

(四)预应力工程施工资料

1.施工技术资料

同建筑与结构工程施工资料的施工技术资料。

2.施工物资资料

1)出厂质量证明文件

(1)预应力钢筋性能检验报告；

(2)预应力筋、锚(夹)具和连接器出厂质量证明文件；

(3)水泥、外加剂和预应力筋孔道用螺旋管等出厂质量证明文件；

(4)预应力钢筋、锚具、夹具和连续器性能检验报告等。

2)试验报告

(1)预应力钢筋力学性能试验报告；

(2)预应力锚具、夹具和连续器性能试验报告；

(3)孔道灌浆用水泥及外加剂等试验报告。

3.施工测量记录

预应力工程测量放线记录。

4.施工记录

(1)预应力钢筋固定、张拉端施工记录；

(2)预应力钢筋张拉记录；

(3)预应力钢筋封锚记录；

(4)有黏结力预应力孔道灌浆记录。

5.隐蔽工程检查验收记录

预应力隐蔽工程检查验收记录。

6.施工检测资料

灌浆砂浆抗压强度检测报告等。

7.施工质量验收记录

(1)检验批施工质量验收记录；

(2)分项工程施工质量验收记录；

(3)分部(子分部)工程施工质量验收记录。

(五)钢结构工程施工资料

1. 施工技术资料

同建筑与结构工程施工资料的施工技术资料。

2. 施工物资资料

1）出厂质量证明文件

(1)钢材钢构件性能检验报告；

(2)钢材化学分析检验报告；

(3)焊接材料检验报告；

(4)连接用紧固标准件性能检验报告；

(5)高强度大六角头螺栓连接副紧固轴力检验报告；

(6)扭剪型高强度螺栓连接副紧固轴力检验报告；

(7)焊接球及制造焊接球采用的原材料性能检验报告；

(8)螺栓球及制造螺栓球节点采用的原材料性能检验报告；

(9)封板、锥头和套筒及其原材料性能检验报告；

(10)金属压型板及原材料性能检验报告；

(11)涂装材料性能检验报告；

(12)防火材料性能检验报告；

(13)钢结构用其他材料性能检验报告等。

2）试验报告

(1)钢结构用钢材力学性能试验报告；

(2)钢结构用钢材化学性能试验报告；

(3)钢结构涂料试验报告；

(4)焊接材料试验报告；

(5)高强度大六角头螺栓连接副扭矩系数试验报告；

(6)扭剪型高强度螺栓连接副紧固轴力试验报告；

(7)螺栓实物最小荷载试验报告等。

3. 施工测量记录

钢结构施工测量放线记录。

4. 施工记录

(1)焊材烘焙记录；

(2)钢结构防腐(火)涂料施工记录；

(3)钢结构制作记录；

(4)钢结构安装记录；

(5)钢结构焊接记录；

(6)焊接记录附图；

(7)保温、保护层施工记录等。

5. 隐蔽工程检查验收记录

钢结构隐蔽工程检查验收记录。

6.施工检测资料

(1)钢结构工程焊接检测报告封皮；

(2)检测报告首页；

(3)探测示意图；

(4)超声波检测报告；

(5)焊接X射线检测报告；

(6)磁粉检测报告；

(7)网架节点承载力检测报告；

(8)抗滑移系数检测报告等。

7.施工质量验收记录

(1)检验批施工质量验收记录；

(2)分项工程施工质量验收记录；

(3)分部(子分部)工程施工质量验收记录。

(六)幕墙工程施工资料

1.施工技术资料

同建筑与结构工程施工资料的施工技术资料。

2.施工物资料

1)出厂质量证明文件

(1)幕墙用铝塑板检验报告(三性试验)；

(2)幕墙用硅酮结构胶检验报告；

(3)铝型材涂膜厚度检验报告；

(4)幕墙用玻璃性能检验报告及CCC认证书；

(5)幕墙用石材性能检验报告；

(6)幕墙用金属板检验报告；

(7)防火材料防火性能检验报告等。

2)试验报告

(1)幕墙用铝塑板试验报告；

(2)幕墙用石材试验报告；

(3)幕墙用安全玻璃试验报告；

(4)硅酮结构密封胶物理力学性能试验报告；

(5)幕墙用硅酮结构胶密封性能试验报告等。

3.施工测量记录

幕墙工程施工测量放线记录。

4.施工记录

幕墙注胶施工记录等。

5.隐蔽工程检查验收记录

幕墙隐蔽工程检查验收记录。

6.施工检测资料

(1)锚固抗拔承载力检测报告；

（2）幕墙气密性、耐风压、平面变形性能检测报告；

（3）幕墙淋水检测记录等。

7.施工质量验收记录

（1）检验批施工质量验收记录；

（2）分项工程施工质量验收记录；

（3）分部（子部分）工程施工质量验收记录。

（七）建筑给排水及采暖工程施工资料

1.施工技术资料

同建筑与结构工程施工资料的施工技术资料。

2.施工物资资料

1）出厂质量证明文件

（1）各类管材、备件的产品质量证明文件；

（2）设备、配件及器具的质量合格证及安装说明书；

（3）特定设备及材料如消防、卫生、压力容器等的检验报告；

（4）安全阀、减压阀的调试报告；

（5）锅炉、承压设备焊缝无损探伤检测报告；

（6）给水管道材料卫生检测报告；

（7）水表和热量表计量检定证书；

（8）绝热材料产品质量合格证和性能检验报告等。

2）试验报告

（1）阀门、水嘴压力试验报告；

（2）散热器压力试验报告等。

3.施工测量记录

建筑给排水及采暖工程施工测量放线记录。

4.施工记录

（1）补偿器安装记录；

（2）伸缩器安装及预拉伸记录；

（3）设备精平、找正记录；

（4）风机、水泵安装记录等。

5.隐蔽工程检查验收记录

（1）直埋于地下或结构中和暗敷设于沟槽的隐蔽工程的检查验收记录；

（2）管井及进入吊顶内的给水、排水、雨水、采暖、消防管道和相关设备的检查验收记录；

（3）有防水要求的套管检查验收记录；

（4）有绝热、防腐要求的给水、排水、采暖、消防、喷淋管道和相关设备的检查验收记录；

（5）埋地的采暖、热水管道，保温层、保护层的检查验收记录；

（6）地面辐射采暖检查验收记录等。

6.施工检测资料

（1）设备及管道附件检测记录；

(2)灌水、满水检测记录；

(3)管道与设备强度、严密性试验记录；

(4)通水监测记录；

(5)管道冲洗、吹扫、脱脂检测记录；

(6)室内排水管道通球检测记录；

(7)室内消火栓试射记录；

(8)生活用水卫生检测报告；

(9)安全附件安装检测记录；

(10)锅炉烘炉记录；

(11)锅炉煮炉记录；

(12)锅炉试运行记录；

(13)安全阀调试记录等。

7.施工质量验收记录

(1)建筑给水、排水及采暖分部工程中各分项工程质量验收记录；

(2)建筑给水、排水及采暖分部工程质量验收记录等。

(八)通风空调工程施工资料

1.施工技术资料

同建筑与结构工程施工资料的施工技术资料。

2.施工物资资料

1)出厂质量证明文件

(1)各种设备、配件及器具质量证明文件；

(2)绝热材料的产品质量合格证和性能检验报告；

(3)各类板材、管材等的出厂质量证明文件和性能检验报告；

(4)压力表、温度计、湿度计、流量计、水位计等产品的合格证和检验报告等。

2)试验报告

阀门的压力试验报告等。

3.施工测量记录

通风空调工程施工测量放线记录。

4.施工记录

(1)设备精平、找正记录；

(2)风机、水泵安装记录等。

5.隐蔽工程检查验收记录

(1)敷设于竖井内、不进入吊顶内的风道(包括各类附件、部件、设备等)的检查验收记录；

(2)有绝热、防腐要求的风管、空调水管及设备的检查验收记录等。

6.施工检测资料

(1)风管漏光检测记录；

(2)风管漏风检测记录；

(3)除尘器、空调机漏风检测记录；

（4）室内风量、温度检测记录；

（5）风管风量平衡检测记录；

（6）制冷系统气密性检测记录；

（7）净化空调系统检测记录；

（8）防排烟系统联合试运行记录等。

7. 施工质量验收记录

（1）通风与空调分部工程中各分部工程质量验收记录；

（2）通风与空调分部工程质量验收记录等。

（九）建筑电气工程施工资料

1. 施工技术资料

同建筑与结构工程施工资料的施工技术资料。

2. 施工物资资料

1）出厂质量证明文件

（1）低压成套配电柜、动力、照明配电箱（盘、柜）出厂合格和试验记录；

（2）3C 认证标志；

（3）电力变压器出厂合格证和试验记录；

（4）柴油发电机组出厂合格证和试验记录；

（5）高压成套配电柜出厂合格证和试验记录；

（6）蓄电池柜出厂合格证和试验记录；

（7）不间断电源柜出厂合格证和试验记录；

（8）控制柜（屏、台）出厂合格证和试验记录；

（9）电动机、电加热器、电动执行机构和低压开关设备合格证、CCC 认证标志；

（10）照明灯具、开关、插座、风扇及附件出厂合格证、CCC 认证标志；

（11）电线、电缆出厂合格证、CCC 认证标志；

（12）导管、型钢出厂合格证和材质证明书；

（13）电缆桥架、线槽出厂合格证；

（14）裸母线、裸导线、电缆头部件及接线端子、电焊条、钢制灯柱、混凝土电杆和其他混凝土制品出厂合格证；

（15）镀锌制品（支架、横担、接地极、避雷用型钢等）、外线金具出厂合格证和镀锌质量证明书；

（16）封闭母线、插接母线出厂合格证、CCC 认证标志；

（17）进口物资的商检证明；

（18）设备安装技术文件等。

2）试验报告

导管、型钢等检验报告。

3. 施工测量记录

通风空调工程施工测量记录。

4. 施工记录

通风空调工程各分部分项工程施工记录。

5.隐蔽工程检查验收记录

(1)埋于结构内的各种电线导管检查验收记录；

(2)结构钢筋避雷引下线检查验收记录；

(3)等电位及均压环暗敷设检查验收记录；

(4)接地极装置埋设检查验收记录；

(5)金属门窗、幕墙金属框架接地检查验收记录；

(6)不进入吊顶内的电线导管、不进入吊顶内的线槽、直埋电缆检查验收记录；

(7)不进入电缆沟内敷设电缆、管(线)路经过建筑物变形缝处的补偿装置检查验收记录；

(8)大型灯具及吊扇的预埋件(吊钩)等的检查验收记录。

6.施工检测资料

(1)电气接地电阻检测记录；

(2)等电位联结导通性检测记录；

(3)电气绝缘电阻检测记录；

(4)大型照明灯具载荷测试记录；

(5)电气器具通电安全测试记录；

(6)建筑物照明通电试运行记录；

(7)电器设备空载试运行记录；

(8)大容量电气线路节点温度检测记录；

(9)避雷带支架拉力测试记录；

(10)高压部分检测记录；

(11)电度表检测记录等。

7.施工质量验收记录

(1)建筑电气分部工程中各项工程质量验收记录；

(2)建筑电气分部工程质量验收记录。

(十)建筑智能工程施工资料

1.施工技术资料

同建筑与结构工程施工资料的施工技术资料。

2.施工物资资料

1)出厂质量证明文件

(1)材料、设备出厂合格证或产品证书、检验报告、产品说明书；

(2)主要设备安装使用说明书；

(3)未列入强制性认证产品或未实施生产许可证和上网许可证管理的产品检测报告；

(4)硬件设备及材料的可靠性检测报告；

(5)商业化软件的使用许可证；

(6)系统承包商编制的各类用户应用软件功能测试和系统测试报告；

(7)根据需要进行的容量、可靠性、安全性、可恢复性、兼容性、自诊性、可维护性等功能测试报告；

(8)所有自编软件均提供完整的文档(资料、规定、安装调试说明、使用和维护说明)；

(9)系统接口规定、系统接口测试方案；

(10)批准使用新材料、新产品的主管部门证明文件。

2)试验报告

相关材料产品的试验报告。

3.施工测量记录

建筑智能工程施工测量放线记录。

4.施工记录

建筑智能工程施工记录。

5.隐蔽工程检查验收记录

(1)埋在结构内的各种电线导管检查验收记录;

(2)不进入吊顶内的电线导管检查验收记录;

(3)不进入吊顶内的线槽、直埋电缆检查验收记录;

(4)不进入电缆沟敷设电缆等的检查验收记录。

6.施工检测资料

(1)电气接地电阻检测记录;

(2)电器绝缘电阻检测记录;

(3)电气器具通电安全测试记录;

(4)建筑智能系统功能检测记录;

(5)综合布线系统性能测试记录;

(6)视频系统末端测试记录;

(7)建筑设备监控系统功能测试记录;

(8)建筑智能系统试运行记录等。

7.施工质量验收记录

(1)智能建筑分部工程中各项工程质量验收记录;

(2)智能建筑分部工程质量验收记录。

(十一)电梯工程施工资料

1.施工技术资料

同建筑与结构工程施工资料的施工技术资料。

2.施工物资资料

1)出厂质量证明文件

(1)电梯主要设备、材料、附件的出厂合格证、产品说明书、安装技术文件;

(2)设备开箱检验记录。

2)试验报告

电梯主要设备、材料试验报告。

3.施工测量记录

电梯工程测量放线记录。

4.施工记录

(1)电梯机房、井道土建交接记录;

(2)自动扶梯、自动人行道土建交接记录;

（3）电梯导轨支架安装记录；

（4）电梯导轨安装记录；

（5）电梯轿厢、安全钳、限速器、缓冲器安装记录；

（6）电梯对重装置、导向轮、复绕轮、曳引机、导靴安装记录；

（7）电梯门系统安装记录；

（8）电梯电气装置安装记录；

（9）自动扶梯、自动人行道电气装置安装记录；

（10）自动扶梯、自动人行道机械装置安装记录等。

5. 隐蔽工程检查验收记录

（1）电梯承重梁埋设隐蔽工程检查验收记录；

（2）电梯钢丝绳头灌注隐蔽工程检查验收记录；

（3）电梯导轨支架、层门支架、螺栓埋设隐蔽工程检查验收记录等。

6. 施工检测资料

（1）电梯电气绝缘电阻检测记录；

（2）轿厢平面准确度检测记录；

（3）电梯负荷运行检测记录；

（4）电梯噪声检测记录；

（5）电梯电气装置检测记录；

（6）电梯整机性能检测记录；

（7）电梯主要功能检测记录；

（8）自动扶梯、自动人行道安全装置检测记录；

（9）自动扶梯、自动人行道整机性能检测记录等。

7. 施工质量验收记录

（1）电梯分部工程中各分项工程质量验收记录等；

（2）电梯分部工程质量验收记录。

（十二）单位（子单位）工程竣工验收资料

1. 工程概况

单位（子单位）工程概况。

2. 工程质量事故报告

（1）工程质量事故调（勘）查记录；

（2）工程质量事故报告。

3. 单位（子单位）工程施工质量竣工验收报告

（1）建筑工程质量验收程序和组织；

（2）单位（子单位）工程质量竣工验收报告；

（3）单位（子单位）工程质量控制资料核查记录；

（4）单位（子单位）工程安全和功能检验资料核查及主要功能抽查记录；

（5）单位（子单位）工程观感质量检查记录等；

（6）单位（子单位）工程施工总结。

(十三)竣工图资料

1. 综合竣工图

(1)设计总说明书；

(2)总平面布置图(包括建筑、建筑小品、照明、道路、绿化等)；

(3)竖向布置图；

(4)室外给水、排水、热力、燃气等管网综合图；

(5)电气(包括电力、电信、电视系统等)综合图等。

2. 室外工程专业竣工图

(1)室外给水工程竣工图及设计说明书；

(2)室外雨水工程竣工图及设计说明书；

(3)室外污水工程竣工图及设计说明书；

(4)室外热力工程竣工图及设计说明书；

(5)室外燃气工程竣工图及设计说明书；

(6)室外电信工程竣工图及设计说明书；

(7)室外电力工程竣工图及设计说明书；

(8)室外电视工程竣工图及设计说明书；

(9)室外建筑小品工程竣工图及设计说明书；

(10)室外消防工程竣工图及设计说明书；

(11)室外照明工程竣工图及设计说明书；

(12)室外水景工程竣工图及设计说明书；

(13)室外道路工程竣工图及设计说明书；

(14)室外绿化工程竣工图及设计说明书等。

3. 专业竣工图

(1)建筑竣工图及设计说明书；

(2)结构竣工图及设计说明书；

(3)装修(装饰)竣工图及设计说明书；

(4)给排水工程竣工图及设计说明书；

(5)采暖工程竣工图及设计说明书；

(6)消防工程竣工图及设计说明书；

(7)通风工程竣工图及设计说明书；

(8)燃气工程竣工图及设计说明书；

(9)电气工程竣工图及设计说明书；

(10)建筑智能工程竣工图及设计说明书；

(11)电梯工程竣工图及设计说明书。

三、案卷的编目

建设工程档案资料立卷后,需要对案卷进行编目处理,以便于档案管理。一般档案以一个建设项目为单位,编制档案封面及总目,各卷内分别编制卷封面及卷目。

工程档案资料卷内文件均按有书写内容的页面编码。每卷单独编码,页码从"1"开始,单面书写的文件在右下角;双面书写的文件,正面在右下角,背面在左下角。折叠后的图纸一律在右下角。成套图纸或印刷成册的科技文件材料,自成一卷的,原目录可代替卷内目录,不必重新编写页码。案卷封面、卷内目录、卷内备考表不编写页码。案卷可采用装订与不装订两种形式。文字材料必须装订。既有文字材料,又有图纸的案卷应装订。装订应采用线绳三孔左侧装订法,要整齐、牢固,便于保管和利用。

(一)项目档案封面及目录

1.项目档案封面

项目档案封面包括名称、案卷题名、编制单位、技术主管、编制日期(以上由移交单位填写)、保管期限、密级、保存档号、共××卷等(由档案接收部门填写)。建设项目档案封面示例如图 2-1 所示。

1)名称

填写工程建设项目竣工后使用的名称(或曾用名)。若本工程分为几个单项工程,应该在第二行填写单项工程名称。

2)案卷题名

填写工程建设项目档案资料的档案题名。

3)编制单位

填写工程建设项目档案的编制单位,并加盖公章。

城市建设档案

名　　称:＿＿＿＿＿＿＿＿＿＿＿＿＿＿＿＿＿＿＿＿

案卷题名:＿＿＿＿＿＿＿＿＿＿＿＿＿＿＿＿＿＿＿＿

编制单位:＿＿＿＿＿＿＿＿＿＿＿＿＿＿＿＿＿＿＿＿

技术主管:＿＿＿＿＿＿＿＿＿＿＿＿＿＿＿＿＿＿＿＿

编制日期:自　　　年　月　日起,至　　　年　月　日止

保管期限:＿＿＿＿＿＿＿＿＿＿　密　级:＿＿＿＿＿＿＿

保存档号:＿＿＿＿＿＿＿＿＿＿＿＿

共　×××　卷

图 2-1　建设项目档案封面示例

4）技术主管

填写工程建设项目编制单位项目技术负责人姓名,并签名或盖章。

5）编制日期

填写工程建设项目档案资料形成的起、止日期,资料的最早形成日期为起始日期,档案资料编制最晚完成日期为终止日期。

6）保管期限

保管期限一般由档案保管单位按照标准规定的保管期限进行填写。

7）密级

由档案保管单位按照密级划分规定填写。

8）保存档号

由档案保管单位按照档案保存管理编号方法进行编写。

2. 项目档案总目录

工程建设项目档案资料案卷总目录,为工程资料各案卷的总目录,内容包括项目名称、案卷序号、案卷题名、页数、编制单位、编制日期和备注等内容。建设项目档案资料总目录示例如图2-2所示。

1）项目名称

填写工程建设项目竣工后使用的名称(或曾用名)。

2）案卷序号

填写各案卷编制的顺序号,即第一卷、第二卷……

3）案卷题名

填写对应案卷序号的各卷档案资料的卷名。

4）页数

填写相应各卷的总页数。

5）编制单位

填写相应各卷档案的编制单位。

6）编制日期

填写卷内资料形成的起止日期,起始日期为该卷资料编制的最早形成日期,终止日期为该卷资料编制的最晚完成日期。

7）备注

填写该卷档案资料需要说明的有关问题。

3. 建设项目档案备考表

建设项目档案备考表的内容包括:档案的总卷数、文字资料卷数、图样资料卷数、照片张数、其他案卷数、立卷情况审核说明,组卷单位的组卷人、审核人及保存单位的审核说明、技术审核人、档案接收人等基本内容。建设项目档案备考表示例如图2-3所示。

建设项目档案总目录

项目名称					
案卷序号	案卷题名	页数	编制单位	编制日期	备注

图 2-2　建设项目档案资料总目录示例

本档案已编号的案卷资料×××卷,其中:文字资料×××卷,图样资料×××卷,照片×××张,其他_____。

　　组卷单位对本案卷完整准确情况的审核说明:

　　　　　　　　本案卷完整准确。

　　　　　　　　　　　组卷人:××× 　　年　月　日
　　　　　　　　　　　审核人:××× 　　年　月　日

　　保存单位审核说明:

　　工程资料齐全、有效,符合规定。

　　　　　　　　　　　技术审核人:××× 　　年　月　日
　　　　　　　　　　　档案接收人:××× 　　年　月　日

图 2-3　建设项目档案备考表示例

建设项目档案备考表分为上下两栏,上栏由组卷单位填写,下栏由接收单位填写。

上栏应标明本项目案卷已编号案卷资料的总卷数,即整个建设项目所有档案资料的总卷数,并标明文字、图样、照片、其他等资料各自的卷数。组卷单位对本案卷完整准确情况的审核说明,应由组卷单位审核人填写,填写组卷时资料的完整和准确情况,以及应归档而缺少的资料的名称和原因。组卷人由责任组卷人签名,审核人由案卷审查人签名。年月日应按组卷时间、审核时间分别填写。

下栏由接收单位、城市建设档案馆根据建设项目案卷的完整及准确情况标明审核意见。技术审核人由接收单位工程档案技术审核人签名,档案接收人由接收单位档案管理接收人签名。年月日应按接收时间、审核日期分别填写。

(二)案卷封面及目录

1. 案卷封面

案卷封面应印刷在卷盒、卷夹的正表面,也可采用内封面形式。档案资料案卷封面标准见图 2-4。案卷封面的内容应包括:档号、档案馆代号、案卷题名、编制单位、编制日期、密级、保管期限、共几卷、第几卷等内容。

1) 档号

档号应由分类号、项目号和案卷号组成,档号由档案保管单位填写。城建档案馆的分类号依据建设部《城市建设档案分类大纲》编写,一般为大类号加属类号。档号按《城市建设档案著录规范》编写。

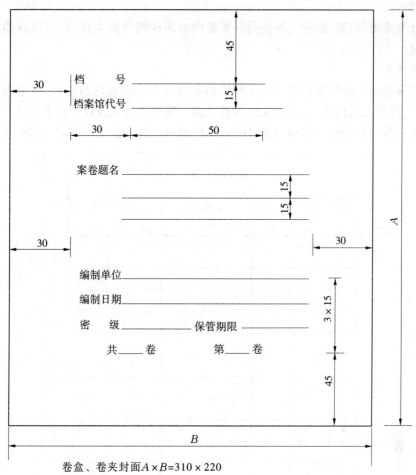

卷盒、卷夹封面 $A \times B = 310 \times 220$
案卷封面 $A \times B = 297 \times 210$
尺寸单位统一为：mm

图 2-4　档案资料案卷封面标准

2）档案馆代号

填写国家给定的本档案馆的编号,档案馆代号由档案馆填写。

3）案卷题名

案卷题名应简明、准确地提示卷内文件的内容。案卷题名应包括工程名称、专业名称、卷内文件的内容。案卷题名中的工程名称一般包括工程项目名称、单位工程名称。

4）编制单位

填写案卷内文件的形成单位或主要责任者。工程准备阶段文件和竣工验收文件的编制单位一般为建设单位,勘察、设计文件的编制单位一般为工程的勘察、设计单位,监理文件的编制单位一般为监理单位,施工文件的编制单位一般为施工单位。

5）编制日期

填写案卷内全部文件形成的起止日期。

6）保管期限

保管期限分为永久、长期、短期三种期限。

7）密级

密级分为绝密、机密、秘密三种。同一案卷内有不同密级的文件，应以最高的密级作为本卷的密级。

2.卷内目录

档案资料卷内目标标准见图2-5，工程资料卷内目录为每卷总的编目，目录内容应与案卷内容相符，排列在封面之后，卷内文件首页之前。原资料目录及设计图纸目录一般不能代替卷内目录。卷内目录的内容应包括：序号、文件编号、责任者、文件题名、日期、页次、备注。

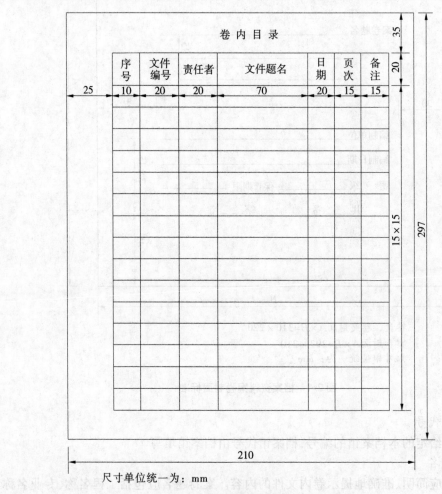

尺寸单位统一为：mm

图2-5 档案资料卷内目录标准

1）序号

以一份文件为单位，按卷内资料排列先后顺序，用阿拉伯数字从1开始依次标注。

2）文件编号

填写工程文件原有的文号或图号。

3）责任者

填写文件的直接形成单位和个人。有多个责任者时，选择两个主要责任者，其他责任者用"等"代替。

4）文件题名

填写文件标题的全称。文字资料或图纸填写其全称名称,无标题的资料应根据内容拟写标题。

5）日期

填写资料的形成时间,文字资料为其原资料形成日期,竣工图为其编制日期。

6）页次

填写每份资料在本案卷的页次或起止的页次。

7）备注

填写该资料需要说明的问题。

3.卷内备考表

档案资料卷内备考表标准见图 2-6,卷内备考表排列在卷内文件的尾页之后。备考表主要标明卷内文件材料的总页数、各类文件页数(包括照片张数),以及立卷单位对案卷情况的说明,立卷单位的立卷人、审核人签字等。

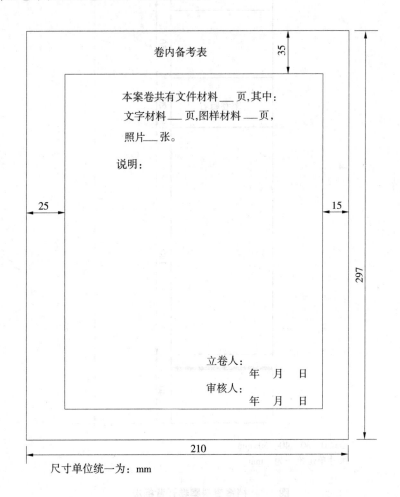

图 2-6　档案资料卷内备考表标准

卷内备考表的说明内容主要是卷内文件复印件情况、页码错误情况、文件的更换情况等。没有需要说明的事项可不必填写。

4.案卷脊背

档案资料案卷脊背标准如图2-7所示,脊背项目的档号、案卷题名,均由档案保管单位填写。城建档案的案卷脊背由城建档案馆填写。

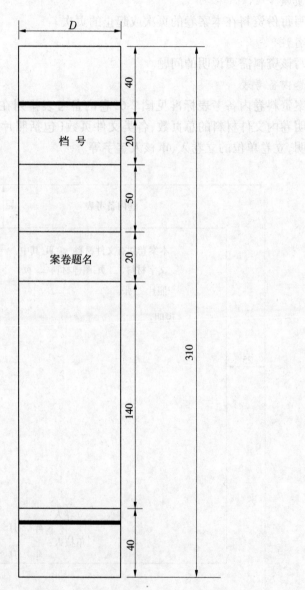

D=20、30、40、50 mm

尺寸单位统一为：mm

图2-7 档案资料案卷脊背标准

四、案卷装订

(一)案卷规格

卷内资料、封面、目录、备考表统一采用 A4 幅(297 mm × 210 mm)尺寸。图纸为 A0 (841 mm × 1 189 mm)、A1(594 mm × 841 mm)、A2(420 mm × 594 mm)、A3(297 mm × 420 mm)幅面的,应折叠成 A4(297 mm × 210 mm)幅面;幅面小于 A4 幅面的资料要用 A4(297 mm × 210 mm)的白纸衬托。

(二)案卷装具

案卷一般均采用工程所在地建设行政主管部门或城建档案部门统一监制的卷盒。卷盒外表尺寸通常为 310 mm × 220 mm,厚度分别为 20 mm、30 mm、40 mm、50 mm 等几种,可根据实际情况进行选择。

(三)案卷装订

案卷可采用装订与不装订两种形式。文字材料必须装订;既有文字材料,又有图纸的案卷应装订。装订应采用线绳三孔左侧装订法,要整齐、牢固,便于保管和使用,棉线装订结应打在背面,通常装订线应距左侧 20 mm,上下两孔一般分别距中孔 80 mm。装订时,必须剔除金属物。装订线一侧可根据案卷薄厚加垫草纸板等。装订时,须将封面、目录、备考表、封底与案卷一起装订。如果图纸散装在盒内,则需要将封面、目录、备考表三件用棉线在左上角处装订在一起。

五、案卷目录编制

1 案卷应按《建设工程文件归档规范》(GBT 50328—2014)附录 A 和附录 B 的类别和顺序排列。

2 案卷目录的编制应符合下列规定:

(1)案卷目录式样宜符合《建设工程文件归档规范》(GBT 50328—2014)附录 G 的要求;

(2)编制单位应填写负责立卷的法人组织或主要责任者;

(3)编制日期应填写完成立卷工作的日期。

第三章 建设工程资料的归档

【学习目标】

了解建设工程资料归档的基本要求,熟悉归档文件的质量要求。

第一节 建设工程资料归档整理依据

一、建设工程资料归档的基本要求

建设工程资料的编制与归档管理的目的,是为提高案卷质量,更好地为城市建设服务。建设工程资料编制与归档必须按照《建设工程文件归档规范》(GB/T 50328—2014)、《城市建设档案著录规范》(GB/T 50323—2001)、《建设工程项目管理规范》(GB/T 50326—2017)、《建设工程监理规范》(GB 50319—2013)、《建筑工程施工质量验收统一标准》(GB 50300—2013)、《技术制图 复制图的折叠方法》(GB/T 10609.3—2009)、《科学技术档案案卷构成的一般要求》(GB/T 11822—2008)等标准规范执行。各地市结合本地区建设行业发展特点,结合建设工程档案管理工作实际,遵照上述规范制定相应工程资料编制与归档管理办法。

(1)建设工程技术资料的编制与归档,要求资料必须真实地反映工程立项、施工、竣工后的实际情况;

(2)具有永久和长期保存价值的文件材料必须完整、准确、系统,各种程序责任者的签章手续必须齐全完备;

(3)工程技术归档资料必须使用原件,如有特殊原因不能使用原件的,应在复印件或抄件上加盖公章并注明原件存放地点;

(4)归档文件技术资料的签字,必须使用档案规定用签字笔;工程归档资料应采用打印的形式,并手工签字;

(5)工程归档资料的编制和填写必须适应档案缩微管理和计算机输入的要求;

(6)采用施工蓝图改绘竣工图的,必须使用新蓝图,并且要求线条反差明显,修改后的竣工图必须图面整洁,文字材料字迹工整、清楚;

(7)工程档案的缩微制品,必须按国家缩微标准进行制作,主要技术指标要符合国家标准,保证质量。

二、建设工程资料的归档范围

(一)归档范围

凡是与工程建设有关的重要活动,能够记载工程建设主要过程和现状,具有保存价值的各种载体的文件和资料,都应收集齐全并整理组卷后,向相应部门归档。建设工程资料的归档范围见表3-1。声像资料的归档范围和质量应符合行业标准《城建档案业务管理规范》

（JJ/T 158—2011）的要求。不属于归档范围、没有保存价值的工程文件,文件形成单位可自行组织销毁。其详尽的归档范围和要求参照《建设工程文件归档规范》(GB/T 50328—2014)、《建筑工程施工质量验收统一标准》(GB 50300—2013),尤其应按各省市当地的相关标准或规程来执行。

表 3-1　建筑工程文件归档范围

类别	归档文件	保存单位				
		建设单位	设计单位	施工单位	监理单位	城建档案馆
工程准备阶段文件（A 类）						
A1	立项文件					
1	项目建议书批复文件及项目建议书	▲				▲
2	可行性研究报告批复文件及可行性研究报告	▲				▲
3	专家论证意见、项目评估文件	▲				▲
4	有关立项的会议纪要、领导批示	▲				▲
A2	建设用地、拆迁文件					
1	选址申请及选址规划意见通知书	▲				▲
2	建设用地批准书	▲				▲
3	拆迁安置意见、协议、方案等	▲				△
4	建设用地规划许可证及其附件	▲				▲
5	土地使用证明文件及其附件	▲				▲
6	建设用地钉桩通知单	▲				▲
A3	勘察、设计文件					
1	工程地质勘察报告	▲	▲			▲
2	水文地质勘察报告	▲	▲			▲
3	初步设计文件（说明书）	▲	▲			
4	设计方案审查意见	▲	▲			▲
5	人防、环保、消防等有关主管部门（对设计方案）审查意见	▲	▲			▲
6	设计计算书	▲	▲			△
7	施工图设计文件审查意见	▲	▲			▲
8	节能设计备案文件	▲				▲

类别	归档文件	保存单位				
		建设单位	设计单位	施工单位	监理单位	城建档案馆
A4	招投标文件					
1	勘察、设计招投标文件	▲	▲			
2	勘察、设计合同	▲	▲			▲
3	施工招投标文件	▲		▲	△	
4	施工合同	▲		▲	△	▲
5	工程监理招投标文件	▲			▲	
6	监理合同	▲			▲	▲
A5	开工审批文件					
1	建设工程规划许可证及其附件	▲		△	△	▲
2	建设工程施工许可证	▲		▲	▲	▲
A6	工程造价文件					
1	工程投资估算材料	▲				
2	工程设计概算材料	▲				
3	招标控制价格文件	▲				
4	合同价格文件	▲		▲		△
5	结算价格文件	▲		▲		△
A7	工程建设基本信息					
1	工程概况信息表	▲		△		▲
2	建设单位工程项目负责人及现场管理人员名册	▲				▲
3	监理单位工程项目总监及监理人员名册	▲			▲	▲
4	施工单位工程项目经理及质量管理人员名册	▲		▲		▲
监理文件(B类)						
B1	监理管理文件					
1	监理规划	▲			▲	▲
2	监理实施细则	▲		△		▲
3	监理月报	△			▲	
4	监理会议纪要	▲		△	▲	
5	监理工作日志				▲	

类别	归档文件	保存单位				
		建设单位	设计单位	施工单位	监理单位	城建档案馆
6	监理工作总结				▲	▲
7	工作联系单	▲		△	△	
8	监理工程师通知	▲		△	△	△
9	监理工程师通知回复单	▲		△	△	△
10	工程暂停令	▲		△	△	
11	工程复工报审表	▲		▲	▲	▲
B2	进度控制文件					
1	工程开工报审表	▲		▲	▲	▲
2	施工进度计划报审表	▲		△	△	
B3	质量控制文件					
1	质量事故报告及处理资料	▲		▲	▲	▲
2	旁站监理记录	△		△	▲	
3	见证取样和送检人员备案表	▲		▲	▲	
4	见证记录	▲		▲	▲	
5	工程技术文件报审表			△		
B4	造价控制文件					
1	工程款支付	▲		△	△	
2	工程款支付证书	▲		△	△	
3	工程变更费用报审表	▲		△	△	
4	费用索赔申请表	▲		△	△	
5	费用索赔审批表	▲		△	△	
B5	工期管理文件					
1	工程延期申请表	▲		▲	▲	▲
2	工程延期审批表	▲			▲	▲
B6	监理验收文件					
1	竣工移交证书	▲		▲	▲	▲
2	监理资料移交书	▲			▲	
施工文件(C类)						
C1	施工管理文件					
1	工程概况表	▲		▲	▲	△

类别	归档文件	保存单位				
		建设单位	设计单位	施工单位	监理单位	城建档案馆
2	施工现场质量管理检查记录			△	△	
3	企业资质证书及相关专业人员岗位证书	△		△	△	△
4	分包单位资质报审表	▲		▲	▲	
5	建设单位质量事故勘查记录	▲		▲	▲	▲
6	建设工程质量事故报告书	▲		▲	▲	▲
7	施工检测计划	△		△	△	
8	见证试验检测汇总表	▲		▲	▲	▲
9	施工日志			▲		
C2	施工技术文件					
1	工程技术文件报审表	△		△	△	
2	施工组织设计及施工方案	△		△	△	△
3	危险性较大分部分项工程施工方案	△		△	△	△
4	技术交底记录	△		△		
5	图纸会审记录	▲	▲	▲	▲	▲
6	设计变更通知单	▲	▲	▲	▲	▲
7	工程洽商记录(技术核定单)	▲	▲	▲	▲	▲
C3	进度造价文件					
1	工程开工报审表	▲	▲	▲	▲	▲
2	工程复工报审表	▲	▲	▲	▲	▲
3	施工进度计划报审表			△	△	
4	施工进度计划			△	△	
5	人、机、料动态表			△	△	
6	工程延期申请表	▲		▲	▲	▲
7	工程款支付申请表	▲		△	△	
8	工程变更费用报审表	▲		△	△	
9	费用索赔申请表	▲		△	△	
C4	施工物资出厂质量证明及进场检测文件					
	出厂质量证明文件及检测报告					
1	砂、石、砖、水泥、钢筋、隔热保温、防腐材料、轻骨料出厂证明文件	▲		▲	▲	△

类别	归档文件	保存单位				
		建设单位	设计单位	施工单位	监理单位	城建档案馆
2	其它物资出厂合格证、质量保证书、检测报告和报关单或商检证等	△		▲	△	
3	材料、设备的相关检验报告、型式检测报告、3C 强制认证合格证书或 3C 标志	△		▲	△	
4	主要设备、器具的安装使用说明书	▲		▲	△	
5	进口的主要材料设备的商检证明文件	△		▲		
6	涉及消防、安全、卫生、环保、节能的材料、设备的检测报告或法定机构出具的有效证明文件	▲		▲	▲	△
7	其他施工物资产品合格证、出厂检验报告					
	进场检验通用表格					
1	材料、构配件进场检验记录			△	△	
2	设备开箱检验记录			△	△	
3	设备及管道附件试验记录	▲		▲	△	
	进场复试报告					
1	钢材试验报告	▲		▲	▲	▲
2	水泥试验报告	▲		▲	▲	▲
3	砂试验报告	▲		▲	▲	▲
4	碎(卵)石试验报告	▲		▲	▲	▲
5	外加剂试验报告	△		▲	▲	▲
6	防水涂料试验报告	▲		▲	△	
7	防水卷材试验报告	▲		▲	△	
8	砖(砌块)试验报告	▲		▲	▲	▲
9	预应力筋复试报告	▲		▲	▲	▲
10	预应力锚具、夹具和连接器复试报告	▲		▲	▲	▲
11	装饰装修用门窗复试报告	▲		▲	△	
12	装饰装修用人造木板复试报告	▲		▲	△	
13	装饰装修用花岗石复试报告	▲		▲	△	
14	装饰装修用安全玻璃复试报告	▲		▲	△	
15	装饰装修用外墙面砖复试报告	▲		▲	△	

类别	归档文件	保存单位				
		建设单位	设计单位	施工单位	监理单位	城建档案馆
16	钢结构用钢材复试报告	▲		▲	▲	▲
17	钢结构用防火涂料复试报告	▲		▲	▲	▲
18	钢结构用焊接材料复试报告	▲		▲	▲	▲
19	钢结构用高强度大六角头螺栓连接副复试报告	▲		▲	▲	▲
20	钢结构用扭剪型高强螺栓连接副复试报告	▲		▲	▲	▲
21	幕墙用铝塑板、石材、玻璃、结构胶复试报告	▲		▲	▲	▲
22	散热器、供暖系统保温材料、通风与空调工程绝热材料、风机盘管机组、低压配电系统电缆的见证取样复试报告	▲		▲	▲	▲
23	节能工程材料复试报告	▲		▲	▲	▲
24	其他物资进场复试报告					
C5	施工记录文件					
1	隐蔽工程验收记录	▲		▲	▲	▲
2	施工检查记录			△		
3	交接检查记录			△		
4	工程定位测量记录	▲		▲	▲	▲
5	基槽验线记录	▲		▲	▲	▲
6	楼层平面放线记录			△	△	△
7	楼层标高抄测记录			△	△	△
8	建筑物垂直度、标高观测记录	▲		▲	△	△
9	沉降观测记录	▲		▲	△	▲
10	基坑支护水平位移监测记录			△	△	
11	桩基、支护测量放线记录			△	△	
12	地基验槽记录	▲	▲	▲	▲	▲
13	地基钎探记录	▲		△	△	▲
14	混凝土浇灌申请书			△	△	
15	预拌混凝土运输单			△		
16	混凝土开盘鉴定			△	△	

类别	归档文件	保存单位				
		建设单位	设计单位	施工单位	监理单位	城建档案馆
17	混凝土拆模申请单			△	△	
18	混凝土预拌测温记录			△		
19	混凝土养护测温记录			△		
20	大体积混凝土养护测温记录			△		
21	大型构件吊装记录	▲		△	△	▲
22	焊接材料烘焙记录			△		
23	地下工程防水效果检查记录	▲		△	△	
24	防水工程试水检查记录	▲		△	△	
25	通风(烟)道、垃圾道检查记录	▲		△	△	
26	预应力筋张拉记录	▲		▲	△	▲
27	有粘结预应力结构灌浆记录	▲		▲	△	▲
28	钢结构施工记录	▲		▲	△	
29	网架(索膜)施工记录	▲		▲	△	▲
30	木结构施工记录	▲		▲	△	
31	幕墙注胶检查记录	▲		▲	△	
32	自动扶梯、自动人行道的相邻区域检查记录	▲		▲	△	
33	电梯电气装置安装检查记录	▲		▲	△	
34	自动扶梯、自动人行道电气装置检查记录	▲		▲	△	
35	自动扶梯、自动人行道整机安装质量检查记录	▲		▲	△	
36	其他施工记录文件					
C6	施工试验记录及检测文件					
	通用表格					
1	设备单机试运转记录	▲		▲	△	△
2	系统试运转调试记录	▲		▲	△	△
3	接地电阻测试记录	▲		▲	△	△
4	绝缘电阻测试记录	▲		▲	△	△
	建筑与结构工程					

类别	归档文件	保存单位				
		建设单位	设计单位	施工单位	监理单位	城建档案馆
1	锚杆试验报告	▲		▲	△	△
2	地基承载力检验报告	▲		▲	△	▲
3	桩基检测报告	▲		▲	△	▲
4	土工击实试验报告	▲		▲	△	▲
5	回填土试验报告(应附图)	▲		▲	△	▲
6	钢筋机械连接试验报告	▲		▲	△	△
7	钢筋焊接连接试验报告	▲		▲	△	△
8	砂浆配合比申请书、通知单			△	△	△
9	砂浆抗压强度试验报告	▲		▲	△	▲
10	砌筑砂浆试块强度统计、评定记录	▲		▲	△	△
11	混凝土配合比申请书、通知单	▲		△	△	△
12	混凝土抗压强度试验报告	▲		▲	△	▲
13	混凝土试块强度统计、评定记录	▲		▲	△	△
14	混凝土抗渗试验报告	▲		▲	△	△
15	砂、石、水泥放射性指标报告	▲		▲	△	△
16	混凝土碱总量计算书	▲		▲	△	△
17	外墙饰面砖样板粘结强度试验报告	▲		▲	△	△
18	后置埋件抗拔试验报告	▲		▲	△	△
19	超声波探伤报告、探伤记录	▲		▲	△	△
20	钢构件射线探伤报告	▲		▲	△	△
21	磁粉探伤报告	▲		▲	△	△
22	高强度螺栓抗滑移系数检测报告	▲		▲	△	△
23	钢结构焊接工艺评定			△	△	△
24	网架节点承载力试验报告	▲		▲	△	△
25	钢结构防腐、防火涂料厚度检测报告	▲		▲	△	△
26	木结构胶缝试验报告	▲		▲	△	△
27	木结构构件力学性能试验报告	▲		▲	△	△
28	木结构防护剂试验报告	▲		▲	△	△
29	幕墙双组分硅酮结构胶混匀性及拉断试验报告	▲		▲	△	△

类别	归档文件	保存单位				
		建设单位	设计单位	施工单位	监理单位	城建档案馆
30	幕墙的抗风压性能、空气渗透性能、雨水渗透性能及平面内变形性能检测报告	▲		▲	△	△
31	外门窗的抗风压性能、空气渗透性能和雨水渗透性能检测报告	▲		▲	△	△
32	墙体节能工程保温板材与基层粘结强度现场拉拔试验	▲		▲	△	△
33	外墙保温浆料同条件养护试件试验报告	▲		▲	△	△
34	结构实体混凝土强度验收记录	▲		▲	△	△
35	结构实体钢筋保护层厚度验收记录	▲		▲	△	△
36	围护结构现场实体检验	▲		▲	△	△
37	室内环境检测报告	▲		▲	△	△
38	节能性能检测报告	▲		▲	△	▲
39	其他建筑与结构施工试验记录与检测文件					
	给排水及采暖工程					
1	灌(满)水试验记录	▲		△	△	
2	强度严密性试验记录	▲		▲	△	△
3	通水试验记录	▲		△	△	
4	冲(吹)洗试验记录	▲		▲	△	
5	通球试验记录	▲		△	△	
6	补偿器安装记录			△	△	
7	消火栓试射记录	▲		▲	△	
8	安全附件安装检查记录			▲	△	
9	锅炉烘炉试验记录			▲	△	
10	锅炉煮炉试验记录			▲	△	
11	锅炉试运行记录	▲		▲	△	
12	安全阀定压合格证书	▲		▲	△	
13	自动喷水灭火系统联动试验记录	▲		▲	△	△
14	其他给排水及供暖施工试验记录与检测文件					

类别	归档文件	保存单位				
		建设单位	设计单位	施工单位	监理单位	城建档案馆
	建筑电气工程					
1	电气接地装置平面示意图表	▲		▲	△	△
2	电气器具通电安全检查记录	▲		△	△	
3	电气设备空载试运行记录	▲		▲	△	△
4	建筑物照明通电试运行记录	▲		▲	△	△
5	大型照明灯具承载试验记录	▲		▲	△	
6	漏电开关模拟试验记录	▲		▲	△	
7	大容量电气线路结点测温记录	▲		▲	△	
8	低压配电电源质量测试记录	▲		▲	△	
9	建筑物照明系统照度测试记录	▲		△	△	
10	其他建筑电气施工试验记录与检测文件					
	智能建筑工程					
1	综合布线测试记录	▲		▲	△	△
2	光纤损耗测试记录	▲		▲	△	△
3	视频系统末端测试记录	▲		▲	△	△
4	子系统检测记录	▲		▲	△	△
5	系统试运行记录	▲		▲	△	△
6	其他智能建筑施工试验记录与检测文件					
	通风与空调工程					
1	风管漏光检测记录	▲		△	△	
2	风管漏风检测记录	▲		▲	△	
3	现场组装除尘器、空调机漏风检测记录			△	△	
4	各房间室内风量测量记录	▲		△	△	
5	管网风量平衡记录	▲		△	△	
6	空调系统试运转调试记录	▲		▲	△	△
7	空调水系统试运转调试记录	▲		▲	△	△
8	制冷系统气密性试验记录	▲		▲	△	△
9	净化空调系统检测记录	▲		▲	△	△
10	防排烟系统联合试运行记录	▲		▲	△	△

类别	归档文件	保存单位				
		建设单位	设计单位	施工单位	监理单位	城建档案馆
11	其他通风与空调施工试验记录与检测文件					
	电梯工程					
1	轿厢平层准确度测量记录	▲		△	△	
2	电梯层门安全装置检测记录	▲		▲	△	
3	电梯电气安全装置检测记录	▲		▲	△	
4	电梯整机功能检测记录	▲		▲	△	
5	电梯主要功能检测记录	▲		▲	△	
6	电梯负荷运行试验记录	▲		▲	△	△
7	电梯负荷运行试验曲线图表	▲		▲	△	
8	电梯噪声测试记录	△		△	△	
9	自动扶梯、自动人行道安全装置检测记录	▲		▲	△	
10	自动扶梯、自动人行道整机性能、运行试验记录	▲		▲	△	△
11	其他电梯施工试验记录与检测文件					
C7	施工质量验收文件					
1	检验批质量验收记录	▲		△	△	
2	分项工程质量验收记录	▲		▲	▲	
3	分部(子分部)工程质量验收记录	▲		▲	▲	▲
4	建筑节能分部工程质量验收记录	▲		▲	▲	▲
5	自动喷水系统验收缺陷项目划分记录	▲		△	△	
6	程控电话交换系统分项工程质量验收记录	▲		▲	△	
7	会议电视系统分项工程质量验收记录	▲		▲	△	
8	卫星数字电视系统分项工程质量验收记录	▲		▲	△	
9	有线电视系统分项工程质量验收记录	▲		▲	△	
10	公共广播与紧急广播系统分项工程质量验收记录	▲		▲	△	

类别	归档文件	保存单位				
		建设单位	设计单位	施工单位	监理单位	城建档案馆
11	计算机网络系统分项工程质量验收记录	▲		▲	△	
12	应用软件系统分项工程质量验收记录	▲		▲	△	
13	网络安全系统分项工程质量验收记录	▲		▲	△	
14	空调与通风系统分项工程质量验收记录	▲		▲	△	
15	变配电系统分项工程质量验收记录	▲		▲	△	
16	公共照明系统分项工程质量验收记录	▲		▲	△	
17	给排水系统分项工程质量验收记录	▲		▲	△	
18	热源和热交换系统分项工程质量验收记录	▲		▲	△	
19	冷冻和冷却水系统分项工程质量验收记录	▲		▲	△	
20	电梯和自动扶梯系统分项工程质量验收记录	▲		▲	△	
21	数据通信接口分项工程质量验收记录	▲		▲	△	
22	中央管理工作站及操作分站分项工程质量验收记录	▲		▲	△	
23	系统实时性、可维护性、可靠性分项工程质量验收记录	▲		▲	△	
24	现场设备安装及检测分项工程质量验收记录	▲		▲	△	
25	火灾自动报警及消防联动系统分项工程质量验收记录	▲		▲	△	
26	综合防范功能分项工程质量验收记录	▲		▲	△	
27	视频安防监控系统分项工程质量验收记录	▲		▲	△	
28	入侵报警系统分项工程质量验收记录	▲		▲	△	
29	出入口控制(门禁)系统分项工程质量验收记录	▲		▲	△	
30	巡更管理系统分项工程质量验收记录	▲		▲	△	
31	停车场(库)管理系统分项工程质量验收记录	▲		▲	△	

类别	归档文件	保存单位				
		建设单位	设计单位	施工单位	监理单位	城建档案馆
32	安全防范综合管理系统分项工程质量验收记录	▲		▲	△	
33	综合布线系统安装分项工程质量验收记录	▲		▲	△	
34	综合布线系统性能检测分项工程质量验收记录	▲		▲	△	
35	系统集成网络连接分项工程质量验收记录	▲		▲	△	
36	系统数据集成分项工程质量验收记录	▲		▲	△	
37	系统集成整体协调分项工程质量验收记录					
38	系统集成综合管理及冗余功能分项工程质量验收记录	▲		▲	△	
39	系统集成可维护性和安全性分项工程质量验收记录	▲		▲	△	
40	电源系统分项工程质量验收记录	▲		▲	△	
41	其他施工质量验收文件					
C8	施工验收文件					
1	单位(子单位)工程竣工预验收报验表	▲		▲		▲
2	单位(子单位)工程质量竣工验收记录	▲	△	▲		▲
3	单位(子单位)工程质量控制资料核查记录	▲		▲		▲
4	单位(子单位)工程安全和功能检验资料核查及主要功能抽查记录	▲		▲		▲
5	单位(子单位)工程观感质量检查记录	▲		▲		▲
6	施工资料移交书	▲		▲		
7	其他施工验收文件					
竣工图(D类)						
1	建筑竣工图	▲		▲		▲
2	结构竣工图	▲		▲		▲

类别	归档文件	保存单位				
		建设单位	设计单位	施工单位	监理单位	城建档案馆
3	钢结构竣工图	▲		▲		▲
4	幕墙竣工图	▲		▲		▲
5	室内装饰竣工图	▲		▲		▲
6	建筑给排水及供暖竣工图	▲		▲		▲
7	建筑电气竣工图	▲		▲		▲
8	智能建筑竣工图	▲		▲		▲
9	通风与空调竣工图	▲		▲		▲
10	室外工程竣工图	▲		▲		▲
11	规划红线内的室外给水、排水、供热、供电、照明管线等竣工图	▲		▲		▲
12	规划红线内的道路、园林绿化、喷灌设施等竣工图	▲		▲		▲
工程竣工验收文件(E类)						
E1	竣工验收与备案文件					
1	勘察单位工程质量检查报告	▲		△	△	▲
2	设计单位工程质量检查报告	▲	▲	△	△	▲
3	施工单位工程竣工报告	▲		▲	△	▲
4	监理单位工程质量评估报告	▲		△	▲	▲
5	工程竣工验收报告	▲	▲	▲	▲	▲
6	工程竣工验收会议纪要	▲	▲	▲	▲	▲
7	专家组竣工验收意见	▲	▲	▲	▲	▲
8	工程竣工验收证书	▲	▲	▲	▲	▲
9	规划、消防、环保、民防、防雷等部门出具的认可文件或准许使用文件	▲	▲	▲	▲	▲
10	房屋建筑工程质量保修书	▲		▲		▲
11	住宅质量保证书、住宅使用说明书	▲		▲		▲
12	建设工程竣工验收备案表	▲	▲	▲	▲	▲
13	建设工程档案预验收意见	▲		△		▲
14	城市建设档案移交书	▲				▲
E2	竣工决算文件					

类别	归档文件	保存单位				
		建设单位	设计单位	施工单位	监理单位	城建档案馆
1	施工决算文件	▲		▲		△
2	监理决算文件	▲			▲	△
E3	工程声像资料等					
1	开工前原貌、施工阶段、竣工新貌照片	▲		△	△	▲
2	工程建设过程的录音、录像资料(重大工程)	▲		△	△	▲
E4	其他工程文件					

注:表中符号"▲"表示必须归档保存;"△"表示选择性归档保存。

(二)报送工程档案资料的工程范围

1. 民用建筑工程

(1)住宅建筑。

(2)办公建筑:机关、企业、其他。

(3)文化建筑:图书馆、档案馆、博物馆、影剧院、文化宫、俱乐部、舞厅、其他。

(4)教育建筑:高等院校、中专、技校、中学、小学、幼儿园等。

(5)医疗保险建筑:医院、疗养院、防疫站、敬老院、殡仪馆等。

(6)体育建筑:体育场、体育馆、游泳馆、其他。

(7)商业建筑:商场、商店、其他。

(8)金融建筑:银行、保险公司等。

(9)服务建筑:宾馆、饭店、旅社、招待所、其他。

(10)科技信息建筑:情报中心、信息中心等。

(11)政治性建筑:会堂、纪念碑、纪念塔、纪念堂、故居等。

2. 工业建筑工程

(1)冶金工业建筑:钢铁厂、轧钢厂、冶炼厂、加工厂等。

(2)机械工业建筑:机械厂、机床厂、制造厂、修理厂等。

(3)石化工业建筑:炼油厂、化工厂、橡胶厂、塑料厂等。

(4)轻纺工业建筑:纺织厂、造纸厂、针织厂、印染厂等。

(5)电子仪表建筑:计算机厂、电子仪表厂、机电设备厂等。

(6)建材工业建筑:水泥厂、砖厂、保温防火材料厂、建材厂等。

(7)医药工业建筑:制药厂、制剂厂、卫生保健用品厂等。

(8)食品工业建筑:粮食加工厂、食用油加工厂、饮料加工厂等。

(9)其他建筑:矿业开采厂、采石场等。

3. 改建、扩建或抗震加固的工程

凡是民用建筑、工业建筑工程,需要进行较大规模的改建、扩建或采取抗震加固措施等的,均应报送工程档案。

三、建设工程资料的保管期限与保密

(一)建设工程资料的保管期限

建设工程资料档案保管的期限可分为永久、长期、短期3种。

所谓永久,是指工程档案需永久保存。长期是指工程档案的保存期限等于该工程的使用寿命。短期是指工程档案保存10年以下。

如果在同一案卷内,同时存在有不同保管期限的文件和资料时,则该案卷保管期限应以保管期限较长的为准。

(二)建设工程资料的保密

建设工程资料档案记录了工业与民用建筑建设的全部过程,不同建筑的使用功能不同,有些特殊建筑需要保密,因此根据建设项目的具体情况,设定建设工程资料档案的保密级别,对其加强管理。建设工程资料档案保管的密级可划分为绝密、机密、秘密3种。如果在同一案卷内有不同密级的文件,则应以最高的密级作为该卷的密级。

第二节　建设工程资料的归档要求与方法

一、归档文件的质量要求

工程资料归档文件需要长期甚至永久保存,反映了建筑物建设以及建成的全部信息资料,是建成后对建筑物进行管理的基本依据。为使工程资料档案文件便于保存、便于管理,要求工程资料归档文件具有较高质量,具体来说包括以下几点:

(1)归档的纸质工程文件应为原件。建设单位须向城建档案管理机构报送的立项文件、建设用地文件、开工工审批文件可以为复制件,但应加盖建设单位印章。

(2)工程文件的内容及其深度应符合国家现行有关工程勘察、设计、施工、监理等标准的规定。监理文件按现行国家标准《建设工程监理规范》(GB/T 50319—2013)编制;建筑工程文件按现行行业标准《建筑工程资料管理规范》(JGJ/T 1852009)的要求编制;市政工程施工技术文件及其竣工验收文件按照原建设部印发的《市政工程施工技术.料管理规定》(建城[2002]221号)编制。竣工图的编制应按原国家建委1982年《关于于编制基本建设竣工图的几项暂行规定》(建发施字50号)执行。地下管线工程竣工图的编制,应按现行行业标准《城市地下管线探测技术规程》(CJJ 61—2003)中的有关规定执行。

(3)工程文件的内容必须真实、准确,应与工程实际相符合。

(4)工程文件应采用碳索墨水、蓝黑墨水等耐久性强的书写材料,不得使用红色墨水、纯蓝墨水、圆珠笔、复写纸、铅笔等易褪色的书写材料。计算机输出文字和图件应使用激光打印机,不应使用色带式打印机、水性墨打印机和热敏打印机。

(5)工程文件应字迹清楚,图样清晰,图表整洁,签字盖章手续应完备。

(6)工程文件中文字材料幅面尺寸规格宜为A4幅面(297 mm × 210 mm)。图纸宜采用国家标准图幅。

(7)工程文件的纸张应采用能长期保存的韧力大、耐久性强的纸张。

所有竣工图均应加盖竣工图章(图3-1),并应符合下列规定:①竣工图章的基本内容应

包括:"竣工图"字样、施工单位、编制人、审核人、技术负责人、编制日期、监理单位、现场监理、总监;②竣工图章尺寸应为:50 mm × 80 mm;③竣工图章应使用不易褪色的印泥,应盖在图标栏上方空白处。

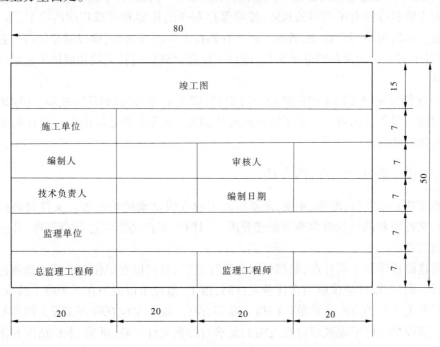

图 3-1 竣工图章示例

(8)竣工图的绘制与改绘应符合国家现行有关制图标准的规定。

(9)归档的建设工程电子文件应采用表 3-2 所列开放式文件格式或通用格式进行存储。专用软件产生的非通用格式的电子文件应转换成通用格式。

表 3-2 工程电子文件存储格式表

文件类别	格式
文本(表格)文件	PDF、XML、TXT
图像文件	JPEG、TIFF
图形文件	DWG、PDF、SVG
影像文件	MPEG2、MPEG4、AVI
声音文件	MP3、MAV

(10)归档的建设工程电子文件应包含元数据,保证文件的完整性和有效性。元数据应符合现行行业标准《建设电子档案元数据标准》(CJJ/T 187—2012)的规定。

(11)归档的建设工程电子文件应采用电子签名等手段,所载内容应真实和可靠。电子签名是保证电子文件真实、准确、可靠的重要手段。为确保电子签名的法律效力,各单位应采用获得国家工业和信息化部、国家密码管理局等部门许可的电子认证机构发放的电子签章。为使各单位申办的电子签章在住房和城乡建设领域能够通行通用,避免重复购置,各单位可采用由住房城乡建设部科技发展促进中心主办的"全国建设行业电子认证平台"发放的电子签章。

(12)归档的建设工程电子文件的内容必须与其纸质档案一致。

(13)离线归档的建设工程电子档案载体,应采用一次性写入光盘,光盘不应有磨损、划伤。适用于脱机存储电子档案的载体,按照保存寿命的长短和可靠程度的强弱,依次为:一次写光盘、磁带、可擦写光盘、硬磁盘。由于存储技术发展非常快,难以对存储载体进行严格要求,但对于需要长期保存的电子文档,应该保证存储载体的长久性和载体上记载内容的不可更改性。

(14)存储移交电子档案的载体应经过检测,应无病毒、无数据读写故障,并应确保接收方能通过适当设备读出数据。除了防范病毒传播外,该条主要是保证电子文件数据能被接收方进行接收和阅读。

二、建设工程资料的归档方法

归档文件必须完整、准确、系统,能够反映工程建设活动的全过程。文件材料归档范围见表3-1,文件资料的质量符合本节前述要求。归档的文件必须经过分类整理,并应组成符合要求的案卷。

根据建设程序和工程特点,归档可以分阶段进行,也可以在单位或分部工程通过竣工验收后进行。勘察、设计单位应当在任务完成时,施工、监理单位应当在工程竣工验收前,将各自形成的有关工程档案向建设单位归档。勘察、设计、施工单位在收齐工程文件并整理立卷后,建设、监理单位应根据城建管理机构的要求对档案文件完整、准确、系统情况和案卷质量进行审查。审查合格后,向建设单位移交。工程档案一般不少于两套,一套由建设单位保管,一套(原件)移交当地城建档案馆(室)。在许多情况下,为满足日后利用需要,需要再增加一至二套。电子文件归档应包括在线式归档和离线式归档两种方式。可根据实际情况选择其中一种或两种方式进行归档。对涉密的有关工程电子文件,在线归档时应做好保密工作。勘察、设计、施工、监理等单位向建设单位移交档案时,应编制移交清单,双方签字盖章后,方可交接。

第四章　建设工程资料的验收与移交

【学习目标】

　　熟悉建设工程资料预验收相关知识,掌握各参建单位工程资料验收、移交的程序和方法。

第一节　建设工程资料的验收

　　列入城建档案馆(室)档案接收范围的工程,建设单位在组织工程竣工验收前,应提请城建档案管理机构对工程档案进行预验收。建设单位未取得城建档案管理机构出具的认可文件,不得组织工程竣工验收。

　　单位(子单位)工程完工后,施工单位应自行组织有关人员进行检查评定,合格后,填写《单位工程竣工预验收报验表》,并附相应的竣工资料(包括分包单位的竣工资料)报项目监理部,申请工程竣工预验收。总监理工程师组织项目监理部人员与施工单位进行检查验收,合格后,总监理工程师签署《单位工程竣工预验收报验表》。

　　单位工程竣工预验收通过后,应由建设单位(项目)负责人组织设计、监理、施工(含分包单位)等单位(项目)负责人进行单位(子单位)更新验收,形成《单位(子单位)工程质量竣工验收记录表》。当参加验收各方对工程质量意见不一致时,可请当地建设行政主管部门或工程质量监督机构协调处理。

　　工程竣工验收前,各参建单位的主管(技术)负责人应对本单位形成的工程资料进行竣工审查。建设单位应按照国家验收规范的规定和城建档案管理的有关要求,对勘察、设计、监理、施工等单位汇总的工程资料进行验收,使其完整、准确、真实。对于国家或省市重点工程项目的预验收或验收会,应有城建档案馆的有关人员参加。

　　工程竣工验收前,应由城建档案馆对工程档案进行预验收,并出具《建设工程竣工档案预验收意见》,工程竣工验收后,工程档案再经城建档案馆验收,不合格的应由城建档案馆责成建设单位重新进行编制,符合要求后重新报送,直到符合要求为止。建设工程竣工档案预验收意见式样如图4-1所示。

　　城建档案管理机构在进行工程档案验收时,应重点验收以下内容:

　　(1)工程档案齐全、系统、完整;

　　(2)工程档案的内容真实、准确地反映工程建设活动和工程实际状况;

　　(3)工程档案已整理立卷,立卷符合本规范的规定;

　　(4)竣工图绘制方法、图式及规格等符合专业技术要求,图面整洁,盖有竣工图章;

　　(5)文件的形成、来源符合实际,要求单位或个人签章的文件,其签章手续完备;

　　(6)文件材质、幅面、书写、绘图、用墨、托裱等符合要求;

　　(7)电子档案格式、载体等符合要求;

　　(8)声像档案内容、质量、格式符合要求。

建设工程竣工档案预验收意见

×××市城档建字×××号

工程名称		工程地址		规划许可证号	
建设单位		建筑面积		施工许可证号	
设计单位		结构类型		建设单位联系人	
施工单位		层数		电话	
监理单位		计划竣工日期		实际竣工日期	
工程竣工档案内容与编审意见					
建设单位：　　　（公章） 负责人： 联系电话： 　　　　　　年　月　日		城建档案馆预验收意见： 　　　　　　　　　　　　（公章） 验收人：　　　负责人： 　　　　　　年　月　日			

注：此表一式三份。一份交质量监督机构竣工备案，一份交城建档案管理部门，一份交建设部门。

图 4-1　建设工程竣工档案预验收意见式样

第二节　建设工程资料的移交

施工、监理等有关单位应将工程资料按合同或协议约定的时间、套数移交给建设单位，办理工程资料移交手续，填写《工程资料移交书》。工程资料移交书样式见图 4-2。工程资料移交书是工程资料进行移交的凭证，应有移交日期、移交单位盖章、接收单位盖章和主管人员签字，并应附有工程资料移交目录。

列入城建档案馆（室）接收范围的工程，建设单位在工程竣工验收后 3 个月内，必须向城建档案馆（室）移交一套符合规定的工程档案，并办理移交手续。《城市建设档案移交书》是工程竣工档案进行移交的凭证，应有移交日期、移交单位签章、接收单位签章和主管人员签字，并附有工程资料移交目录。工程资料移交目录式样见图 4-3，城市建设档案移交书式样见图 4-4。

工程资料移交书

  <u>河南省×××建筑工程有限公司</u> 按有关规定向 <u>河南省×××房地产开发公司</u> 办理 <u>×××小区住宅工程 1# ~ 8#楼</u> 工程资料移交手续。共计 14 册。

  其中,文字资料 4 册,图样资料 10 册,其他资料 11 张(照片)。

  附:工程资料移交目录

移交单位(公章):	接收单位(公章):
单位负责人:	单位负责人:
技术负责人:	技术负责人:
移 交 人:	接 收 人:

移交日期:××年×月×日

图 4-2　工程资料移交书式样

工程资料移交目录

序号	工程项目名称	×××市×××小区住宅工程 1# ~ 8#楼						备注
		资料数量						
		文字资料		图样资料		综合卷		
		卷	张	卷	张	卷	张	
1	施工技术资料	1	94					
2	施工检测资料	1	268					
3	隐蔽工程验收记录	1	88					
4	施工质量验收记录	1	75					
5	监理资料	3	195					
6	建筑竣工图			3	126			
7	结构竣工图			3	143			
8	给水竣工图			1	12			
9	排水竣工图			1	9			
10	采暖竣工图			1	11			
11	电气竣工图			1	21			
12	智能竣工图			1	10			

注:综合卷指文字和图样资料混装的案卷。

图 4-3　工程资料移交目录式样

城市建设档案移交书

　　__河南省×××房地产开发公司__　向×××市城市建设档案馆移交__×××小区住宅工程__　档案,共计18卷。

　　其中:文字资料_____卷　　图样资料_____卷

　　　　　综合资料_____卷　　其他资料_____

附:城市建设档案移交目录一式三份,共3张。

移交单位(公章):　　　接收单位(公章):

单位负责人:　　　　　单位负责人:

移　交　人:　　　　　接　收　人:

移交日期:××年×月×日

图4-4　城市建设档案移交书式样

　　停建、缓建建设工程的档案,暂由建设单位保管。对改建、扩建和维修工程,建设单位应当组织设计、施工单位据实修改、补充和完善原工程档案。对改变的部位,应当重新编制工程档案,并在工程验收后3个月内向城建档案馆(室)移交。建设单位向城建档案馆(室)移交工程档案时,应办理移交手续,填写移交目录,双方签字、盖章后交接。

第五章 资料的安全管理

【学习目标】

　　了解档案法及保密法中资料安全管理的相关规定;掌握确保资料安全的措施。

第一节 资料安全管理的相关规定

一、《中华人民共和国档案法实施办法》(节选)

第三章 档案的管理

　　第十二条 按照国家档案局关于文件材料归档的规定,应当立卷归档的材料由单位的文书或者业务机构收集齐全,并进行整理、立卷,定期交本单位档案机构或者档案工作人员集中管理;任何人都不得据为己有或者拒绝归档。

　　第十三条 机关、团体、企业事业单位和其他组织,应当按照国家档案局关于档案移交的规定,定期向有关的国家档案馆移交档案。

　　属于中央级和省级、设区的市级国家档案馆接收范围的档案,立档单位应当自档案形成之日起满20年即向有关的国家档案馆移交;属于县级国家档案馆接收范围的档案,立档单位应当自档案形成之日起满10年即向有关的县级国家档案馆移交。经同级档案行政管理部门检查和同意,专业性较强或者需要保密的档案,可以延长向有关档案馆移交的期限;已撤销单位的档案或者由于保管条件恶劣可能导致不安全或者严重损毁的档案,可以提前向有关档案馆移交。

　　第十四条 既是文物、图书资料又是档案的,档案馆可以与博物馆、图书馆、纪念馆等单位相互交换重复件、复制件或者目录,联合举办展览,共同编辑出版有关史料或者进行史料研究。

　　第十五条 各级国家档案馆应当对所保管的档案采取下列管理措施:

　　(一)建立科学的管理制度,逐步实现保管的规范化、标准化;

　　(二)配置适宜安全保存档案的专门库房,配备防盗、防火、防渍、防有害生物的必要设施;

　　(三)根据档案的不同等级,采取有效措施,加以保护和管理;

　　(四)根据需要和可能,配备适应档案现代化管理需要的技术设备。

　　机关、团体、企业事业单位和其他组织的档案保管,根据需要,参照前款规定办理。

　　第十六条 《档案法》第十四条所称保密档案密级的变更和解密,依照《中华人民共和国保守国家秘密法》及其实施办法的规定办理。

　　第十七条 属于集体所有、个人所有以及其他不属于国家所有的对国家和社会具有保存价值的或者应当保密的档案,档案所有者可以向各级国家档案馆寄存、捐赠或者出卖。向各级国家档案馆以外的任何单位或者个人出卖、转让或者赠送的,必须报经县级以上人民政府档案行政管理部门批准;严禁向外国人和外国组织出卖或者赠送。

第十八条 属于国家所有的档案,任何组织和个人都不得出卖。

国有企业事业单位因资产转让需要转让有关档案的,按照国家有关规定办理。

各级各类档案馆以及机关、团体、企业事业单位和其他组织为了收集、交换中国散失在国外的档案、进行国际文化交流,以及适应经济建设、科学研究和科技成果推广等的需要,经国家档案局或者省、自治区、直辖市人民政府档案行政管理部门依据职权审查批准,可以向国内外的单位或者个人赠送、交换、出卖档案的复制件。

第十九条 各级国家档案馆馆藏的一级档案严禁出境。

各级国家档案馆馆藏的二级档案需要出境的,必须经国家档案局审查批准。各级国家档案馆馆藏的三级档案、各级国家档案馆馆藏的一、二、三级档案以外的属于国家所有的档案和属于集体所有、个人所有以及其他不属于国家所有的对国家和社会具有保存价值的或者应当保密的档案及其复制件,各级国家档案馆以及机关、团体、企业事业单位、其他组织和个人需要携带、运输或者邮寄出境的,必须经省、自治区、直辖市人民政府档案行政管理部门审查批准,海关凭批准文件查验放行。

第四章 档案的利用和公布

第二十条 各级国家档案馆保管的档案应当按照《档案法》的有关规定,分期分批地向社会开放,并同时公布开放档案的目录。档案开放的起始时间:

(一)中华人民共和国成立以前的档案(包括清代和清代以前的档案;民国时期的档案和革命历史档案),自本办法实施之日起向社会开放;

(二)中华人民共和国成立以来形成的档案,自形成之日起满30年向社会开放;

(三)经济、科学、技术、文化等类档案,可以随时向社会开放。

前款所列档案中涉及国防、外交、公安、国家安全等国家重大利益的档案,以及其他虽自形成之日起已满30年但档案馆认为到期仍不宜开放的档案,经上一级档案行政管理部门批准,可以延期向社会开放。

第二十一条 各级各类档案馆提供社会利用的档案,应当逐步实现以缩微品代替原件。档案缩微品和其他复制形式的档案载有档案收藏单位法定代表人的签名或者印章标记的,具有与档案原件同等的效力。

第二十二条 《档案法》所称档案的利用,是指对档案的阅览、复制和摘录。

中华人民共和国公民和组织,持有介绍信或者工作证、身份证等合法证明,可以利用已开放的档案。

外国人或者外国组织利用中国已开放的档案,须经中国有关主管部门介绍以及保存该档案的档案馆同意。

机关、团体、企业事业单位和其他组织以及中国公民利用档案馆保存的未开放的档案,须经保存该档案的档案馆同意,必要时还须经有关的档案行政管理部门审查同意。

机关、团体、企业事业单位和其他组织的档案机构保存的尚未向档案馆移交的档案,其他机关、团体、企业事业单位和组织以及中国公民需要利用的,须经档案保存单位同意。

各级各类档案馆应当为社会利用档案创造便利条件。提供社会利用的档案,可以按照规定收取费用。收费标准由国家档案局会同国务院价格管理部门制定。

第二十三条 《档案法》第二十二条所称档案的公布,是指通过下列形式首次向社会公开档案的全部或者部分原文,或者档案记载的特定内容:

(一)通过报纸、刊物、图书、声像、电子等出版物发表;

(二)通过电台、电视台播放;

(三)通过公众计算机信息网络传播;

(四)在公开场合宣读、播放;

(五)出版发行档案史料、资料的全文或者摘录汇编;

(六)公开出售、散发或者张贴档案复制件;

(七)展览、公开陈列档案或者其复制件。

第二十四条 公布属于国家所有的档案,按照下列规定办理:

(一)保存在档案馆的,由档案馆公布;必要时,应当征得档案形成单位同意或者报经档案形成单位的上级主管机关同意后公布;

(二)保存在各单位档案机构的,由各单位公布;必要时,应当报经其上级主管机关同意后公布;

(三)利用属于国家所有的档案的单位和个人,未经档案馆、档案保存单位同意或者前两项所列主管机关的授权或者批准,均无权公布档案。

属于集体所有、个人所有以及其他不属于国家所有的对国家和社会具有保存价值的档案,其所有者向社会公布时,应当遵守国家有关保密的规定,不得损害国家的、社会的、集体的和其他公民的利益。

第二十五条 各级国家档案馆对寄存档案的公布和利用,应当征得档案所有者同意。

第二十六条 利用、公布档案,不得违反国家有关知识产权保护的法律规定。

第五章　罚　　则

第二十七条 有下列行为之一的,由县级以上人民政府档案行政管理部门责令限期改正;情节严重的,对直接负责的主管人员或者其他直接责任人员依法给予行政处分:

(一)将公务活动中形成的应当归档的文件、资料据为己有,拒绝交档案机构、档案工作人员归档的;

(二)拒不按照国家规定向国家档案馆移交档案的;

(三)违反国家规定擅自扩大或者缩小档案接收范围的;

(四)不按照国家规定开放档案的;

(五)明知所保存的档案面临危险而不采取措施,造成档案损失的;

(六)档案工作人员、对档案工作负有领导责任的人员玩忽职守,造成档案损失的。

第二十八条 《档案法》第二十四条第二款、第三款规定的罚款数额,根据有关档案的价值和数量,对单位为 1 万元以上 10 万元以下,对个人为 500 元以上 5 000 元以下。

第二十九条 违反《档案法》和本办法,造成档案损失的,由县级以上人民政府档案行政管理部门、有关主管部门根据损失档案的价值,责令赔偿损失。

第六章 附 则

第三十条 中国人民解放军的档案工作,根据《档案法》和本办法确定的原则管理。

第三十一条 本办法自发布之日起施行。

二、《中华人民共和国保密法》(节选)

第二章 国家秘密的范围和密级

第九条 下列涉及国家安全和利益的事项,泄露后可能损害国家在政治、经济、国防、外交等领域的安全和利益的,应当确定为国家秘密:

(一)国家事务重大决策中的秘密事项;

(二)国防建设和武装力量活动中的秘密事项;

(三)外交和外事活动中的秘密事项以及对外承担保密义务的秘密事项;

(四)国民经济和社会发展中的秘密事项;

(五)科学技术中的秘密事项;

(六)维护国家安全活动和追查刑事犯罪中的秘密事项;

(七)经国家保密行政管理部门确定的其他秘密事项。

政党的秘密事项中符合前款规定的,属于国家秘密。

第十条 国家秘密的密级分为绝密、机密、秘密三级。

绝密级国家秘密是最重要的国家秘密,泄露会使国家安全和利益遭受特别严重的损害;机密级国家秘密是重要的国家秘密,泄露会使国家安全和利益遭受严重的损害;秘密级国家秘密是一般的国家秘密,泄露会使国家安全和利益遭受损害。

第十一条 国家秘密及其密级的具体范围,由国家保密行政管理部门分别会同外交、公安、国家安全和其他中央有关机关规定。

军事方面的国家秘密及其密级的具体范围,由中央军事委员会规定。

国家秘密及其密级的具体范围的规定,应当在有关范围内公布,并根据情况变化及时调整。

第十二条 机关、单位负责人及其指定的人员为定密责任人,负责本机关、本单位的国家秘密确定、变更和解除工作。

机关、单位确定、变更和解除本机关、本单位的国家秘密,应当由承办人提出具体意见,经定密责任人审核批准。

第十三条 确定国家秘密的密级,应当遵守定密权限。

中央国家机关、省级机关及其授权的机关、单位可以确定绝密级、机密级和秘密级国家秘密;设区的市、自治州一级的机关及其授权的机关、单位可以确定机密级和秘密级国家秘密。具体的定密权限、授权范围由国家保密行政管理部门规定。

机关、单位执行上级确定的国家秘密事项,需要定密的,根据所执行的国家秘密事项的密级确定。下级机关、单位认为本机关、本单位产生的有关定密事项属于上级机关、单位的定密权限,应当先行采取保密措施,并立即报请上级机关、单位确定;没有上级机关、单位的,应当立即提请有相应定密权限的业务主管部门或者保密行政管理部门确定。

公安、国家安全机关在其工作范围内按照规定的权限确定国家秘密的密级。

第十四条 机关、单位对所产生的国家秘密事项,应当按照国家秘密及其密级的具体范围的规定确定密级,同时确定保密期限和知悉范围。

第十五条 国家秘密的保密期限,应当根据事项的性质和特点,按照维护国家安全和利益的需要,限定在必要的期限内;不能确定期限的,应当确定解密的条件。

国家秘密的保密期限,除另有规定外,绝密级不超过30年,机密级不超过20年,秘密级不超过10年。

机关、单位应当根据工作需要,确定具体的保密期限、解密时间或者解密条件。

机关、单位对在决定和处理有关事项工作过程中确定需要保密的事项,根据工作需要决定公开的,正式公布时即视为解密。

第十六条 国家秘密的知悉范围,应当根据工作需要限定在最小范围。

国家秘密的知悉范围能够限定到具体人员的,限定到具体人员;不能限定到具体人员的,限定到机关、单位,由机关、单位限定到具体人员。

国家秘密的知悉范围以外的人员,因工作需要知悉国家秘密的,应当经过机关、单位负责人批准。

第十七条 机关、单位对承载国家秘密的纸介质、光介质、电磁介质等载体(以下简称国家秘密载体)以及属于国家秘密的设备、产品,应当做出国家秘密标志。

不属于国家秘密的,不应当做出国家秘密标志。

第十八条 国家秘密的密级、保密期限和知悉范围,应当根据情况变化及时变更。国家秘密的密级、保密期限和知悉范围的变更,由原定密机关、单位决定,也可以由其上级机关决定。

国家秘密的密级、保密期限和知悉范围变更的,应当及时书面通知知悉范围内的机关、单位或者人员。

第十九条 国家秘密的保密期限已满的,自行解密。

机关、单位应当定期审核所确定的国家秘密。对在保密期限内因保密事项范围调整不再作为国家秘密事项,或者公开后不会损害国家安全和利益,不需要继续保密的,应当及时解密;对需要延长保密期限的,应当在原保密期限届满前重新确定保密期限。提前解密或者延长保密期限的,由原定密机关、单位决定,也可以由其上级机关决定。

第二十条 机关、单位对是否属于国家秘密或者属于何种密级不明确或者有争议的,由国家保密行政管理部门或者省、自治区、直辖市保密行政管理部门确定。

第三章 保密制度

第二十一条 国家秘密载体的制作、收发、传递、使用、复制、保存、维修和销毁,应当符合国家保密规定。

绝密级国家秘密载体应当在符合国家保密标准的设施、设备中保存,并指定专人管理;未经原定密机关、单位或者其上级机关批准,不得复制和摘抄;收发、传递和外出携带,应当指定人员负责,并采取必要的安全措施。

第二十二条 属于国家秘密的设备、产品的研制、生产、运输、使用、保存、维修和销毁,应当符合国家保密规定。

第二十三条　存储、处理国家秘密的计算机信息系统(以下简称涉密信息系统)按照涉密程度实行分级保护。

涉密信息系统应当按照国家保密标准配备保密设施、设备。保密设施、设备应当与涉密信息系统同步规划、同步建设、同步运行。

涉密信息系统应当按照规定,经检查合格后,方可投入使用。

第二十四条　机关、单位应当加强对涉密信息系统的管理,任何组织和个人不得有下列行为:

(一)将涉密计算机、涉密存储设备接入互联网及其他公共信息网络;

(二)在未采取防护措施的情况下,在涉密信息系统与互联网及其他公共信息网络之间进行信息交换;

(三)使用非涉密计算机、非涉密存储设备存储、处理国家秘密信息;

(四)擅自卸载、修改涉密信息系统的安全技术程序、管理程序;

(五)将未经安全技术处理的退出使用的涉密计算机、涉密存储设备赠送、出售、丢弃或者改作其他用途。

第二十五条　机关、单位应当加强对国家秘密载体的管理,任何组织和个人不得有下列行为:

(一)非法获取、持有国家秘密载体;

(二)买卖、转送或者私自销毁国家秘密载体;

(三)通过普通邮政、快递等无保密措施的渠道传递国家秘密载体;

(四)邮寄、托运国家秘密载体出境;

(五)未经有关主管部门批准,携带、传递国家秘密载体出境。

第二十六条　禁止非法复制、记录、存储国家秘密。

禁止在互联网及其他公共信息网络或者未采取保密措施的有线和无线通信中传递国家秘密。

禁止在私人交往和通信中涉及国家秘密。

第二十七条　报刊、图书、音像制品、电子出版物的编辑、出版、印制、发行,广播节目、电视节目、电影的制作和播放,互联网、移动通信网等公共信息网络及其他传媒的信息编辑、发布,应当遵守有关保密规定。

第二十八条　互联网及其他公共信息网络运营商、服务商应当配合公安机关、国家安全机关、检察机关对泄密案件进行调查;发现利用互联网及其他公共信息网络发布的信息涉及泄露国家秘密的,应当立即停止传输,保存有关记录,向公安机关、国家安全机关或者保密行政管理部门报告;应当根据公安机关、国家安全机关或者保密行政管理部门的要求,删除涉及泄露国家秘密的信息。

第二十九条　机关、单位公开发布信息以及对涉及国家秘密的工程、货物、服务进行采购时,应当遵守保密规定。

第三十条　机关、单位对外交往与合作中需要提供国家秘密事项,或者任用、聘用的境外人员因工作需要知悉国家秘密的,应当报国务院有关主管部门或者省、自治区、直辖市人民政府有关主管部门批准,并与对方签订保密协议。

第三十一条　举办会议或者其他活动涉及国家秘密的,主办单位应当采取保密措施,并对参加人员进行保密教育,提出具体保密要求。

第三十二条 机关、单位应当将涉及绝密级或者较多机密级、秘密级国家秘密的机构确定为保密要害部门,将集中制作、存放、保管国家秘密载体的专门场所确定为保密要害部位,按照国家保密规定和标准配备、使用必要的技术防护设施、设备。

第三十三条 军事禁区和属于国家秘密不对外开放的其他场所、部位,应当采取保密措施,未经有关部门批准,不得擅自决定对外开放或者扩大开放范围。

第三十四条 从事国家秘密载体制作、复制、维修、销毁,涉密信息系统集成,或者武器装备科研生产等涉及国家秘密业务的企业事业单位,应当经过保密审查,具体办法由国务院规定。

机关、单位委托企业事业单位从事前款规定的业务,应当与其签订保密协议,提出保密要求,采取保密措施。

第三十五条 在涉密岗位工作的人员(以下简称涉密人员),按照涉密程度分为核心涉密人员、重要涉密人员和一般涉密人员,实行分类管理。

任用、聘用涉密人员应当按照有关规定进行审查。

涉密人员应当具有良好的政治素质和品行,具有胜任涉密岗位所要求的工作能力。

涉密人员的合法权益受法律保护。

第三十六条 涉密人员上岗应当经过保密教育培训,掌握保密知识技能,签订保密承诺书,严格遵守保密规章制度,不得以任何方式泄露国家秘密。

第三十七条 涉密人员出境应当经有关部门批准,有关机关认为涉密人员出境将对国家安全造成危害或者对国家利益造成重大损失的,不得批准出境。

第三十八条 涉密人员离岗离职实行脱密期管理。涉密人员在脱密期内,应当按照规定履行保密义务,不得违反规定就业,不得以任何方式泄露国家秘密。

第三十九条 机关、单位应当建立健全涉密人员管理制度,明确涉密人员的权利、岗位责任和要求,对涉密人员履行职责情况开展经常性的监督检查。

第四十条 国家工作人员或者其他公民发现国家秘密已经泄露或者可能泄露时,应当立即采取补救措施并及时报告有关机关、单位。机关、单位接到报告后,应当立即作出处理,并及时向保密行政管理部门报告。

第四章 监督管理

第四十一条 国家保密行政管理部门依照法律、行政法规的规定,制定保密规章和国家保密标准。

第四十二条 保密行政管理部门依法组织开展保密宣传教育、保密检查、保密技术防护和泄密案件查处工作,对机关、单位的保密工作进行指导和监督。

第四十三条 保密行政管理部门发现国家秘密确定、变更或者解除不当的,应当及时通知有关机关、单位予以纠正。

第四十四条 保密行政管理部门对机关、单位遵守保密制度的情况进行检查,有关机关、单位应当配合。保密行政管理部门发现机关、单位存在泄密隐患的,应当要求其采取措施,限期整改;对存在泄密隐患的设施、设备、场所,应当责令停止使用;对严重违反保密规定的涉密人员,应当建议有关机关、单位给予处分并调离涉密岗位;发现涉嫌泄露国家秘密的,应当督促、指导有关机关、单位进行调查处理。涉嫌犯罪的,移送司法机关处理。

第四十五条 保密行政管理部门对保密检查中发现的非法获取、持有的国家秘密载体,应当予以收缴。

第四十六条 办理涉嫌泄露国家秘密案件的机关,需要对有关事项是否属于国家秘密以及属于何种密级进行鉴定的,由国家保密行政管理部门或者省、自治区、直辖市保密行政管理部门鉴定。

第四十七条 机关、单位对违反保密规定的人员不依法给予处分的,保密行政管理部门应当建议纠正,对拒不纠正的,提请其上一级机关或者监察机关对该机关、单位负有责任的领导人员和直接责任人员依法予以处理。

第五章 法律责任

第四十八条 违反本法规定,有下列行为之一的,依法给予处分;构成犯罪的,依法追究刑事责任:

(一)非法获取、持有国家秘密载体的;

(二)买卖、转送或者私自销毁国家秘密载体的;

(三)通过普通邮政、快递等无保密措施的渠道传递国家秘密载体的;

(四)邮寄、托运国家秘密载体出境,或者未经有关主管部门批准,携带、传递国家秘密载体出境的;

(五)非法复制、记录、存储国家秘密的;

(六)在私人交往和通信中涉及国家秘密的;

(七)在互联网及其他公共信息网络或者未采取保密措施的有线和无线通信中传递国家秘密的;

(八)将涉密计算机、涉密存储设备接入互联网及其他公共信息网络的;

(九)在未采取防护措施的情况下,在涉密信息系统与互联网及其他公共信息网络之间进行信息交换的;

(十)使用非涉密计算机、非涉密存储设备存储、处理国家秘密信息的;

(十一)擅自卸载、修改涉密信息系统的安全技术程序、管理程序的;

(十二)将未经安全技术处理的退出使用的涉密计算机、涉密存储设备赠送、出售、丢弃或者改作其他用途的。

有前款行为尚不构成犯罪,且不适用处分的人员,由保密行政管理部门督促其所在机关、单位予以处理。

第四十九条 机关、单位违反本法规定,发生重大泄密案件的,由有关机关、单位依法对直接负责的主管人员和其他直接责任人员给予处分;不适用处分的人员,由保密行政管理部门督促其主管部门予以处理。

机关、单位违反本法规定,对应当定密的事项不定密,或者对不应当定密的事项定密,造成严重后果的,由有关机关、单位依法对直接负责的主管人员和其他直接责任人员给予处分。

第五十条 互联网及其他公共信息网络运营商、服务商违反本法第二十八条规定的,由公安机关或者国家安全机关、信息产业主管部门按照各自职责分工依法予以处罚。

第五十一条 保密行政管理部门的工作人员在履行保密管理职责中滥用职权、玩忽职守、徇私舞弊的,依法给予处分;构成犯罪的,依法追究刑事责任。

第六章 附 则

第五十二条 中央军事委员会根据本法制定中国人民解放军保密条例。

第五十三条 本法自 2010 年 10 月 1 日起施行。

第二节 确保资料安全的措施

一、档案工作制度

(1)档案工作是管理工作的一部分,须有一名主要领导分管。

(2)档案人员应及时将上级档案部门的有关指示向分管领导汇报,以便及时了解档案工作动向,领导档案工作。

(3)档案工作由办公室负责,对档案员进行业务指导,在档案移交时检验案卷质量。

(4)遵照"集中统一管理"的原则,本单位各类档案应集中存放在档案室,实行统一管理。

(5)根据国家有关档案管理的规定,结合单位档案工作的实际,制定适用于本单位的保管期限表、归档范围等。

(6)编制各种检索工具、参考工具,积极为单位管理提供便利,及时做好登记和统计工作。

(7)档案人员应加强学习,不断提高思想觉悟和不断更新业务知识,使档案工作更趋规范化、科学化。

二、档案工作人员岗位责任制

(1)档案工作人员必须严格遵守《中华人民共和国档案法》和《中华人员共和国保密法》规定的各项条款,依法办事;认真贯彻执行档案工作的各项规章制度。

(2)指导各部门的立卷人员和专业技术人员按时做好文件材料的收集、立卷归档工作,努力提高案卷质量。

(3)做好档案的收集、整理、鉴定和登记、统计等基础工作,熟悉所保管的档案情况。

(4)做好档案的利用服务工作,编制多种检索工作和参考资料;做到调卷及时迅速、准确无误。

(5)做好档案的防火、防盗、防潮、防尘、防虫、防光等安全防护工作,维护档案不受损失。

(6)刻苦学习档案业务知识,提高业务能力和学术水平,努力实现档案管理科学化、现代化。

(7)遵守保密制度。未经批准,不得利用职权擅自扩大档案的利用范围,不得泄露档案的机密和内容,确保档案内容的安全。

三、档案资料归档制度

（1）凡是在单位各项活动中形成的具有查阅利用价值的各种文件资料均属归档范围。

（2）各种资料的形成、积累、立卷和归档工作是各部门的任务之一，建立岗位责任制，档案室做好指导和监督的同时，搞好档案集中和统一管理工作。

（3）各部门在工作中形成的具有保存价值的文件资料，均应整理立卷后归档，由档案室统一管理，不得分散在部门或个人手中。

（4）每年3月底以前，各部门必须将上一年度档案材料按要求整理立卷，并将上一年度档案材料移交档案室。

（5）凡归档的案卷必须编制归档档号、案卷号、填写案卷目录及卷内文件目录，做好向档案室移交的准备工作。

（6）部门移交案卷时，应经档案室工作人员验收，移交时应履行移交手续，填写移交清册。

四、档案库房管理制度

（1）努力创造条件实现档案现代化管理，使库房管理更趋科学化。

（2）库房由档案人员负责管理，并负责每天检查门窗、电的开、关情况。

（3）库房必须具备防盗、防火、防潮、防光线、防尘等基本保护条件，并每月检查一次，发现问题及时处理。

（4）明确各类档案的界限，实行分类、分柜存放保管。

（5）库房必须具有专用橱柜，并备有必要的安全保护设施，以确保档案的安全。

（6）非档案室工作人员不得进入库房，查阅档案不得在库房内进行。

（7）库房内不得堆放其他物品，以保证库房的整洁。

五、档案保密保卫制度

（1）保守档案机密是每个档案工作人员的神圣职责。

（2）档案室设专用档案库房，配置专用档案橱柜存放档案。

（3）档案室内应设置阅览档案室，建立监阅制度，防止失密、泄密。

（4）档案库房和档案橱柜必须明确专人管理，钥匙由专管人员使用。档案人员工作调动时，必须办理交接手续。

（5）档案人员不得将机密文件、档案资料带回家，或探亲访友，或出入公共场所。

（6）不得擅自翻印、复印上级机密文件或资料，不得在私人通信或普通电话中涉及档案机密；不准向无关人员谈论、泄露有关档案内容。在立卷中形成的各种草稿、废纸等不得乱扔，一律按保密纸处理或销毁。

（7）非档案人员不得进入库房，不得在库房中接待亲友。

六、档案资料借阅制度

（1）外单位查阅档案，应持单位介绍信，一般应有两人。查阅机密、绝密或组织、人事方面的文件，必须是党员。

（2）查阅各种档案必须在查阅室进行，未经同意，不准私自带走。

（3）凡查阅、利用本单位重要的机密档案或在一定范围内控制使用的档案，应经单位领导同意。

（4）单位档案严格控制借出，如确因工作需要，应经本单位领导批准，借出时间一般不得超过3天。借阅期间，要确保档案的安全。

（5）凡摘抄本单位档案材料，应写明年代、卷号、张号，并认真校核。出具证明材料，要加盖公章，方能有效。如需要复制，须经经办部门同意。

（6）查阅档案者，必须注意保守机密，不得任意泄漏和向外公布。

（7）查阅档案，必须注意保护档案不得在文件材料上圈点、批注、勾画、污损，更不得拆卷抽取、撕毁原件；违者将依据《档案法》规定追究责任。

七、档案销毁制度

（1）档案销毁必须经单位领导和上级主管部门负责人审核同意。

（2）凡需销毁的档案必须编造清册，并撰写包括：本单位和卷宗的简短历史情况、销毁档案所属年代、保管期限及其数量和详细内容、鉴定的情况和销毁的理由等内容的书面报告。

（3）销毁档案时必须有两人以上进行监销，在销毁清册上注明"已销毁"字样和日期，并需签字盖章以示负责。

（4）被销毁档案如送造纸厂打浆，必须在监督下进行，打成纸浆后监销人员方可离开。

八、档案保管制度

（1）档案库房和档案柜、资料架要统一编号，档案、资料要按全宗和分类顺序排列整齐，重点档案和一般档案要分别保管并定期检查，对破损和模糊不清的档案、资料及时修复和复制。

（2）认真落实档案库房的"八防"措施。库房内严禁吸烟和存放易燃品，库房内外放置灭火器材，以应急需；库房门窗要装置防盗设备，及时关开、上锁，钥匙由专人专柜保管，不得随身携带；经常清扫、整理库房内外和橱架内外的清洁卫生；注意观测库房温湿度，尽量控制在规定标准；每年4月放置一次杀虫剂，并视情况及时采取措施，防止鼠咬虫蛀。

（3）对档橱、架要经常进行保养，防止锈蚀，保持美观清洁。

（4）档案人员每年对档案保管情况进行一次全面检查，并作记录。

九、档案统计与汇报制度

档案统计是掌握情况、分析和研究档案工作问题的一种有利工具。加强档案统计工作是提高档案科学管理水平的必要措施和重要标志。

（1）办公室要指定专人兼管档案统计工作，负责档案构成、档案利用、档案工作人员构成、档案室基本概况等情况的统计工作，负责上级档案部门需要的各种报表的填报工作。

（2）抓好档案统计的原始记录工作。档案的登记是档案统计的基础，应结合实际，做好各项原始材料的登记，主要包括卷内目录、案卷目录、档案收进、移出登记、档案利用与利用效益登记。

（3）建立健全统计台账，掌握档案的收进、整理、利用、移出、销毁和室内各种情况数据，按上级部门的要求及时报送各种报表。年底各类档案的增减数据应做到类别清楚、数字准确无误。

（4）上级档案部门需要的各类报表，要按时间要求准确无误地报出，所报各类数据不得弄虚作假。

（5）统计人员要将统计工作穿插在档案的接收、整理、鉴定、移出、销毁、利用等各项日常工作中进行，随时保证档案与账目相符；每年年底对本年度的各类数字要进行综合统计，形成完整的统计资料。

（6）统计人员要依据统计的数字及报表中的各项统计指标，进行调查、综合分析、对比，从中找出存在的问题，提出改进措施。

第六章 建设单位文件资料(A类)的管理

【学习目标】

了解建设单位文件资料的形成过程,熟悉建设单位文件资料编制与管理流程。

第一节 概 述

《建设工程文件归档规范》(GB/T 50328—2014)将文件资料的编制工作进行了划分:工程准备阶段文件和竣工验收文件的编制一般为建设单位;勘察、设计文件的编制单位一般为勘察、设计单位;监理文件的编制一般为监理单位。因此,建设单位文件资料管理包括两个部分,即工程准备阶段文件和竣工验收文件。工程准备阶段文件主要包括工程开工以前,在立项、审批、征地、勘察、设计、招投标等各阶段形成的文件资料;竣工验收文件主要包括工程竣工报告、竣工验收记录等文件资料。

一、建设单位文件资料的管理规定

(一)基建档案工作的基本原则

(1)凡在基建管理和基建工程项目活动过程中直接形成的,有保存价值的文字、图表及声像载体材料等均属基建档案。这些资料不得随意丢弃,要作为建设档案妥善保存。

(2)基建档案必须实行集中统一、由专人负责管理的原则,确保档案材料完整、准确、系统、安全和有效利用。

(3)基建档案工作要纳入基建规划、计划、管理制度和基建人员职责范围之中,做到基建工程一开始,建立档案工作就与此同步进行;工程建设过程中,要与竣工材料的积累、整编、审定同步进行。

(4)工程竣工验收时,要与提交一整套合格的竣工图的验收同步进行。做到资料提交及时、不漏不缺。

(二)基建档案归档范围

1.归档原则

(1)归档的基建管理与项目建设中形成的文件资料必须对建设单位和社会当前与长远具有参考价值和凭证作用。

(2)归档的基建文件资料必须反映基建管理和项目建设的全过程,保证完整、准确、系统。

(3)归档的基建文件资料,必须遵循其自然形成规律,保持其有机联系,与实物完全一致并具有成套性。

2.归档内容和重点

(1)归档的主要内容包括综合管理,可行性研究,设计基础资料,设计文件,工程管理文件,施工文件,竣工验收,基建预算、概算、决算,器材管理等方面。

(2)归档的重点是项目建设各个阶段形成的不同载体形式的文件资料,特别是包括竣工图在内的全套图纸,以及其他表格和签字文件资料。

3. 不归档的文件材料

(1)上级有关基建的普发性、补办的文件;

(2)正式施工前的草图,未定型图纸;

(3)重份文件和重份图纸;

(4)无查考价值的临时性、事务性文件。

4. 档案补充与修改

(1)基建文件资料归档后,在改建、维修中所产生的基建文件资料,基建档案部门应随时整理,及时补充归档。

(2)对已归档的基建文件资料需要更改时,必须填写更改审查清单,经基建部门分管负责人同意方可更改,未经批准,严禁更改已归档的基建档案资料。

(3)档案馆对补充归档的基建文件资料应及时整理编目。归档资料不多的,可归入相关案卷内并填写卷内目录;归档资料较多的,可单独组卷、编目。

二、建设单位文件资料的种类

(一)立项文件

1. 发展改革部门批准的立项文件

由发展改革部门批准的该项目立项文件,由建设单位收集、提供。

2. 项目建议书

由建设单位自行编制或委托其他有相应资质的咨询或设计单位编制并申报的文件,由建设单位收集、提供。

3. 立项会议纪要

由建设单位或其上级主管部门就该项目召开立项研究会议,所形成的纪要文件,由组织会议的单位负责提供。

4. 项目建议书的批复文件

由建设单位的上级主管单位或国家有关主管部门(一般是发展改革部门),对该项目建议书的批复文件。由负责批复的主管部门提供。

5. 可行性研究报告及附件

由建设单位自行编制或委托其他有相应资质的咨询或设计单位编制的可行性研究报告,由编制单位提供。

6. 项目评估研究资料

由建设单位或主管部门(一般是发展改革部门)组织会议,对该项目的可行性研究报告进行评估论证后,所形成的资料,由组织评估的单位负责提供,建设单位负责收集。

7. 可行性研究报告的批复

是发展改革部门对该项目的可行性研究报告作出的批复文件。

8. 初步设计审批文件

由发展改革部门组织,对该项目初步设计进行审查后,所形成的批复文件。

9. 专家对项目有关建议文件

由建设单位或有关部门组织专家会议,所形成的有关建议性方面的文件,由组织的单位提供,建设单位负责收集。

10.年度计划审批文件或年度计划备案材料

由建设单位自行编制或由其主管部门批准的计划文件。

(二)建设规划用地文件

1.建设项目选址意见书

由建设单位提出申请,规划部门批准的文件。

2.规划线测图(航测图)

建设单位到规划主管部门办理,由规划部门提供的相关图纸文件。

3.建设项目用地定位通知书

建设单位到规划部门办理的用地定位通知书,由规划部门提供。

4.建设用地规划许可证及附图

建设单位到规划部门办理,由规划部门提供。

5.建设用地预审

建设单位到国土资源部门办理,由国土资源部门提供。

6.征(占)用土地的批准文件或使用国有土地的批准意见

由具有相应批准权限的政府批准形成,由国土资源部门批准的文件。

7.建设用地批准书

建设单位到国土资源部门办理,由国土资源部门负责提供。

8.土地使用证

建设单位到有相应权限的国土资源部门办理,由批准部门提供。

9.拆迁安置方案及有关协议

由相关部门提供。

(三)勘察设计文件

1.工程地质(水文)勘察报告

建设单位委托勘察单位进行勘察,由勘察单位编制而成的文件,勘察单位负责提供。

2.设计方案(报批图)

由设计单位负责制定,规划部门审批后确定。

3.审定设计方案(报批图)的审查意见

分别由人防、环保、交通、园林、市政、电力、电信、卫生、消防等部门提出审批意见。由负责审查的部门提供。

4.建筑工程规划许可证,附件及附图

由建设单位到规划部门办理,规划部门提供。

5.初步设计图及说明

由设计单位负责编制并提供。

6.施工图设计及说明

由设计单位负责编制形成并提供。

7.设计计算书

由设计单位负责编制形成并提供。

8.施工图审查合格证书

由施工图审查机构对设计的施工图进行审查,合格后发给合格证书,由施工图审查部门提供。

(四)工程招投标及合同文件

1.勘察、设计、施工、监理等各种招投标文件及中标通知书

招标文件由建设单位自行编制或委托具有相应资质的招标代理机构编制,投标文件分别由勘察、设计、监理、施工单位编制,中标通知书由建设单位或招标代理机构编制而成,监管部门备案。由编制单位负责提供。

2.勘察、设计、监理、施工合同文件

由建设单位分别与勘察、设计、监理、施工单位协商签订而成,并到建设主管部门备案。由参与签订的单位负责提供。

(五)工程开工文件

1.验线合格文件

由规划部门进行验线审查后形成的文件,由规划部门负责提供。

2.建设工程竣工档案责任书

由城建档案馆与建设单位签订而成,当地城建档案馆负责提供统一格式的责任书。

3.工程质量监督手续

建设单位到质量监督机构办理履行工程质量手续,由质量监督机构负责提供。

4.建设工程施工许可

由建设单位到建设行政主管部门办理,建设行政主管部门负责提供。

(六)财务文件

1.工程设计概算

由建设单位自行编制或委托工程造价咨询单位负责编制的文件,由编制单位负责提供。

2.施工图预算

由设计单位负责编制的,也可能是由建设单位自行编制或委托工程造价咨询单位负责编制的文件,由编制单位负责提供。

3.工程结算、决算

由建设单位和施工单位及合同的双方编制并认可的文件。

(七)工程竣工验收及备案文件

1.建设工程竣工档案预验收意见

由负责编制的单位申报,城建档案馆进行预验收,而后形成意见。由城建档案馆提供。

2.单位工程质量竣工验收记录

规划、消防、环保等部门出具的认可文件或准许使用说明分别由验收单位出具。

3.房屋建筑工程质量保修书

由建设单位与施工单位经协商后签订的文件。

4.单位工程竣工验收备案表

单位工程竣工验收合格后,由承建单位负责到质量监督部门办理。

5.单位工程竣工验收报告

由建设单位负责提供。

（八）其他文件

1. 建设工程概况表

由建设单位向城建档案馆移交档案时填写的表格。

2. 工程竣工总结

由建设单位编制综合性总结,简要介绍工程建设的全过程,应包括:工程立项的依据和建设目的;工程概况,包括工程位置、规模、数量、概算(征(占)用土地、拆迁、补偿费)、结算、决算等;工程设计、工程监理、工程施工招标等情况;设计单位、设计内容、工程设计特点及建筑新材料;开竣工日期,施工管理、技术、质量等方面情况;质量事故及处理情况;建筑红线内的市政公用工程施工情况(包括给排水、电力、通信、热力、燃气等)及道路、绿化施工情况;工程质量及经验教训等。

3. 工程开工以前、施工过程中、竣工时录像及照片

建设单位收集、提供。

4. 住宅使用说明书

由建筑施工单位负责提供。

三、建设单位文件资料管理流程

（一）建设单位文件资料的形成过程

建设单位文件资料的形成过程如图 6-1 所示。

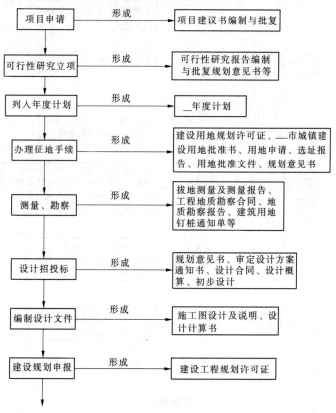

图 6-1　建设单位文件资料的形成过程

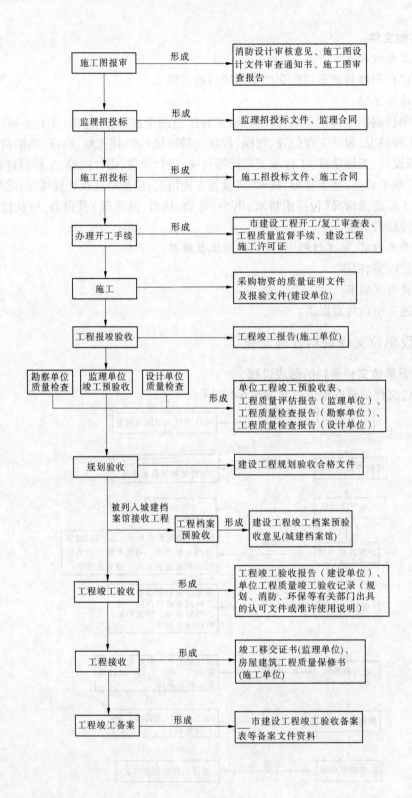

续图 6-1

（二）建设单位文件资料的归档流程

建设单位文件资料的归档流程如图6-2所示。

图6-2　建设单位文件资料的归档流程

1. 形成与积累

（1）建设单位基建部门要有一位负责人分管基建档案工作,并配备相应专职档案人员,负责基建文件资料的形成、积累、归档工作。基建部门接到基建项目后,在拟订工作计划的同时,布置形成与积累基建文件资料的任务。

（2）基建项目实行总承包给外单位的,由各分承包单位负责收集、整理分包范围内的基建文件资料,交总承包单位汇总、整理,竣工时由总承包单位向建设单位基建部门提交完整、准确、系统的基建档案材料。

（3）基建项目由几个单位分别承包的,各承包单位分别负责收集、整理所承包工程的基建文件资料,交基建部门汇总、整理。

（4）建设单位基建部门应严格执行基建文件资料的审签制度,明确职责,把好文件资料形成的质量关。

（5）建设单位基建部门要检查设计、施工单位基建文件资料的编号是否统一,是否与它所反映的对象一致,能揭示其性质与特征。

（6）使用基建文件资料过程中不允许随便更改,如有更改,必须填写变更通知单,并履行批准手续。

（7）归档的基建文件资料格式要统一,字迹工整,图像清晰,表述准确。归档的底图、蓝图,格式须按国家制图标准绘制完成,用纸优良。

（8）工程承包合同或施工协议中要依据国家对编制竣工图的要求,对竣工图的编制、整理、审核、交接、验收作出规定,做好施工记录、交工验收记录和签证等,编制好竣工图。

（9）定期检查。

2. 整理组卷

（1）基建项目结束(含阶段完成、最终完成)后,基建部门分管基建档案资料工作的负责人,组织本项目形成的应归档基建文件资料的整理、组卷工作。

（2）根据基建文件资料的形成规律,按保持其有机联系和便于利用查找的组卷原则,对基建文件资料的内容、价值、数量和载体形式进行系统整理,按工程项目组卷,一项一卷或若干卷。管理性文件资料排在整个项目首卷,其余资料按文件性质分别组成案卷。

（3）文字资料的排列顺序为:正件在前,附件在后;印件在前,原稿在后;批复在前,请示在后。图纸按图的类别序号排列,即地质图、初步设计图、建筑施工图、结构施工图、水工图、电工图、气管图、更改图。

（4）拆除卷内金属物,对破损的资料进行修补。

（5）基建文件资料采用卷皮、卷盒(袋)方式保管。蓝图大于卷盒的,以手风琴式折叠成

$4^{#}$图纸的规格,底图采用平放方式保管。

(6)无论单面或双面,只要有书写文字,均作为一页编写页码,每卷页码均从1开始,页号位置在非装订线一侧的下角,蓝图、底图可以一组有机联系的图纸为一件,以件为单元,在每件文件资料的右上角加盖件号章。

(7)填写卷内目录和备考表。

(8)草拟案卷封面各栏目,经档案部门审查后填写案卷封面。

(9)工程技术人员填写归档说明,交基建部门分管责任人审查后,放在第一卷的卷内目录之后。

3. 归档验收

(1)基建项目在验收前,档案部门对准备归档的基建文件资料进行预验收,出具证明,否则不能组织工程竣工验收。

(2)基建项目在验收后两个月内归档。档案部门要认真审查、验收归档的档案资料,并在基建档案资料归档说明书上签署意见。

(3)填写基建档案资料移交目录,一式两份,连同案卷经档案部门清点无误后,交接双方在移交目录上签字盖章,各执一份存查。

第二节　建设单位文件资料的编制与管理

基建文件必须按有关行政主管部门的规定和要求进行申报、审批,并保证竣工手续和文件完整、齐全;工程竣工验收应由建设单位组织勘察、设计、监理、施工等有关单位进行,并形成竣工验收文件;工程竣工后,建设单位应负责竣工备案工作。按照有关政策关于竣工备案的规定,提交完整的竣工备案文件,报本地竣工备案管理部门备案。

一、基建文件的申报与审批资料

(一)向行政主管部门申报和审批的资料

1. 发展改革部门批准的立项文件

由发展改革部门批准的该项目立项文件,由建设单位收集、提供。

2. 项目建议书的批复文件

由建设单位的上级主管单位或国家有关主管部门(一般是发展改革部门)对该项目建议书的批复文件,由负责批复的主管部门提供。

3. 项目评估研究资料

由建设单位或主管部门(一般是发展改革部门)组织会议,对该项目的可行性研究报告进行评估论证后,所形成的资料,由组织评估的单位负责提供,建设单位负责收集。

4. 可行性研究报告的批复

由发展改革部门对该项目的可行性研究报告作出的批复文件。

5. 初步设计审批文件

由发展改革部门组织,对该项目初步设计进行审查后,所形成的批复文件。

6. 年度计划审批文件或年度计划备案材料

由建设单位自行编制或由其主管部门批准的计划文件。

（二）需要向规划部门申报和审批的资料

（1）建设项目选址意见书；

（2）建设用地规划许可证；

（3）建设工程规划设计要求；

（4）建设工程规划设计方案；

（5）建设工程规划设计许可证；

（6）建设工程放样复验；

（7）建设工程竣工规划验收；

（8）建筑性质变更；

（9）结构到顶备案报送；

（10）规划业务上报；

（11）建设工程正负零备案报送。

（三）向国土资源部门申报和审批的资料

1. 建设用地预审

建设单位到国土资源部门办理，由国土资源部门提供。

2. 征（占）用土地的批准文件或使用国有土地的批准意见

由具有相应批准权限的政府部门批准形成，由国土资源部门批准的文件。

3. 建设用地批准书

建设单位到国土资源部门办理，由国土资源部门负责提供。

4. 土地使用证

建设单位到有相应权限的国土资源部门办理，由批准部门提供。

（四）其他

1. 拆迁安置方案及有关协议

由相关部门提供。

2. 审定设计方案（报批图）的审查意见

分别由人防、环保、交通、园林、市政、电力、电信、卫生、消防等部门提出审批意见。由负责审查的部门提供。

3. 施工图审查合格证书

由施工图审查机构对设计的施工图进行审查，合格后发给合格证书，由施工图审查部门提供。

二、工程施工备案资料

（一）工程开工备案资料

1. 验线合格文件

由规划部门进行验线审查后形成的文件，由规划部门负责提供。

2. 建筑工程竣工档案责任书

由城建档案馆与建设单位签订而成，当地城建档案馆负责提供统一格式的责任书。

3. 工程质量监督手续

建设单位到质量监督机构办理履行工程质量手续，由质量监督机构负责提供。

4. 建筑工程施工许可

由建设单位到建设行政主管部门办理,建设行政主管部门负责提供。常见建设工程施工许可备案资料包括如下内容:

(1)《××市建设工程施工直接发包(招标)备案表》(一式两份);

*(2)建设单位营业执照(复印件);

*(3)建设单位法人委托书及受托人身份证(复印件);

*(4)项目立项批文(复印件);

*(5)《建筑用地规划许可证》或《土地使用证》(复印件);

*(6)《建设工程规划临时许可证》及《工程审批意见》(复印件);

*(7)施工图预算;

*(8)建设单位近期银行资信证明;

(9)中标通知书;

(10)施工图审查批准书或主体工程检测意见;

(11)管道天然气开户证明及商品混凝土协议书;

(12)××省××市公安消防局的建筑工程消防设计审核意见;

(13)施工合同;

*(14)施工企业营业执照、组织机构代码证、资质证书、安全生产许可证(复印件);

(15)施工企业项目经理的建造师资格证、注册证及其安全生产考核合格证书、身份证(复印件);

(16)施工企业项目专职安全生产管理人员的安全生产考核合格证书或安全员证(复印件);

(17)施工组织设计;

(18)工地流动人口计划生育责任书及《工地流动人口登记表》;

(19)监理合同;

*(20)监理企业营业执照、组织机构代码证、资质证书;

*(21)项目总监资格证书、注册证书及其身份证(复印件);

(22)项目监理部现场人员名单及其人员的专业技术职称证或岗位证(复印件);

(23)企业法定代表人声明及项目负责人登记表。

注:若为招标项目,则无须提供带"＊"号资料。

(二)竣工备案资料

2006 年 5 月河南省建设厅下发通知,要求各地要切实加强实施房屋建筑和市政工程基础设施工程竣工验收备案制度。通知指出,为防止不合格工程威胁人民群众的人身安全,工程建设单位在工程竣工验收时,要组织工程参建各方进行竣工验收,并在工程竣工验收合格之日起 15 日内向当地建设行政主管部门备案,省直接管理的工程建设项目要到省建设厅备案。

房地产管理部门在办理房屋所有权证时,建设单位提供的备案资料中必须出具建设工程施工许可证和工程质量监督报告。出具工程质量监督报告的机构必须是经国务院建设行政主管部门或省级建设行政主管部门认定的工程质量监督机构,否则不予办理房屋所有产权证(房产证)。

同时,通知还要求全省各级工程质量监督机构要加强对工程竣工验收备案的监督力度,发现有违反规定的要责令改正,对不符合验收条件的不得予以验收。

1. 竣工备案应提交的资料

(1)建设工程竣工验收备案表原件(一式三份);

(2)建设工程竣工验收报告原件(一式三份);

(3)工程施工许可证原件;

(4)施工图设计文件审查通过证书原件;

(5)勘察单位的工程质量检查报告原件;

(6)设计单位的工程质量检查报告原件;

(7)施工单位的工程质量竣工报告原件;

(8)监理单位的工程质量评估报告原件;

(9)建设工程质量检测报告和功能试验资料(需要验收组长签字及加盖公章);

(10)规划部门出具的认可文件或者准许使用文件原件;

(11)公安消防部门出具的认可文件或者准许使用文件原件;

(12)环保部门出具的认可文件或者准许使用文件原件;

(13)城建部门出具的认可文件原件;

(14)施工单位签署的工程质量保修书;

(15)商品住宅的"住宅质量保证书"和"住宅使用说明书"原件;

(16)法规、规章、规定必须提供的其他文件。

2. 备案资料的提交及存档

对文件资料不全的,备案部门应该将资料退回,建设单位应按承办人员签署的《备案文件资料一览表》中验证意见栏要求及时补齐文件资料后,重新办理备案手续。备案部门应定期向社会公布备案信息情况,特别是未按规划进行备案的工程和由此被处罚的建设单位名单。

办理手续后,备案资料分别由建设单位及备案部门存档。

1)建设单位存档资料

备案办理完成后,备案部门应将以下资料退还给建设单位存档(建设单位应该在《备案文件资料一览表》上签收):

(1)经备案部门盖过"竣工验收备案专用章"的建设工程竣工验收备案原件(一式两份,一份建设单位留存,一份交城建档案馆);

(2)建设工程竣工报告原件(一式两份,一份建设单位留存,一份交城建档案馆);

(3)工程施工许可证原件;

(4)施工图设计文件审查通过证书原件;

(5)勘察单位的工程质量检查报告原件;

(6)设计单位的工程质量检查报告原件;

(7)施工单位的工程质量竣工报告原件;

(8)监理单位的工程质量评估报告原件;

(9)建设工程质量检测报告和功能试验资料;

(10)其他由建设单位存档并且符合存档条件的文件资料。

2)备案部门存档资料

（1）备案文件资料一览表；

（2）建设工程竣工验收备案表原件1份；

（3）建设工程竣工验收报告原件1份；

（4）建设工程质量监督报告原件（含电梯质量监督报告及民防质检站出具的质量监督报告）；

（5）规划部门出具的认可文件或者准许文件原件；

（6）公安消防部门出具的认可文件或者准许文件原件；

（7）环保部门出具的认可文件或者准许文件原件；

（8）城建档案部门出具的认可文件原件；

（9）法规、规章、规定必须提供的其他文件；

（10）经民防质检站盖过"竣工验收备案专用章"的建设工程竣工验收备案原件（1份）。

三、其他资料

政府必须对建设工程实行全面强制性监督，是依法监督的行政责任主体。实行从单一实物质量监督向建设参与各方质量行为监督延伸。

（一）项目报监

项目报监是加强工程质量监督管理的有效手段，建设单位应按照报监程序领取并完成相关工程资料，提交报监单位完成报监手续，报监部门应及时将规定部分资料交建设单位及监督部门，同时按规定将部分资料存档备查。

1. 建设单位报监应领取并填写的资料

建设单位在向质监站办理质量监督申报手续之前，应向报监部门领取以下材料：

（1）建设工程安全质量监督申报表（一式五份）；

（2）建设工程安全质量监督书（一式五份）；

（3）建设工程质量人员从业资格审查表（一式两份）；

（4）施工单位团体意外伤害保险投保单；

（5）建设项目工程防雷工程检测、验收登记表（适用于新建工程）；

（6）报监须知。

2. 建设单位报监应提交的资料

（1）项目立项批文（原件和复印件）；

（2）×××建设工程规划许可证（原件和复印件）；

（3）施工、监理单位中标通知书原件；

（4）施工图设计文件审查通过证书（原件和复印件）；

（5）工程施工合同；

（6）×××建设工程安全质量监督申报表；

（7）×××建设工程安全质量监督书；

（8）施工单位团体意外伤害保险投保单；

(9)×××市建设项目防雷工程检测、验收登记表;

(10)规定的其他应提交资料。

3.报监完成后应退还建设单位的资料

(1)项目立项批文(原件和复印件);

(2)×××建设工程规划许可证(原件和复印件);

(3)施工、监理单位中标通知书原件;

(4)施工图设计文件审查通过证书(原件和复印件);

(5)工程施工合同;

(6)×××建设工程安全质量监督申报表;

(7)×××建设工程安全质量监督书。

(二)安全生产许可

1.施工企业安全生产许可资料

施工企业安全生产许可需要向安全生产管理部门提交自我评价的书面资料(依据《施工企业安全生产评价标准》(JGJ/T 77—2010)编制)。新成立的建筑施工企业、企业资质需升级的建筑施工企业,以及企业资质降低后需要恢复资质的建筑施工企业需提交经第三方评价出具的合格报告。

施工企业还需要提交安全生产条件的相关材料:

(1)各级安全生产责任制和安全生产规章制度目录及文件、操作规程目录;

(2)保证安全生产投入的证明文件;

(3)设置安全生产管理机构和配备专职安全生产管理人员文件;

(4)主要负责人、项目负责人,专职安全生产管理人员安全生产考核合格名单及证书(复印件);

(5)特种作业人员名单及操作资格(复印件);

(6)管理人员和作业人员年度安全培训教育材料;

(7)从业人员参加保险资料;

(8)企业安全防护用具、安全防护服、机械设备、施工机具及配件清单,施工起重机械设备检测合格证明;

(9)职业危害防治措施;

(10)危险性较大分部分项工程及施工现场易发生重大事故的部位、环节的预防监控措施和应急预案;

(11)生产安全事故应急救援预案。

2.建筑施工企业三类人员证书

建筑施工企业安全生产需要办理"建筑施工企业三类人员证书",包括:A证(主要负责人、项目法人);B证(项目负责人、项目经理);C证(专职安全生产管理人员、安全员)。

相关人员必须先通过考试,成绩合格后方可办理这三类证书。成绩合格后,进行网上申报,申报被受理通过后,方可办证。

第七章 监理单位文件资料(B 类)的管理

【学习目标】

了解监理单位文件资料的形成过程,熟悉监理单位文件资料的编制与管理。

第一节 概 述

《建设工程文件归档规范》(GB/T 50328—2014)规定监理文件的编制一般由监理单位完成。监理单位文件资料的管理是指监理工程师受建设单位的委托,在其进行监理工作期间,对工程建设实施过程中所形成的与监理相关的文档进行收集积累、加工整理、组卷归档和检索利用等的一系列工作。

在工程项目的监理过程中,会涉及并产生大量的信息和档案资料,这些信息或档案资料中,有些是监理工作的依据,如招标投标文件、合同文件、业主针对该项目制定的有关工作制度或规定、监理规划与监理实施细则,有些是监理工作中形成的文件,表明了工程项目建设情况,也是今后工作所要查阅的,如监理工程师通知、专项监理工作报告、会议纪要、施工方案审查意见等;有些则是反映工程质量的文件,是今后监理验收或工程项目验收的依据。因此,监理人员在监理工程中应对这些文件资料进行管理。

监理工作中档案资料的管理包括两大方面:一方面,是对施工单位的资料管理工作进行监督,要求施工人员及时进入、收集需要保存的资料与档案;另一方面,是监理机构本身应该进行的资料与档案管理工作。

一、监理单位文件资料的管理规定

(一)有关工程监理文件资料管理的规范标准

(1)《建设工程监理规范》(GB/T 50319—2013);

(2)《建设工程文件归档规范》(GB/T 50328—2014);

(3)《建筑工程施工质量验收统一标准》(GB 50300—2013);

(4)《城市建设档案管理规定》(中华人民共和国建设部令第 90 号);

(5)施工合同和监理合同文件;

(6)城建档案管理部门的相关文件。

(二)监理单位文件资料管理的一般性规定

监理单位文件资料的形成应符合国家相关法律、法规、规章、工程质量验收标准和相应规范、设计文件及有关工程合同的规定。

监理单位文件资料管理的基本要求是收集整理及时、真实有效、完整齐全、分类有序,具有可追溯性和易查阅性。

监理单位文件资料管理人员应明确职责,总监理工程师为项目监理机构资料的总负责人,副总监理工程师主管,专业监理工程师及资料员具体管理,并定期检查监理人员资料管理情况。

专业监理工程师应随着工程项目的进展负责收集、整理本专业的监理资料,进行认真检查,不得接受经涂改过的报审资料,并于每月编制月报(也可每季度编制季报)之后次月10日前将审核整理过的资料交与资料员存放保管。

资料应保证字迹清晰,签字、盖章手续齐全,签字应符合档案管理的要求。计算机形成的工程资料应采用内容打印、手工签名的形式;要长期保存的应采用针式或喷墨打印机打印,不能用激光打印,纸张采用70 g的A4或A3纸。

项目监理机构应建立监理文件资料的收文、传阅及发放制度。

在监理工作过程中,监理资料应分类建立案卷盒,分专业存放保管,并编目录,以便于跟踪检查。

对已归资料员保管的监理资料,如本项目监理机构或其他人员借用,须按一定程序和规定,办理借用手续,资料员负责收回。

利用计算机建立监理资料管理的系统文件,长期保存的文件应及时形成电子文档形式、做好备份,归档时刻录成光盘上交。

(三)监理单位文件资料的编制内容及其要求

1. 施工准备阶段

(1)监理机构组织形式、人员构成和总监理工程师及主要监理人员名单,以监理单位进驻现场报告给建设、施工单位;监理站标准化建设,图表、制度上墙。

(2)监理规划和监理实施细则。

(3)设计文件、施工图纸审核中有关问题的报告。

(4)承包单位报送的施工组织设计(方案)审查意见。

(5)工程开(复)工审查报告。

(6)建立健全各类监理工作台账:单位工程开工报告台账、工程进度台账、验工计价台账、安全监理台账、环境保护和水土保持工程监理台账、设计变更台账、监理见证及平行检测试验台账、施工单位(含分包单位)及主要人员资质审核台账、监理指令台账(停工/复工令,质量问题通知单,监理工程师通知)、监理人员培训考核台账、工序检查及质量验收台账等。

(7)监理站文件收发文登记、转阅记录。

2. 施工阶段

(1)签报承包人月、季、年验工计价表,编报监理月报、季报、年报;

(2)承包人编制的年度、季度计划和控制工程进度计划或计划变更的审查报告;

(3)工程项目造价目标风险分析及防范措施的报告;

(4)监理日志、施工工序检查及质量验收记录登记资料;

(5)有关监理工程质量、进度、投资、安全、环保、水保等问题的专题报告及重要工程例会纪要;

（6）工程质量严重问题停工/复工报告；监理各类指令资料；

（7）工程质量事故报告；

（8）由建设单位规定或授权，对工程设计变更的有关报告的审核；

（9）承包单位要求费用索赔，在调查研究的基础上向建设单位提交详细的有关资料或报告；

（10）承包单位申请工程延期，在调查研究的基础上，向建设单位提交报告；

（11）项目监理机构受奖文件原件资料及时寄回监理公司办公室，由公司经营部统一管理，项目监理机构只保留扫描的电子文档。

3．工程竣工验收阶段

（1）监理管段全部单位工程验收合格后，签署工程初验报审表，同时提交竣工报验单及验收记录；

（2）在工程初验前，提交本标段工程质量评估初步意见；

（3）按建设单位要求督促承包单位上报工程竣工文件及档案资料，上报监理竣工文件及档案资料；

（4）按《委托监理合同》的规定，提交竣工结算审批表，签署有关工程验交证书；

（5）监理工作总结，环保、水保工作总结；

（6）总监理工程师参与工程竣工验收，会签"工程竣工验收报告"。

4．工程质量保修期

（1）根据委托监理合同的约定和有关规定，审核质量缺陷返修工程的数量和费用，签署返修工程验工计价表，报建设单位审定；

（2）检查督促完成竣工文件，完成其中监理文件的编制（含移交建设单位及监理单位的监理资料）；

（3）经审查合格并办理了交接手续，总监理工程师会同建设单位、接管单位共同签发"工程质量保修终止书"。

（四）监理资料移交存档

移交给建设单位存档的资料：监理工作总结、工程质量评估报告、工程质量事故处理资料、工程开工/复工报审表、建设单位要求的其他资料。

移交给监理单位存档的资料：监理工作总结（含电子文档）、工程质量评估报告（含电子文档）、工程质量事故处理资料、项目监理机构受奖或受处罚文件原件资料、监理指令（包括暂停施工指令、复工令、质量问题通知单、监理工程师通知）资料、监理日志、监理见证及平行检测试验资料、重点（特殊）工程设计图纸及相关资料（含电子文档）、来往文件及会议纪要资料（含电子文档）、监理月报及季报的电子文档、工程施工工序监理检查台账；工程质量验收台账等。

竣工文件中的监理文件按建设单位的规定及时提供，在工程竣工后按时移交监理资料。项目监理机构完成监理工作后，撤销驻地监理机构，监理资料按移交给本监理公司存档的资料要求整理好，移交给监理单位存档。

二、监理单位文件资料的种类

（一）监理管理资料

1. 监理规划

监理规划应在签订监理合同，收到施工合同、施工组织设计、设计图纸文件后 1 个月内，由总监理工程师主持专业监理工程师参加编制完成，并必须经过监理单位和建设单位审核批准。该工程项目的监理规划，经监理公司技术负责人审核批准后，在监理交底会前报送建设单位。监理规划的内容应有针对性，做到控制目标明确、措施得力有效、工作程序合理、工作制度健全、职责分工明确，对监理工作确实有指导作用。同时，应有时效性，在建设项目实施过程中，应根据情况的变化做出必要的调整和修改，并再经原审核程序批准后，报送建设单位。

监理规划的内容包括工程项目特征（如工程名称、建设地点、建设规模、工程特点等），工程相关单位名录（如建设单位、勘察单位、设计单位、施工单位、分包单位等），监理工作的主要依据，监理范围和目标，工程的进度、质量、造价、安全控制，旁站监理方案，合同及其他事项的管理，项目监理机构的组织形式、人员构成及职责分工，项目监理部资源配置一览表，监理工作的程序、工作方法、措施、管理制度等。

2. 监理实施细则

对于比较复杂的、专业性比较强的工程建设项目，还应由专业监理工程师负责编制监理实施细则，并经总监理工程师审核批准。监理实施细则必须符合监理规划的要求，结合施工项目的专业特点，做到具体、详尽，具有可操作性。监理实施细则也是根据实际情况的变化进行必要的修改、补充、完善，并再经总监理工程师审核批准。

监理实施细则包括专业工作特点、监理工作的流程、监理工作的控制要点及目标值、监理工作的方法及措施等。

3. 监理月报

监理月报的内容一般可根据工程建设规模的大小来决定汇总内容的详细程度。具体如下：

（1）工程概况。如当月的工程概况，当月施工情况。

（2）当月工程的形象进度。

（3）工程进度。天气对施工的影响情况，当月实际完成情况与计划进度的比较，对进度完成情况及采取措施的效果。

（4）工程质量与安全。当月工程质量及安全情况、当月采取的工程质量、安全措施及效果。

（5）工程质量与工程款支付。工程量的审核情况、工程款情况及当月支付情况、工程款支付情况分析、当月采取措施及效果。

（6）合同及其他事项的处理情况。工程变更、工程延期、费用索赔等。

（7）当月的监理工作小结。对本月进度、质量、安全、工程款支付情况的综合评价，当月的监理工作情况,有关本施工项目建议和意见,下月监理工作的重点等。

监理月报应由项目总监理工程师组织编制,签署后报送建设单位和本监理单位。报送的时间由监理单位和建设单位协商确定,一般在收到施工单位项目经理部报来的工程进度、汇总了当月已完成的工程量和当月计划完成工程量的工程量表、工程款支付申请表等相关资料后,在最短的时间内提交,一般需5~7天。

4. 监理会议纪要

监理会议纪要应由项目监理部根据会议记录整理,经过总监理工程师审阅,并经过与会各方代表会签,再发至有关参建各方,并应做好签收手续。

监理例会是参建各方为了相互沟通情况、交流信息、协调处理、研究解决各自在合同履约过程中存在的方方面面问题的一种主要协调方式。其会议纪要由项目监理部根据会议记录整理,内容主要包括:

(1)例会的地点与时间;

(2)会议主持人;

(3)与会人员姓名、单位、职务;

(4)例会的主要内容、决议事项,及其负责落实的单位、负责人与时限要求;

(5)其他事项。

如果例会中对重大问题有不同意见时,应将各方的主要观点,特别是相互对立的意见记入"其他事项"中,会议纪要内容必须真实准确、简明扼要。

5. 监理工作日志

监理工作日志以项目监理工作为记载对象,自该项目监理工作开始起至该项目监理工作结束止,应由专人负责逐日如实记载。

监理工作日志主要记录:

(1)每日人员、材料、构配件、设备等情况。

(2)每日施工的具体部位、工序的质量、进度情况,材料使用情况,抽检、复检情况,施工程序执行情况,人员、设备的安排情况等。

(3)对于发现的施工问题,是否要求施工单位及时纠正,是否发了监理通知单。

(4)施工单位提出的问题,监理人员的答复等。

(5)每日的施工进度执行情况、索赔情况、安全文明施工等情况。

(6)记录发生争议时各方的相同意见和不同意见以及协调情况。

(7)每日天气和温度情况,天气和温度对工序质量的影响及采取的措施情况。

6. 监理工作总结

监理工作总结可分为专题总结、阶段总结和竣工总结。施工阶段监理工作结束后,监理单位应向建设单位提交项目监理工作竣工总结。是否写专题总结、阶段总结可视情况而定。

监理工作总结的主要内容包括:工程概况、监理组织机构、监理人员和投入的监理设施、监理合同履行情况、监理工作成效、施工过程中出现的问题及处理情况和建议,必要时还可以附上工程照片或录像等。

监理工作总结应由总监理工程师主持编写并批准,然后报送建设单位和本监理单位。

7. 工程技术文件报审

施工单位编写的工程技术文件,须经施工单位相关部门审批后,填写工程技术文件报审表报项目监理部。总监理工程师组织专业监理工程师审查,填写审查意见,由总监理工程师签署审核结论。

8. 分包单位资格报审

施工总承包单位应选择具有承担分包工程施工资质和能力的单位,填写分包单位资格报审表报项目监理部,专业监理工程师审查总承包单位报送的分包单位有关资料,符合规定后,报总监理工程师审批。

9. 监理通知

当监理工程师或总监理工程师发现施工过程中存在一定问题时,总监理工程师签发监理通知。

10. 监理通知回复单

施工单位在接到监理通知之后,根据通知中提到的问题,认真分析,制定措施,及时修改,并把整改的结果填写到监理通知回复单上,经项目经理签字,项目经理部盖章后,报项目监理部复查。

11. 工作联系单

工作联系单用于工程变更。工程一旦发生变更,往往会增加或减少费用,此时应由施工单位填写。

12. 工程变更单

工程变更单报给项目监理部。项目监理部进行审核,并与施工单位及建设单位协商后,由总监理工程师签认,建设单位批准。当工程变更与设计有关时,尚需设计单位代表签字。

13. 竣工移交证书

工程竣工验收完成后,由项目总监理工程师和建设单位代表共同签署竣工移交证书,并加盖监理单位、建设单位公章。

(二)监理质量控制资料

1. 施工测量放线报检

(1)施工单位应将施工测量方案、红线桩的校核成果、水准点的引测结果填写在施工测量放线报检表上,并附上工程定位测量记录,报项目经理部查验。

(2)施工单位在施工场地设置平面坐标控制网(或控制导线)及高程控制网后,也应填写施工测量放线报验表,报项目监理部查验。

(3)对施工轴线控制桩的位置,各楼层墙轴线、柱轴线、边线、门窗洞口位置线、水平控制线,轴线竖向控制线等放线结果,施工单位也应填写施工测量放线报检表,并附楼层放线记录,报项目监理部查验。

(4)沉降观测报检。沉降观测记录也应填写工程测量放线报检表,报项目监理部查验。

2. 工程物资进场报验

工程物资进场后,施工单位应根据有关规定对使用的主要原材料、构配件和设备进行检查,合格后填写工程物资进场报验表,并附出厂证明文件、进场复试报告、商检证等相关资料,报项目监理部,监理工程师签署审查意见。

3. 分部(子部分)工程施工质量验收报检

施工单位完成分部(子部分)工程施工,经过自检合格后,填写分部(子部分)工程施工质量验收报检表,并附分部(子部分)工程施工质量验收记录和相关附件,报项目监理部,总监理工程师应组织验收并签署意见。

4. 监理抽检

当监理工程师对工程巡视检查或对质量有怀疑进行抽检时,填写监理抽检记录。

监理抽检记录由监理工程师负责填写,总监理工程师审定。若是需要发生费用的检查,应事先征得建设单位的同意。

5. 不合格项处置

监理工程师在隐蔽工程验收和检验批验收中,针对不合格工程填写不合格项处置记录,监督施工单位整改。

签发人为发现问题的监理工程师或总监理工程师,验收人应是签发人或总监理工程师。

6. 旁站监理

监理人员在实施旁站监理时,填写旁站监理记录,并由旁站监理人员及施工单位现场专职质检员会签。

7. 单位(子单位)工程施工质量竣工验收报验

施工单位在单位(子单位)工程完工,经自检合格,并达到竣工预验收条件后填写单位(子单位)工程施工质量竣工预验收报检表,附相应的竣工资料(包括分包单位的竣工资料)报项目监理部,申请竣工预验收。总监理工程师应组织项目监理部人员与施工单位人员,根据有关规定共同对工程进行竣工预验收。对于存在的问题,施工单位应及时整改,整改合格后由总监理工程师签署单位(子单位)工程施工质量竣工预验收报检表。

8. 见证取样和送检见证人备案书

(1)每个单位工程都应该按照有关规定,设定取样和送检见证人员,见证人员应由该工程的监理单位或建设单位具备岗位资格的专业技术人员担任,并由该工程监理单位或建设单位填写见证取样和送检见证人备案书,施工单位项目负责人签字,报送负责该工程的质量监督机构和检测试验单位备案。

(2)单位工程施工前,监理单位应根据施工单位报送的施工试验计划编制见证取样和送检计划,内容包括单位工程应有见证取样和送检项目、取样的原则与方式、应做的试验、检测总数及见证试验、检测次数等。

9. 工程质量评估报告

工程竣工预验收合格后,由项目总监理工程师向建设单位提交工程质量评估报告,工程质量评估报告内容包括:工程概况、施工单位基本情况、主要采取的施工方法、工程地基基础和主体结构及各分部的质量状况、施工中发生过的质量事故和主要质量问题及原因分析和处理结果、对工程质量的综合评估意见等。

评估报告由项目总监理工程师及监理单位技术负责人签字，并加盖公章。

10.质量事故处理材料

施工中发生的质量事故，应按有关规定上报处理，项目总监理工程师应将质量事故处理资料书面报告有关部门。

（三）监理进度控制资料

1.工程开工/复工报审表

（1）当现场具备开工条件且已做好各项施工准备工作后，施工单位应及时填写工程开工/复工报审表，报项目监理部审批。总监理工程师审批后报建设单位。

（2）无论由何方原因造成的工程暂停，在暂停原因消失具备复工条件时，施工单位应及时填写工程开工/复工报审表报项目监理部审批，总监理工程师审批后报建设单位。

2.施工进度计划报审表

施工单位应根据建设工程施工合同约定，及时编制施工总进度计划、年进度计划、月进度计划，并及时填写施工进度计划报审表报项目监理部审批。总监理工程师应及时审批后，报建设单位。

3.×月工、料、机动态表

施工单位每月 25 日前，报×月工、料、机动态表；主要施工设备进场调试合格后、开始使用前，也应该填写本表报项目监理部。塔吊、外用电梯等安检资料及计量设备检定资料应作为本表的附表，监理单位留存备案。

4.工程延期报审表

工程发生延期事件时，施工单位在合同约定的期限内，向项目监理部提交工程延期报审表，在项目监理部最终评估出延期天数，并与建设单位协商一致后，总监理工程师才给予批复。

5.工程暂停令

总监理工程师根据实际情况，按合同规定签发工程暂停令。

（四）监理造价控制资料

1.工程进度（结算）款报审表

施工单位根据完成的工程量，按照施工合同约定，计算相应的工程进度款，然后填写工程进度（结算）款报审表报监理部审批。

2.工程变更费用申报

施工单位根据工程变更完成的工程量，填写工程变更费用报审表报监理部审查。

3.费用索赔报审

索赔事件终止后，施工单位填写临时签证报审表，报项目监理部审批。

4.工程款支付报审表

施工单位在申请支付工程款时填写工程款支付报审表。

三、监理单位文件资料的管理流程

监理单位文件资料的形成流程如图 7-1 所示。

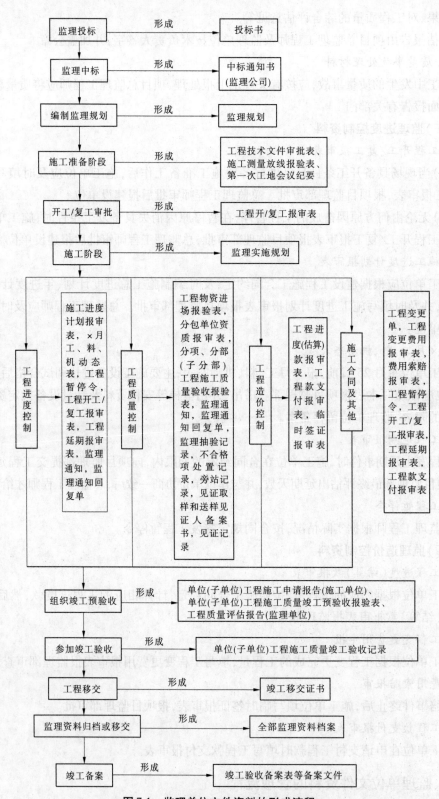

图 7-1　监理单位文件资料的形成流程

第二节　监理单位文件资料的编制与管理

按照监理资料的形式、作用、形成过程的差别,可以将其分成四类:监理管理资料、监理工作记录、竣工验收资料、其他资料。

一、监理管理资料

(一)监理规划

监理规划是在监理委托合同签订后,由监理工程师主持制定的指导开展监理工作的纲领文件,它起着指导监理单位内部自身业务工作的作用,是项目监理机构对项目管理过程的组织、控制、协调等工作设想的文字表述,是监理人员有效进行监理工作的依据和指导性文件。

监理规划的编制应针对项目的实际情况,明确项目监理机构的工作目标,制定具体的监理工作制度、程序、方法和措施,并应具有可操作性。监理规划的内容,应该对工程监理的各个阶段做什么、怎么做、何时做、谁来做等问题做出具体答复。

监理规划包括的主要内容如下:

(1)工程项目概况特征(名称、建设地点、建设规模、工程特点等)及工程相关单位名录(建设单位、勘察单位、设计单位、施工单位、主要分包单位等);

(2)监理工作依据;

(3)监理工作内容:工程进度控制、工程质量控制、工程造价控制、合同其他事项管理等;

(4)项目监理机构的组织形式、人员构成及职责分工;

(5)项目监理部资源配置一览表、监理工作管理制度等。

(二)监理实施细则

监理实施细则是在监理规划指导下,在落实了各专业的监理责任后,由专业监理工程师针对项目的具体情况制定的具有实施性和可操作性的业务文件。它起着具体指导监理业务开展的作用。

对中型及以上或专业性较强的工程项目,项目监理机构应编制监理实施细则。监理实施细则应符合规划的要求,并应结合工程项目的专业特点,做到详细具体、具有可操作性。

监理实施细则的编制应符合下列规定:

(1)监理实施细则应在相应工程施工前编制完成,并必须经总监理工程师批准;

(2)监理实施细则应由专业监理工程师编制。

监理实施细则的编制依据如下:

(1)已批准的监理规划;

(2)与专业工程相关的标准、设计文件和技术资料;

(3)施工组织设计等。

监理实施细则应包括下列主要内容：

（1）专业工程特点；

（2）监理工作流程；

（3）监理工作的控制要点及目标值；

（4）监理工作的方法及措施。

在监理工作实施过程中，监理实施细则应根据实际情况进行补充。

（三）施工阶段施工月报

项目监理部每月以监理月报的形式向建设单位报告本月的监理工作情况，使建设单位了解工程的基本情况，同时掌握工程进度、质量控制、投资、施工合同的各项目标完成情况。

监理月报的内容主要包括：工程概况，施工单位项目组织系统，工程进度，工程质量，工程计量与工程款支付情况，材料、构配件与设备情况，合同其他事项的处理情况，天气对施工影响的情况，项目监理部组成与工作统计，本月监理工作小结和下月监理工作重点。监理月报应由项目总监理工程师组织编制，其签署后，报送建设单位和监理单位。

1. 监理月报编制的依据和要求

监理月报以《建设工程监理规范》（GB/T 50319—2013）、工程质量验收系列规范、规程和技术标准、监理单位的有关规定等为依据。

监理月报编制的基本要求包括：

（1）总监理工程师组织编写监理月报，签署后报送建设单位和监理单位；

（2）监理月报应真实反映工程现状和监理工作情况，做到数据准确、重点突出、语言精练，并附必要的图表和照片；

（3）监理月报采用 A4 纸规格。

2. 监理月报的主要内容

监理月报的主要内容包括：

（1）工程概况。

（2）施工单位项目组织系统：①承包单位组织框图及主要负责人；②主要分包单位承担的分包工程的情况。

（3）工程进度：①工程实际完成情况与总进度计划比较；②本月设计完成情况与总进度计划比较；③本月工、料、机动态；④对进度完成情况分析；⑤本月采取的措施及效果；⑥本月在施工部位的工程照片。

（4）工程质量：①检验批工程验收情况；②分部工程验收情况；③分部（子分部）工程验收情况；④主要施工试验情况；⑤工程质量问题；⑥工程质量情况分析；⑦本月采取措施及效果。

（5）工程计量与工程款支付情况：①工程量审批情况；②工程款审批及支付情况；③工程款支付情况分析；④本月采取的措施及效果。

（6）材料、构配件与设备情况：①材料、构配件与设备采购、供应、进场及质量情况；②对供应厂家资质的考察情况。

(7)合同其他事项的处理情况:①工程变更;②工程延期;③费用索赔。

(8)天气对施工的影响。

(9)项目监理部的组成与工作统计:①项目监理部组织框图;②监理工作统计。

(10)本月监理工作小结和下月监理工作重点。

(四)监理会议纪要

1.监理会议纪要的主要内容

(1)上次监理例会决议事项的落实情况,如未落实,分析其原因及应采取的措施,并明确各项措施实施的责任单位、责任人和时限要求。必要时,可写入本次例会的决议事项中。

(2)与会各方对上次会议以来工程进度、质量、造价、材料、设备、安全执行、协调管理等情况的意见;对工程中存在问题的分析,提出的改进措施等。

(3)本次会议的决议事项,应明确执行单位和执行人及时限要求。

2.监理会议纪要的编制要求

1)第一次工地会议

第一次工地会议是在中标通知书发出后,监理工程师准备发出开工通知前召开。目的是检查工程的准备情况(含各方机构、人员),以确定开工日期,发出开工令。第一次工地会议对顺利实施工程建设监理起着十分重要的作用,总监理工程师应十分重视。为了开好第一次工地会议,总监理工程师应在做好充分准备的基础上,在正式开会之前用书面形式将会议议程有关事项以及应准备的内容通知业主和承包商,使各方做好充分的准备。

第一次工地会议由总监理工程师主持,业主、承包商、指定分包商、专业监理工程师等参加。监理单位应准备好现场监理组织的机构框图及各专业监理工程师、监理人员名单及职责范围、监理工作的例行程序及有关表达说明。业主单位应准备好派驻工地的代表名单以及业主的组织机构;工程占地、临时用地、临时道路、拆迁以及其他与工程开工有关的条件;施工许可证、执照的办理情况;资金筹集情况;施工图纸及其交底情况。承包商应准备好工地组织机构图表;参与工程的主要人员名单以及各种技术工人和劳动力进场计划表;用于工程的材料、机械的来源及落实情况;供材计划清单;各种临时设施的准备情况,临时工程建设计划;试验室的建立或委托试验室的资质、地点等情况;工程保险的办理情况;现场的自然条件,图纸、水准基点及主要控制点的测量复核情况;为监理工程师提供设备准备情况,施工组织总设计及施工进度计划;与开工有关的其他事项。

第一次工地会议应包括以下主要内容:

(1)建设单位、承包单位和监理单位分别介绍各自驻现场的组织机构、人员及其分工;

(2)建设单位根据委托监理合同宣布对总监理工程师的授权;

(3)建设单位介绍工程开工准备情况;

(4)承包单位介绍施工准备情况;

(5)建设单位和总监理工程师对施工准备情况提出意见和要求;

(6)总监理工程师介绍监理规划的主要内容;

(7)研究确定各方在施工过程中参加工地例会的主要人员,召开工地例会周期、地点及主要议题。

监理工程师将会议全部内容整理成纪要文件。纪要文件应包括:参加会议人员名单,承包商、业主和监理工程师对开工的准备工作的详情,与会者讨论时发表的意见及补充说明,监理工程师的结论意见。

2)经常性工地会议

经常性工地会议(或工地例会)是在开工以后,按照协商的时间,由监理工程师定期组织召开的会议。它是监理工程师对工程建设过程进行监督协调的有效方式,其主要目的是分析、讨论工程建设中的实际问题,并作出决定。

为了使经常性工地会议具有成效,一般应注意以下几个环节:

(1)会议参加者;

(2)会议资料的准备;

(3)会议程序;

(4)会议记录。

经常性工地会议应有专人做好记录。记录的主要内容一般包括:会议时间、地点及会议序号,出席会议人员姓名、职务及单位,会议提交的资料,会议中发言者的姓名及发言内容,会议的有关决定。会议记录必须真实、准确,同时必须得到监理工程师及承包商的同意。

(五)监理工作日志

监理工作日记是监理资料中比较重要的组成部分,是工程实施过程中最真实的工作证据,是记录人素质、能力和技术水平的体现。所以,监理工作日记的内容必须真实、全面,充分体现参建各方合同的履行程度。公正地记录好每天发生的工程情况是监理人员的重要职责。

监理工作日记应以项目监理部的监理工作为记载对象,从监理工作开始起至监理工作结束止,由专人负责逐日记载。

(1)准确记录时间、气象情况。气象情况记录的准确性和工程质量有直接的关系。比如像混凝土强度,砂浆强度在不同的气温条件下的变化值有着明显的区别,在地基与基础工程、主体工程、装饰工程、屋面工程等分部工程施工中,气象的变化对工程的质量都有较大的影响。

(2)做好现场的巡查,真实、准确、全面地记录工程的相关问题。包括工程进度,施工中存在的任何问题(无论大小),问题是如何解决的都应该真实、准确的记录。不能漏记、少记,甚至不记。

(3)关心安全文明施工管理情况,做好安全检查记录。

(4)监理工作日记充分展现了记录人对各项活动、问题及其相关影响的表达,应书写工整、用语规范、内容严谨。文字处理不当,如错别字多、语句不通、不符合逻辑,或用词不当等都应该力求避免,语言表达能力不强的记录人员要多熟悉图纸及相关规范,不断提高自己的文字表达能力,从而提高监理工作日记记录的质量。

(5)写好监理工作日记后,要及时交总监理工程师审查,以便及时沟通和了解,从而促进监理工作正常有序的开展。

(6)监理工作日志主要记录内容包括：

①监理人员动态：填写当日监理人出勤情况，包括外出考察、出差等。

②承包单位完成的主要工作：需要记录施工现场的主要情况、总包管理人员变动情况、分包队伍进出场情况、材料设备进场及验收情况、大型机械进出场及使用情况等。

③其他填写内容：工地安全、消防等事项，本公司、上级单位、外单位来工地检查等事项，今日未处理完的监理工作，其他应记录的内容。

(六)监理工作总结

施工阶段监理工作结束时，监理单位应向建设单位提交监理工作总结。监理工作总结应包括工程概况，监理组织机构、监理人员和投入的监理设施，监理合同履行情况，监理工作成效，施工过程中出现的问题及其处理情况和建议，工程照片等内容。

1. 工程概况的编制

工程概况主要介绍工程名称、工程地点、施工许可证号、质量监督申报号、用地面积、建筑面积、建筑层数、建筑高度、建筑物功能、工程造价、工程类型、基础类型、结构类型，装修标准、门窗工程、楼地面工程、屋面工程、防水设防、水卫工程、电气工程、通风与空调工程、电梯安装工程等基本情况，建设单位、勘察单位、设计单位、监理单位、承包单位（含分包单位）名称，开工日期、竣工日期等内容。

2. 监理组织机构、监理人员和投入的监理设施

(1)项目监理部组织机构图；

(2)各专业监理人员一览表；

(3)监理工作设施的投入情况（检测工具、计算机及辅助设备、摄影器材等）。

3. 监理合同履行情况

监理合同履行情况应包括总体概述监理合同履行情况，并详细描述工程质量、工程进度；投资控制目标的实现情况；建设单位提供的监理设施归还情况；如委托监理合同的执行过程中出现纠纷的，应叙述主要纠纷事实，并说明通过友好协商取得合理解决的情况。

4. 监理工作成效

监理工作成效着重叙述工程质量、进度、投资三大目标控制及完成情况，对此所采取的措施及做法；监理过程中往来的文件、设计变更、报审表，命令、通知等名称及份数；质量保证资料的名称及份数；独立抽查项目质量记录份数；工程质量评定情况以及合理化建议产生的实际效果情况。

5. 施工过程中出现的问题及其处理情况和建议

视具体情况对施工过程中出现的问题及处理情况和建议进行阐述。

6. 工程照片

工程照片主要包括：各施工阶段有代表性的照片，尤其是隐蔽工程、质量事故的照片；所使用新材料、新产品、新技术的照片等。每张照片都要有简要的文字材料，能准确说明照片内容，如照片类型、位置、拍照时间、作者、底片编号等。

对国家、省市重点工程,特大型工程等应摄制声像材料。声像材料要求能反映工程建设的全过程,如原貌、奠基情况、施工过程、竣工验收等内容,并应附有注明工程项目名称及影音内容的文字资料。

二、监理工作记录

(一)监理工作记录的作用

监理工作记录是监理工作的各项目活动、决定、问题及环境条件的全面记录,是监理工作重要的基础工作,在很大程度上反映出监理的工作及其质量。监理工作记录可以用作任何时间对工程进行评估的依据;或作为判断依据,解决各种纠纷和索赔问题;给承包商定出公平的报酬。对做出的产品质量有据可查,还有助于为设计人员及工程验收提供翔实的资料。总之,监理工作记录既是监理组织行政管理、内部管理的工具,也是监理工作被检查的自我保护,又是监督承包商按合同要求施工的重要依据。如果监理工作记录内容不充分或不准确,就是驻地监理工程师对工程责任的失职。

(二)监理工作记录的分类

1. 历史性记录

根据工程计划及实际完成的工程,逐步说明工程的进度及相关事项。例如,气象记录与天气报告,工程量计划与完成情况,所使用的人力、材料与机械设备,工程事项的讨论与决议记录,影响工程进度的其他事项。

2. 工程计量与财力支付记录

工程计量与财力支付记录包括工程所有的计量及付款资料,如计量结果、变更工程的计量、价格调整、索赔、计日工,月付款等方面的表格及基础资料。

3. 质量记录

质量记录包括材料检验的记录、现场施工记录、工序验收记录、隐蔽工程检查记录等。

4. 竣工记录

竣工记录包括所有部分的验收资料和竣工图,绘出工程完成时的状态,按实际说明原有状态和有关的操作指示。

(三)监理日志的记录

监理日志的记录是监理工作记录中最细致的工作,记录从监理人员进驻工地开始到竣工结束止。每天作业活动的重大决定。监理日志内容要详细,记事要真实。

1. 基本资料的收集和记录

(1)承包商的工程施工承包合同检查记录(写明签证日期、承包范围、建筑面积、施工工期、质量等级等)。

(2)工程规划许可证(规划红线控制,即灰线验收)、工程施工许可证检查记录。

(3)施工单位、有关资质证书、施工组织设计及上岗证的检查记录。

(4)开工、停工、竣工申请报告的审核签认记录(写明开工、竣工时间)。

(5)图纸校对找出问题的记录,参加图纸会审及审核情况的记录,图纸会审纪要的记录。

（6）工程测量定位放样旁站监督记录，轴线定位和水准点标志设置、水准点有保护检查记录。用平面图表示，在建的建筑物的方向、距离、黄海标高。填写施工单位图表。

（7）沉降观察点的埋设、测试均要旁站监督，并进行现场记录（填写当日例表，当日例表不准涂改，不准擅自修整数据），填写施工单位图表。

（8）进场的设备、原材料检查后签认，对主要材料、半成品材料都要按批量进行抽样测试及检查（包括建筑水电）。做好样件检查记录。

（9）钢筋应有出厂质量证明或试验报告单，钢筋表面或每捆（盘）钢筋均应有标志，做好检查验收记录。

（10）水泥进场必须有出厂合格证或进场试验报告，并应对其品种、标号、包装或散装包号、出厂日期等进行检查，并做好验收记录。

（11）对所有水泥应检验其安定性和强度。有要求时，尚应有检验水泥的其他性能。做好检验记录。

（12）碎石骨料应按品种、规格分别堆放，不得混杂，骨料中严禁混入煅烧过的白云石或石灰块。记录碎石骨料的出产地、质量情况。

（13）记录工程施工质量事故的情况，如经济损失、工期拖延、影响情况等。记录施工工地人员伤亡事故的事故起因、发生后的处理、经济损失情况等。

（14）记录工程施工中因甲方所供材料、资金、设计不到位需索赔的情况。

（15）记录工程进度，因人为或事为或天气自然灾害所造成的工程进度延误的情况。

（16）监理日记交接手续。由于工作需要发生监理人员工作调动，监理日记就得由他人接手继续记录。原记录人离开日应有交手结束语：从今日止因工作需要已调出×××工程监理，此工程的监理日记从×月×日起由×××继续记录。

（17）施工单位工程资料核查记录。按建筑工程资料、安装工程资料审核表核查，并把资料核查表附在监理日记本上。

（18）监理单位及项目总监随时对现场监理人员所记录的监理日记进行检查，在检查中发现质量较差的对其进行批评教育并要求及时改正。如有弄虚作假的经过查实核对后，监理单位对其作出严肃处理。

2. 监理日志记录要点

1）基础工程

（1）桩基施工：开工时间至完工时间、采用桩型、桩位复核、桩机型号、试桩记录，桩位数编号图，每打（压）一只桩的数据记录、病桩标记、当时处理意见、处理依据和凭证签认单等记录。

（2）基槽（坑）挖土：开始时间至完工时间，采用人工或机械施工情况；有否病桩、漏桩，如何处理，处理依据和凭证；桩基验收等记录。

（3）基础验槽、基底标高和宽度、轴线位置及修整、复检等记录。

（4）基础混凝土木模制作，校对轴线位置，几何尺寸、高度、宽度，拉通线与设计图纸校对,稳定性、牢度的检查等记录。

（5）基础钢筋绑扎随带图纸,先以单元小块按轴线、部位检查,配筋型号、规格、尺寸、数量、搭接(焊接)长度。锚固长度及存在的问题,整改措施,接收人签认。复查结果的记录。

（6）水、电部分预埋给排水管道和套管,检查其位置、规格、尺寸、材料品种,与设计图纸对照,存在问题,处理办法,接收单位确认签字,整改后复查情况。

（7）避雷接地、绝缘接地、轴线、部位、钢筋、规格、质量、搭接长度、焊接质量,接地网络规范情况记录。

（8）基础混凝土浇捣前,检查核实混凝土级配比,石子、黄砂、水泥的规格、质量,并过磅称量,做好车号和重量限位标志等工作记录。

（9）混凝土浇捣全过程:记录时间、气候、气温、轴线、部位,施工流程,混凝土的坍落度,振捣的密实度。施工单位负责人、质量员、加班加点情况,旁站监理情况,施工缝留设情况,浇捣过程中的质量状况,浇捣后的保护、养护措施等。

（10）模板拆除:时间控制情况,拆除后对混凝土成型状况,检查其麻面的面积,空鼓的深度,梁、柱、轴线位置走偏情况,设计、质监、建设单位的检查验收情况,问题处理方法、修补方案,监理整改过程,复验效果。

（11）基础砖砌体:马牙槎、拉结筋、网片筋、预埋管套,预留孔洞、砂浆级配、灰缝控制检查情况等记录。

（12）基础回填土:底部清理、地下室埋管检查、回填土质量、夯土施工等记录。

2）主体工程

（1）施工前图纸、技术交底,施工力量,施工方案。

（2）模板制作过程,写明层次、轴线,各部位梁、柱、板的事前控制,事后检查,拉线,挂线锤。存在的问题,处理意见,接收人签字,整改后的效果。

（3）钢筋绑扎:钢筋绑扎前做好图纸交底工作,绑扎过程先局部绑扎,待检查整改后,全面展开绑扎,对照图逐一检查钢筋型号、规格、数量、尺寸,并写明层次、轴线、部位、存在问题、如何整修、接收人签字、限期复查等。

（4）钢筋绑扎及焊接要对照规范,检查搭接长度、焊接长度、焊接质量、试拉样件收集、测试证件的记录等。

（5）电气、水卫、消防、暖通、预埋施工前应进行图纸交底,落实人员。

（6）电气线管、盒埋敷过程检查,按层次、轴线、部位、型号、规格、数量、尺寸,随带工具实测实量,存在问题处理方式,整改结果的记录。

（7）给排水、消防、暖通、排气、排烟的预埋套管的规格、型号、位置、数量、尺寸及预留孔的大小、尺寸、位置,用卷尺实测实量检查,有否问题、如何处理、人员落实情况、整理效果的记录。

（8）浇捣混凝土:浇捣前,核对混凝土级配比,检查石子、黄砂的质量,石子、黄砂、水泥过磅以指定小车限量定位制作标记。检查机械设备、人力、物力;检查运行通道搭设,底部清理、清洗等事项是否一应到位,均有记录。

（9）混凝土浇捣过程：气候、气温、前后时间。层次、轴线、部位、顺序、质量做到六个控制：即坍落度控制；梁、柱高、宽度、板的厚度、平整度的控制；进户处平台、厨房、厕所、阳台板的高低差控制；翻边梁的宽度、高度控制；施工缝的控制，混凝土试块随机取样制作的控制。并记述混凝土的数量、最后完成时间。施工中施工负责人、质量员、加班加点及监理旁站值班人员，浇捣后保护和养护措施等记录。

（10）混凝土拆模温度、时间控制、拆模后的检查（轴线、部位）存在问题的大小，如何处理、落实情况，达到的效果等记录（包括水电的检查）。

（11）砖砌体（包括填充墙）各层次、部位、砖块型号、设计强度、试压强度、砂浆配合比、浇水情况、质保单记录。

（12）砌筑过程：皮数杆、马牙槎、拉结筋、网片筋、墙体平整度、灰缝平直度、砂浆饱满度，轴线准确度，阴、阳角砖接缝等检查记录施工质量如何、处理办法。

（13）水、电等工程预留箱、盒的位置、规格、数量、几何尺寸、质量情况等，按设计要求施工有否差错，进行检查记录。

（14）阳台栏板扶手制模前预先做好钢筋修整绑扎，拉结筋有否漏放，有否补纠、清理工作是否到位，按层次单元全部检查的记录。

3）屋面工程

（1）写明平屋面、斜屋面、露台、木模制作，钢筋绑扎、混凝土浇捣、拆模检查与主体相同进行仔细检查记录。

（2）水电屋面、透气管、排气孔、埋设、预留孔洞等高度、管径、孔洞大小、密封质量等检查记录。

（3）（水、电）避雷系统写明避雷针网或避雷小针的布置安装，记录钢材型号、规格、数量、平整度、牢固度及防腐处理，引下线位置、方向等。

（4）屋面现捣混凝土找平层或砂浆找平层的配合比，抹面平整度、黏结度、保护、养护等检查记录。

（5）屋面防水材料的生产厂家合格证、许可证，质保单，涂刷或铺贴过程中的施工质量，做到切块检测。雨后检查渗漏等记录。

（6）屋面挂瓦条的制作，流水槽的留设，检查其强度、平整度，用木挂瓦条防腐处理等检查记录。

（7）屋面瓦片、型号、规格、生产厂家合格证、许可证、质保单，瓦的单体强度，固定件、脊瓦的平整度、牢固度等检查记录。

（8）屋面雨篷、沿沟、窗、沿板的找坡水汛，滴水槽、线及平直度等检查记录。

（9）组织结构中间验收之前，监理人员必须做好初验工作，质量情况用书面向项目总监作一次汇报，并编写监理小结。实测实量、验评记录。

4）装饰（阶段）工程

（1）检查、清理、清扫、修补、整改情况：如混凝土梁、柱、板、墙体砌筑中遗留下的模板碎片、铁件、孔洞的分层检查记录。

（2）检查坍饼、各层水平线的平整度的记录。

（3）门、窗框扇安装检查，产地、合格证、许可证、型号、规格、垂直度、关、启质量，按图校对等记录。

（4）门、窗、框边、护角线的抹灰质量检查，浇水情况，砂浆配合比，是否有裂缝、空鼓等。控制排气管、烟道管安装质量，先墙面抹灰粉刷完工后再安装。

（5）内外墙抹灰粉刷前先交底后操作，事先控制质量、事后督促检查，检查砂浆的配合比，砖墙面浇水湿润程度、粉刷顺序，大面积和阴阳角的平整度、方正度、垂直度，并检查石灰膏的熟化程度、粗细质量等均应有记录。

（6）阳台阴阳角抹灰粉刷从顶层至底层检查垂直度、平整度及线条的一致性的记录。

（7）楼地面找平层，先检查清理，清洗、清扫到位后，再发通知同意浇捣混凝土或水泥砂浆找平层。检查各层间浇捣前的纯水泥套浆质量，控制水过足，浆过厚或过干，并控制混凝土或水泥砂浆的级配比、干湿度、抹面的平整度等。

（8）外墙装饰涂料，检查生产厂家的资质证、质保单、合格证、许可证，先做样板，要经过摩擦、水冲洗等检测，如符合质量要求，同意涂刷施工，如有问题提出意见，向甲方汇报。特别是对甲供材料不可不管，对质量一视同仁。拒绝劣质产品进工地。检查色杂是否一致、厚度是否一致。

（9）装饰面砖类，检查生产厂家、品牌、资质证、质保单、规格、尺寸等。铺贴前先检查抹灰面清扫、清洗质量，湿润情况。水泥砂浆和胶水的掺入量比率情况，面砖抹灰饱满度，贴后用小锤块块敲打检查。有问题的病块划上记号，监理员用笔记下。面砖钩缝检查密实度、光洁度，有否漏钩。揩擦、清理有否到位，局部有否水泥污迹。

（10）外墙雨水管道待外墙饰面完工后安装，检查管道质量、规格、尺寸、位置、垂直度、固定件的尺寸、牢固度、管道的保护质量。贯通测试记录。

（11）楼层、上下给排水管，污水管安装前做好套管的固定位置，混凝土补洞、缝。套管周围检查是否清理干净，套浆、混凝土是否捣密实，管道安装时墙面是否粉刷好。固定件、尺寸、距离等检查记录。安装后测试记录。

（12）卫生器具给水支管、水嘴、阀门安装位置、尺寸对照图纸、旁站监理试压测试的记录。

（13）厨房、卫生间灌水试验情况记录、存在问题、整改意见、达到效果。

（14）电器线路穿管质量分层次检查记录，绝缘测试记录（施工单位负责人，时间、问题、补纠措施、避雷针测试记录）。

（15）电器箱、盒、开关检查位置、尺寸、规格、产品质量、质保单、生产厂家、合格情况记录。

（16）施工单位技术资料全部审查核对填表记录（分土建、安装）。

（17）竣工验收监理预检情况记录（包括实测实量记录），编制工程建设监理总结。

（18）签认施工单位工程施工竣工验收报告。

（四）监理工作记录过程中要填写的主要表格

检验批质量验收记录：

（1）分项工程质量验收记录；

（2）分部（子分部）工程质量验收记录；

（3）单位（子单位）工程质量竣工验收记录；

（4）单位（子单位）工程质量控制资料核查记录；

（5）单位（子单位）工程安全和功能检查资料核查及主要功能抽查记录；

（6）单位（子单位）工程观感质量检查记录；

（7）结构实体混凝土强度验收记录；

（8）结构实体钢筋保护层厚度验收记录；

（9）钢筋保护层厚度试验记录；

（10）室内环境检测报告。

三、竣工验收资料

竣工验收资料主要包括：单位工程竣工预验收资料、工程质量评估报告、竣工移交证书、工程竣工验收备案表及附件等。

（一）工程竣工验收资料编制要求

当工程达到基本交验条件时，应组织各专业工程监理师对各专业工程的质量情况、使用功能进行全面检查，对发现影响竣工验收的问题签发监理工程师通知单，要求承包单位进行整改。

对需要进行功能性试验的项目（包括无负荷试车），应督促承包单位及时进行试验，认真审阅试验报告单，并对重要的项目进行现场监督，必要时应请建设单位及设计单位派代表参加。

总监理工程师组织竣工预验收，要求承包单位在工程项目自检合格并达到竣工验收条件时，填写工程竣工报验单，并附相应竣工资料（包括分包单位的竣工资料）报项目监理部，申请竣工预验收；总监理工程师组织项目监理部人员对质量控制资料进行核实，并督促承包单位完善；总监理工程师组织监理工程师和承包单位共同对工程进行检查验收；经验收需要对局部进行整改，应在整改符合要求后再验收，直至符合合同要求，总监理工程师签署工程竣工报验单。

（二）工程竣工报验

单位（子单位）工程承包单位自检符合竣工条件后，向项目监理机构提出工程竣工验收。工程预验收通过后，总监理工程师应及时报告建设单位和编写工程质量评估报告文件。总监理工程师组织专业监理工程师按现行的单位（子单位）工程竣工验收的有关规定逐项进行核查，并对工程质量进行预验收，根据核查和预验收结果，将"不符合"或"符合"用横线划出；全部符合要求的，将"不合格"、"不可以"用横线划掉；将"合格"、"可以"用横线划出，并向承包单位列出不符合项目的清单和要求。

1. 单位工程竣工条件

(1)按承包合同已完成了设计文件的全部内容,且单位(子单位)工程所含分部(子分部)工程的质量均已验收合格。

(2)质量控制材料完整。

(3)单位(子单位)工程所含分部工程有关安全和功能的检测资料完整。

(4)主要使用功能项目抽检结果符合相关专业质量验收规定。

(5)观感质量验收符合要求。

2. 工程竣工报验程序

(1)单位(子单位)工程完工后,承包单位要依据质量标准、设计图纸等组织有关人员自检,并对检测结果进行评定,符合要求后填写工程竣工报验单,并附工程验收报告和完整的质量资料报送项目监理机构,申请竣工预验收。

(2)总监理工程师组织各专业监理工程师对竣工资料进行检查;构成单位工程的各分部工程均已验收,且质量验收合格;按《建筑工程施工质量验收统一标准》和相关专业质量验收规范的规定,相关资料文件完整。

(3)涉及安全和使用功能的分部工程有关安全和功能检验资料,按《建筑工程施工质量验收统一标准》逐项复查。不仅要全面检查其完整性(不得有漏检缺项),而且对分部工程验收时补充进行的见证取样检查报告也要复查。

(4)总监理工程师应组织各专业监理工程师会同承包单位对各专业的工程质量进行检查,对发现影响竣工验收的问题,签发工程质量整改通知,要求承包单位整改,承包单位整改完成,填报监理工程师通知回复单,由专业监理工程师进行复查,直至符合要求。

(5)对需要进行功能性试验的工程项目(包括单机试车和无负荷试车),专业监理工程师应督促承包单位及时进行试验,并对主要项目进行现场监督、检查,必要时请建设单位和设计单位参加。专业监理工程师应认真审查试验报告单。

(6)专业监理工程师应督促承包单位搞好成品保护和现场清理。

(7)经项目监理机构对竣工资料及实物全面检查,验收合格后由总监理工程师签署工程竣工报验单和竣工报告。

(8)竣工报告经总监理工程师、监理单位法定代表人签字并加盖监理单位公章后,由施工单位向建设单位申请竣工。

(9)总监理工程师组织专业监理工程师编写质量评估报告。总监理工程师、监理单位技术负责人签字并加盖监理单位公章后报建设单位。

工程竣工预验收合格后,由项目总监理工程师向建设单位提交工程质量评估报告,工程质量评估报告包括工程概况,施工单位基本情况,主要采取的施工方法,工程地基基础和主体结构的质量状况,施工中发生过的质量事故和主要质量问题,原因分析和处理结果,以及对工程质量的综合评估意见。评估报告应由项目总监理工程师及监理单位技术负责人签认,并加盖公章。

四、其他资料

（一）施工管理资料

施工管理资料是监理单位在工程施工过程中为保证工程质量、规范施工过程、控制工程造价，对施工单位进行监督备案所形成的一系列文件资料。主要包括三个部分：即施工组织设计、施工管理和质量评定三个部分。

（二）施工技术资料

建设工程在建设过程中，从施工准备、正式施工、竣工验收到交付使用，是一个长时间的、复杂的工程质量、技术管理过程，为了不断地总结施工管理的经验，把工程建设搞得更好，也为了施工企业在市场竞争中证实自身质量体系的适用性和有效性，按我国目前的质量管理和质量保证系列标准的要求，施工企业应提供质量保证的证明文件，保证所承担的工程质量能达到规范规定的标准和合同要求。一是通过文件表现企业的管理能力和技术能力，证明质量体系的适用性；二是用文件记录质量体系规定的贯彻情况、偏离标准情况及采取的纠正措施，工程质量达到规定要求的情况等。用这些记录来证实质量体系的有效性、证明工程质量已达到要求，这些记录文件就是我们通常称的施工技术资料。

施工技术资料是施工技术管理、质量管理的重要组成部分，对施工技术资料的管理是确保工程质量和完善施工管理的一项重要工作，技术资料的形成从施工准备到单位工程交工验收贯穿于施工的全过程中。资料的编制、核查与管理水平体现了一个施工企业的管理水平与队伍素质。

施工技术资料除为竣工验收工程质量提供科学的数据保证外，还为扩建、改建、维修提供依据。

从建设部、省、市近几年来工程质量检查的情况看，施工技术资料的填写、整理、汇总、评定尚存在较多的问题，仍然是一个薄弱环节，达不到所要求的"及时性、真实性、准确性、完整性"等要求，影响工程的验收。

（三）见证取样人员备案文件

见证取样人员是建筑施工单位为保证工程质量而对所使用的材料和构配件进行见证取样、检测过程的执行人员。质量检测试样的取样应当严格执行有关工程建设标准和国家有关规定，在建设单位或者工程监理单位监督下进行现场取样。提供质量检测试样的单位和个人，应当对试样的真实性负责。

建设工程质量检测是指工程质量检测机构接受委托，依据国家有关法律、法规和工程建设强制性标准，对涉及结构安全项目的抽样检测和对进入施工现场的建筑材料、构配件的见证取样检测。

检测机构完成检测业务后，应当及时出具检测报告，检测报告经检测人员签字，检测机构法定代表人或者授权的签字人签署，并加盖检测机构章或检测专用章后方可生效。检测报告经建设单位或者工程监理单位确认后，由施工单位归档。

见证取样检测的检测报告中应当注明见证人单位及姓名。

监理单位应当将见证取样人员名单及相关情况进行备案，将来一旦发生质量事故，便于查找，追究相关责任人的责任。这样更能合理监督见证取样人员在取样过程中的行为，使其能保证对试样的真实性负责。

第三节 河南省监理单位文件资料编制示例

监理工程师通知单

工程名称:河南省××县××中学教学楼 编号:

致河南省×××建筑工程有限公司××中学教学楼项目部(承包单位):

　　事由:关于钢筋原材料送检结果不合格的通知。

　　内容:你们施工的河南省××县××中学教学楼的基础钢筋原材料送检结果不合格,应整批进行更换,要将钢筋清理出场,并要有处理去向的证明文件,以免继续危害建筑市场。

项目监理机构(章):河南省×××建设工程监理公司

总 监 理 工 程 师:＿＿＿＿＿＿＿＿＿＿＿＿＿＿
　　　　　　　　　(签字、加盖执业印章)

日　　　　期:＿＿＿＿年＿＿＿月＿＿＿日

工程暂停令

致河南省×××建筑工程有限公司××中学教学楼项目部(承包单位):

    由于钢筋原材料送检结果不合格的原因,现通知你方必须于××年×月×日×时起,对本工程的基础钢筋安装部位(工序)实施暂停施工,并按下述要求做好各项工作:

(1)将该批检验不合格的钢筋全部撤离现场;

(2)该批不合格的钢筋处理去向尚要有书面记录,以便于跟踪;

(3)快速采购新一批钢筋进场并抓紧送检;

(4)同时,应切实采取措施把损失的工期抢回来

项目监理机构(章):河南省×××建设工程监理公司

总 监 理 工 程 师:＿＿＿＿＿＿＿＿＿＿＿＿＿＿＿

(签字、加盖执业印章)

日   期:＿＿＿年＿＿＿月＿＿＿日

工程款支付证书

工程名称：×××改造工程安置房×[#]楼　　　　　　　　　　　　　　　　　　　编号：

致河南省××县安居工程建设领导小组办公室（建设单位）：

　　根据施工合同的规定，经审核承包单位的付款申请和报表，并扣除有关款项，同意本期支付工程款共（大写）_____整（小写：_____元）。请按合同规定及时付款。

　　其中：

　　附：

　　　　　　　　　　　　　　　项目监理机构（章）：<u>河南省×××工程咨询有限监理公司</u>

　　　　　　　　　　　　　　　总/专业监理工程师：_____

　　　　　　　　　　　　　　　　　　　（签字、加盖执业印章）

　　　　　　　　　　　　　　　日　　　　期：_____年_____月_____日

监理工作联系单

工程名称:河南省××县××中学教学楼　　　　　　　　　　编号:

致河南省×××建筑工程有限公司: 　　事由:我方监理部决定于××年×月×日下午×时在我监理部办公室召开第10次工地例会,届时,贵方项目经理、项目技术负责人、施工员、质检员均要准时到会参加。特此通知!   内容: 　　会议内容主要讨论近期施工中存在的一些模板接缝不严密、钢筋保护层垫点不够,以及混凝土水灰比过大等质量通病的整治办法和控制措施召开分析会。   　　　　　　　　　　　　　　　　单　　位:河南省×××建设工程监理公司 　　　　　　　　　　　　　　　　负 责 人:＿＿＿＿＿＿＿＿＿＿＿＿＿＿ 　　　　　　　　　　　　　　　　日　　期:　　　年　　　月　　　日

单位工程监理档案资料核查表

建设单位：　　　　　　工程项目：　　　　　监理单位：

总监理工程师：　　　　核查时间：　年　月　日

序号	监理档案资料名称	份数	核查情况记录	序号	监理档案资料名称	份数	核查情况记录
1	施工合同文件及委托监理合同			16	监理工程师通知单		
2	勘察设计文件			17	监理工作联系单		
3	监理规划			18	报验申请单		
4	监理实施细则			19	会议纪要(工地例会)		
5	分包单位资质报审表			20	来往函件		
6	设计交底与图纸会审会议纪要			21	监理日记		
7	施工组织设计(施工方案)报审表			22	监理月报		
8	工程开工/复工报审表及工程暂停令			23	质量缺陷与事故处理文件		
9	测量核验资料			24	检验批(分项工程)施工质量验收记录		
10	工程进度计划			25	分部(子分部)工程施工质量验收记录		
11	工程材料、构配件、设备的质量证明文件			26	单位(子单位)工程施工质量验收记录		
12	检查试验资料			27	索赔文件资料		
13	工程变更资料			28	竣工结算审核意见书		
14	隐蔽工程验收资料			29	工程项目施工阶段质量评估报告等专题报告		
15	工程计量单和工程款支付证书			30	监理工作总结		

河南省×××建设工程监理公司监理内业资料检查表

序号	名称	内业资料名称	份数	检查结果
1–1	综合资料	施工单位营业执照、资质证书		
1–2		施工管理人员名册、职称、岗位证		
1–3		特殊工种上岗证		
1–4		施工许可证		
1–5		开工报审表		
1–6		施工组织设计报审表(含施工组织设计)		
1–7		施工合同		
2–1	地基与基础资料	施工测量放线报审表		
2–2		地基验槽记录		
2–3		钢筋、水泥、外加剂进场合格证		
2–4		钢筋、水泥、外加剂检验报告		
2–5		钢筋焊接报告		
2–6		混凝土配合比设计报告单		
2–7		混凝土浇筑令、开盘鉴定(垫层)		
2–8		混凝土浇筑令、开盘鉴定(基础)		
2–9		基础分部、分项工程报验申请表及评定表		
2–10		材料进场报验单		
2–11		分部分项工程质量技术交底		
2–12		上、下工序交接班检查记录		
2–13		基础结构验收记录		
2–14		基础工程质量验收报告		
2–15		竣工图(包括建施、结施,土建与水电等整套)		
3–1	主体结构资料	每一层柱的钢筋、模板、混凝土报验申请表		
3–2		每一层梁、板的钢筋、模板、混凝土报验申请表		
3–3		各层柱、梁板混凝土浇筑令		
3–4		各层柱、梁板混凝土开盘鉴定		
3–5		工程材料、设备进场报验表		

序号	名称	内业资料名称	份数	检查结果
3-6	主体结构资料	材料出厂合格证及检验报告		
3-7		砂浆、混凝土配合比		
3-8		砂浆混凝土试块检验报告、试压报告及强度评定		
3-9		主体分部、分项工程报验申请表及评定表		
3-10		主体结构验收记录		
3-11		主体工程质量验收报告		
4-1	水电综合资料	水电施工单位营业执照、资质证书		
4-2		水电施工管理人员名册、职称、岗位证		
4-3		分包单位资质审核表		
4-4		特殊工种上岗证		
4-5		施工组织设计报审表(含施工组织设计书)		
4-6		水电施工合同		
4-7	水电基础资料	基础防雷接地报验申请单		
4-8		基础管线(水、电、消防等)报验申请单		
4-9		基础材料进场报验单		
4-10		基础管件、材料进场抽样检查记录		
4-11	主体资料	每一层柱主筋防雷接地电焊后报验单		
4-12		每一层梁、板管线埋设后报验单		
4-13		材料进场报验表及材料进场抽样检查记录		

建设单位：　　　　　　　　　　工程项目：

内业整理人：　　　　　　　　　内业检查人：

检查日期：　　年　月　日

第八章 施工单位文件资料(C类)的管理

【学习目标】

了解施工单位文件资料的管理规定,熟悉施工单位文件资料的管理流程,掌握施工单位文件资料的编制与管理。

第一节 概　述

一、施工单位文件资料的管理规定

施工单位文件资料也叫施工资料,是指施工单位在工程具体施工过程中形成的资料,应由施工单位负责形成。主要包括施工管理资料、施工技术资料、施工测量记录、施工物资资料、施工记录、施工试验记录、施工质量验收记录等。工程竣工后,施工单位应按规定将施工资料移交给建设单位。

施工资料是建筑工程施工全过程的真实记录,是反映工程质量和工作质量的重要依据,是对建筑工程进行检查、维修、管理、使用、扩建、改建、装饰更新的重要档案资料。施工单位文件资料的管理规定如下。

（一）一般规定

(1)施工资料应实行报验、报审管理。施工过程中形成的资料应按报验、报审程序,通过相关施工单位审核后,方可报建设(监理)单位。

(2)施工资料的报验、报审应有时限性要求。工程相关各单位宜在合同中约定报验、报审资料的申报时间及审批时间,并约定应承担的责任。当无约定时,施工资料的申报、审批不得影响正常施工。

(3)建筑工程实行总承包的,应在与分包单位签订施工合同中明确施工资料的移交套数、移交时间、质量要求及验收标准等。分包工程完工后,分包单位应将有关施工资料按约定移交总承包单位。

（二）施工单位职责

(1)应负责施工资料的管理工作,实行技术负责人负责制,逐级建立健全施工资料管理岗位责任制。

(2)应负责汇总各分包单位编制的施工资料,分包单位应负责其分包范围内施工资料的收集和整理,并对施工资料的真实性、完整性和有效性负责。

(3)应在工程竣工验收前,将工程的施工资料整理、汇总完成。

(4)应负责编制两套施工资料,其中移交建设单位一套,自行保存一套。

（三）施工资料应满足的条件

(1)资料的真实性。如实反映工程所用材质实际情况,如实反映工程结构质量情况。

(2)资料的施工时间性。各种资料合格证或试验报告,应符合结构施工的时间性,即资料是按结构施工顺序逐步提供的,与施工同步进行,先试验,后施工。应能反映和起到工程质量的控制作用。

（四）施工单位资料员的职责

资料员应督促项目经理做好工程施工进度分析、项目大事记及工程技术资料的填写,督促质检员做好工程物资质量保证文件的收集,工程物资的报验及分部、分项工程施工报验,并督促专业工程师填写水、暖、通风、电气等专业工程资料、大事记。资料员还应及时进行归档,并形成电子文档。

二、施工单位文件资料的种类

在建筑工程的各类资料中,施工单位资料最复杂、最重要并且容易出现问题,因此施工单位必须及时整理资料、对资料进行分类。资料的分类方法很多,选择适当的方法进行分类,能够使得建筑工程检查、维修、管理、使用、扩建、改建、装饰等更加方便。

按照资料的专业性质不同,施工单位资料可分为建筑与结构工程资料、建筑给水排水及采暖工程资料、通风空调工程资料、建筑电气工程资料、建筑智能工程资料、电梯工程资料等。

按照资料内容不同,施工单位资料可分为施工管理资料、施工技术资料、施工物资资料、施工测量资料、施工记录资料、隐蔽工程检查验收资料、施工检测资料、施工质量验收记录、工程竣工验收质量等。

三、施工单位文件资料的管理流程

（一）施工管理资料管理流程

施工管理资料管理流程如图 8-1 所示。

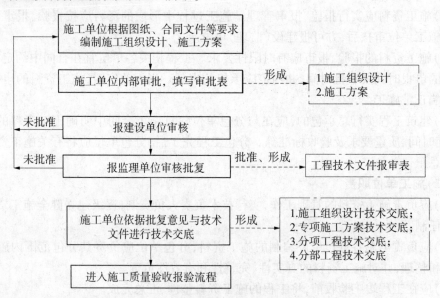

图 8-1　施工管理资料管理流程

（二）施工物资资料管理流程

施工物资资料管理流程如图 8-2 所示。

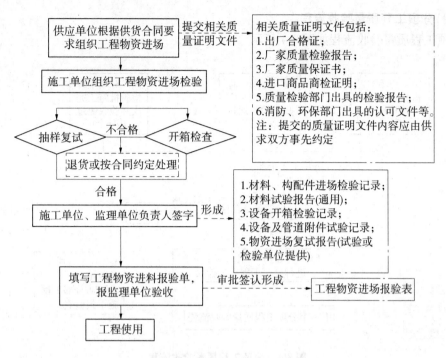

图 8-2 施工物资资料管理流程

（三）检验批质量验收流程

检验批质量验收流程如图 8-3 所示。

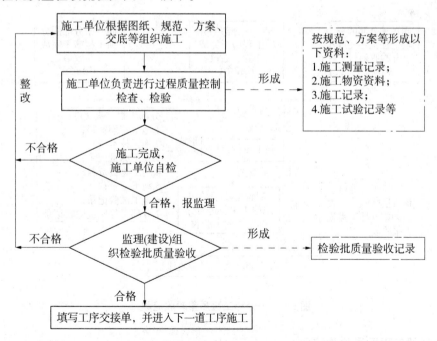

图 8-3 检验批质量验收流程

(四)分项工程质量验收流程

分项工程质量验收流程如图8-4所示。

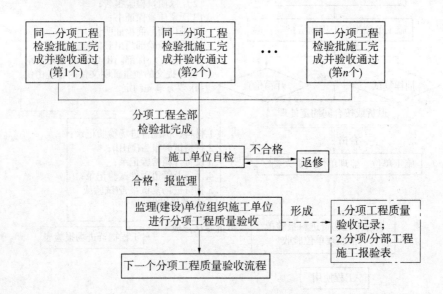

图 8-4　分项工程质量验收流程

(五)子分部工程质量验收流程

子分部工程质量验收流程如图8-5所示。

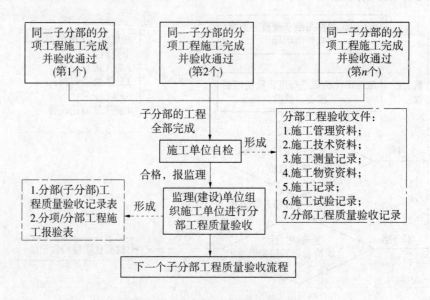

图 8-5　子分部工程质量验收流程

(六)分部工程质量验收流程

分部工程质量验收流程如图8-6所示。

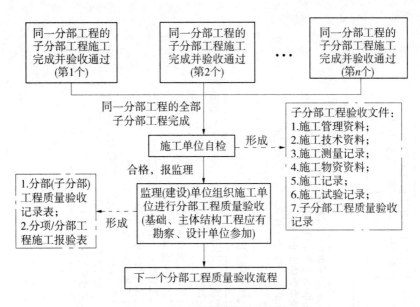

图 8-6　分部工程质量验收流程

(七)单位工程质量验收流程

单位工程质量验收流程如图 8-7 所示。

第二节　施工单位文件资料的编制与管理

一、施工管理和技术资料

(一)施工管理资料

1.施工现场质量管理检查

对一般中小规模的工程,一个标段或一个单位(子单位)工程检查一次,对规模较大或涉及分包单位较多的,也可视需要进行几次检查,但原则是必须保证在施工前填写,并达到相应的要求。

施工前,由施工单位现场负责人填写《施工现场质量管理检查记录》,并将有关文件的原件或复印件附在后边,请总监理工程师(建设单位项目负责人)验收核查。监理(建设)单位检查验收后,在检查结论栏中填写检查结论,并签字认可。最后,所有资料返还施工单位。

1)表头部分

表头主要填写参与工程建设各方责任主体的概况,由施工单位的现场负责人填写。

(1)工程名称栏。填写工程名称的全称,与合同或招投标文件中的工程名称一致。

(2)施工许可证(开工证)。填写当地建设行政主管部门批准发给的施工许可证(开工证)的编号。

(3)建设单位栏。填写合同文件中的甲方,单位名称也应写全称,与合同签章上的单位名称相同。

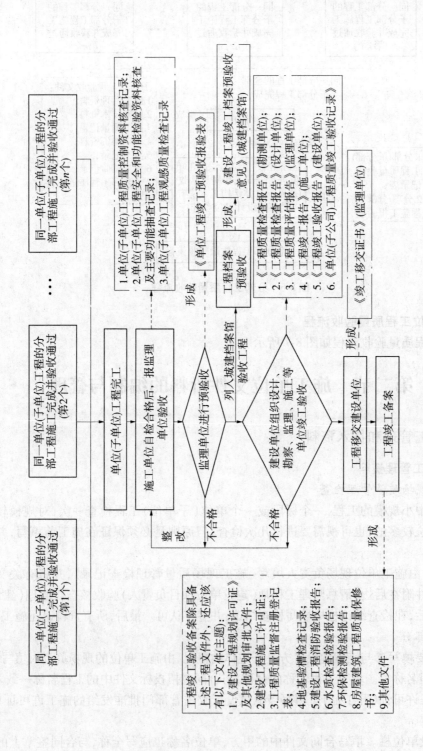

图 8-7 单位工程质量验收流程

（4）建设单位项目负责人栏。应填合同书上注明的工程项目负责人，合同未注明的，填法定代表人，工程完工后竣工验收备案表中的单位（项目）负责人应与此一致。

（5）设计单位栏。填写合同中签章单位的名称，其全称应与印章上的名称一致。

（6）设计单位的项目负责人栏。应是设计合同书签字人或签字人以文字形式委托的该项目负责人，工程完工后竣工验收备案表中的单位项目负责人也应与此一致。

（7）监理单位栏。填写单位全称，应与合同或协议书中的名称一致。

（8）总监理工程师栏。应是合同或协议书中明确的项目监理负责人，也可以是监理单位以文件形式明确的该项目监理负责人，必须有监理工程师任职资格证书，专业要对口。

（9）施工单位栏。填写施工合同中签章单位的全称，与签章上的名称一致。

（10）项目经理栏、项目技术负责人栏与合同中明确的项目经理、项目技术负责人一致。

表头部分可统一填写，不需具体人员签名，只是明确了相关人员的地位。

2）检查项目和内容

施工现场质量管理检查记录主要包括以下项目和内容：

（1）现场质量管理制度。主要是图纸会审、设计交底、技术交底、施工组织设计编制审批程序、工序交接、质量检查评定制度、质量好的奖励及达不到质量要求的处罚办法，以及质量例会制度及质量问题处理制度等。

（2）质量责任制栏。主要是质量负责人的分工，各项质量责任的落实规定，定期检查及有关人员奖罚制度等。

（3）主要专业工种操作上岗证书栏。测量工、起重、塔吊等垂直运输司机，钢筋、混凝土、机械、焊接、瓦工、防水工等建筑结构工种，电工、管道等安装工种的上岗证，以当地建设行政主管部门的规定为准。

（4）分包方资质与对分包单位的管理制度栏。专业承包单位的资质应在其承包业务的范围内承建工程，超出范围的应办理特许证书，否则不能承包工程。在有分包的情况下，总承包单位应有管理分包单位的制度，主要是质量、技术的管理制度等。

（5）施工图审查情况栏。重点是看建设行政主管部门出具的施工图审查批准书及审查机构出具的审查报告。如果图纸是分批交出的话，施工图审查可以分段进行。

（6）地质勘察资料栏。有勘察资质的单位出具的正式地质勘察报告，地下部分施工方案制订和施工组织总平面图编制时参考等。

（7）施工组织设计、施工方案及审批栏。检查编写内容、有针对性的具体措施，编制程序、内容，有编制单位、审核单位、批准单位，并有贯彻执行的措施。

（8）施工技术标准栏。施工技术标准是操作的依据和保证工程质量的基础，承建企业应编制不低于国家质量验收规范的操作规程等企业标准。企业标准编制要有批准程序，由企业的总工程师、技术委员会负责人审查批准；要有批准日期、执行日期、企业标准编号及标准名称。企业应建立技术标准档案，应包含施工现场应有的施工技术标准，可作培训工人、技术交底和施工操作的主要依据，也是质量检查评定的标准。

（9）工程质量检验制度栏。包括三个方面的检验，一是原材料、设备进场检验制度；二是施工过程的试验报告；三是竣工后的抽查检测。应专门制订抽测项目、抽测时间、抽测单位等计划，使监理、建设单位等都做到心中有数。可以单独搞一个计划，也可以在施工组织设计中作为一项内容。

（10）搅拌站及计量设置栏。主要说明设置在工地搅拌站的计量设施的精确度、管理制度等内容。预拌混凝土或安装专业没有这项内容。

（11）现场材料、设备存放与管理栏。这是为保持材料、设备质量必须有的措施。要根据材料、设备性能制定管理制度，建立相应的库房等。

3）注意事项

（1）一般将有关资料的名称直接填写在内容栏内。当资料较多时，也可将有关资料进行编号，将编号填写在内容栏内，并注明份数。

（2）填表时间是在开工之前，监理单位的总监理工程师（建设单位项目负责人）应对施工现场进行检查，这是开工后保证施工顺利进行和工程质量的基础，目的是做好施工前的准备。

（3）通常情况下，一个工程的一个标段或一个单位工程只查一次，如分段施工、人员更换，或管理工作不到位时，可再次检查。

（4）如总监理工程师或建设单位项目负责人检查验收不符合要求，施工单位必须限期改正，否则不应开工。

2. 施工日志

施工日志是建筑工程整个施工阶段的施工组织管理、施工技术等有关施工活动和现场情况变化的真实的综合性记录，也是处理施工问题的备忘录和总结施工管理经验的基本素材，在整个工程档案中具有非常重要的位置，是工程竣工验收资料的重要组成部分。

施工日志的主要内容有：日期、天气、气温、工程名称、施工部位、施工内容。施工内容应包括应用的主要工艺，人员、材料、机械到场及运行情况，材料消耗记录、施工进展情况记录，施工是否正常，外界环境、地质变化情况，有无意外停工、有无质量问题存在，施工安全情况，监理到场及对工程认证和签字情况，有无上级或监理指令及整改情况等。

施工日志可按单位工程、分部工程或施工工区（班组）建立，由专人负责收集、填写、保管记录。在填写施工日志的过程中应注意：

（1）施工日志应从开工开始记录到竣工验收时止，逐日记载，不许中断。

（2）工程名称应填写建设单位的全称。

（3）施工情况应记录材料进场、工序交接、技术安全交底、试验、检测、设计、洽商、变更、施工质量和安全等。

（4）检查情况应记录自检、互检、交接检查情况，尤其对专业检查及上级检查应详细记录，并对以前存在问题的整改情况做出结论。

（5）施工部位应记录安装工程当天的所有部位及工作量。当日的主要施工内容一定要与施工部位相对应。

（6）记录一定要具体详细，如养护记录应包括养护部位、养护方法、养护次数、养护人员、养护结果等；焊接记录应包括焊接部位、焊接方式（电弧焊、电渣压力焊、搭接双面焊、搭接单面焊等）、焊接电流、焊条（剂）牌号及规格、焊接人员、焊接数量、检查结果、检查人员等。

（7）停水、停电一定要记录清楚起止时间，停水、停电时正在进行什么工作，是否造成损失。

3. 工程开工/复工报审

施工单位向监理单位报请开工或工程暂停后报请复工时,要填写《工程开工/复工报审表》向监理单位申请开工或复工。在开工或复工前,施工单位工程应满足开工条件,监理工程师通过审核,认为具备开工条件,签署意见,允许开工或复工。

《工程开工/复工报审表》是建设单位与施工单位共同履行基本建设程序的证明文件,是施工单位承建单位工程施工工期的证明文件。

4. 建设工程特殊工种上岗证审查

工程开工前,施工单位应填写《建设工程特殊工种上岗证审查表》,并附相应证件的复印件,报监理单位审核。

(二)施工技术资料

施工技术资料是单位工程施工全过程的真实记录,是反映工程质量和工作质量的重要依据,是单位工程日后维修、扩建、更新的重要档案材料。统一建筑施工企业技术资料的管理工作,有利于工程质量检查和归档。

1. 施工组织设计

施工组织设计是根据工程承包组织的需要而编制的综合技术管理文件,是指导施工准备和组织施工的全面性的技术、经济文件,是指导现场施工的准则。

根据工程施工组织的设计阶段的不同,施工组织设计可分为两类:一类是投标前编制的施工组织设计,另一类是签订工程承包合同后编制的施工组织设计。

按施工组织设计的工程对象的不同,施工组织设计可分为三类:施工组织总设计、单位(子单位)工程施工组织设计和分部、分项工程施工组织设计。

施工组织总设计是以整个建设项目或群体工程为对象编制的,是整个建设项目和群体工程施工准备与施工的全局性、指导性文件。单位(子单位)工程施工组织设计是施工组织总设计的具体化,以单位(子单位)工程为对象编制,用以指导单位(子单位)工程的施工准备和施工全过程。它还是施工单位编制月、旬作业计划的基础性文件。对于施工难度大或施工技术复杂的大型工业厂房或公共建筑物,在编制单位(子单位)工程施工组织设计之后,还应编制主要分部、分项工程施工组织设计,用来指导各分部工程的施工。如复杂的基础工程、钢筋混凝土框架工程、钢结构安装工程、大型桥梁、厂站等土建、安装复杂的工程应有针对单项工程施工需要的专项设计如模板及支架设计、地下沟槽支撑设计、降水设计、预应力混凝土钢筋张拉设计、大型预制构件吊装设计、混凝土施工浇筑方案设计、设备安装方案设计等。

施工单位项目部编制完成施工组织设计后,应填写《施工组织设计审批表》,报请施工单位负责人进行审批,并报请建设单位审核。《施工组织设计审批表》是施工组织设计的一部分。

《建筑工程施工组织设计规范》(GB/T 50502—2009)规定:施工组织总设计应由总承包单位技术负责人审批,单位工程施工组织设计应由施工单位技术负责人或技术负责人授权的技术人员审批,施工方案应由项目技术负责人审批。重点、难点分部(分项)工程和专项工程施工方案应由施工单位技术部门组织相关专家评审,施工单位技术负责人审批。

施工组织总设计、单位(子单位)工程施工组织设计均应在施工前填写《施工组织设计报审表》,报请监理工程师进行审批。施工组织总设计经总监理工程师审查后方可实施,单位(子单位)工程施工组织设计应在施工前经监理工程师审查后方可实施,规模大、结构复杂或新结构、特种结构工程,其施工组织设计应经监理单位技术负责人审查,由总监理工程师签发后方可实施。

进行施工组织设计编写和报审应注意:

(1)施工组织设计的编写应在工程开工前10天完成,并经施工技术负责人审批;

(2)施工组织设计编写并经施工技术负责人审批后,填写《施工组织设计审批表》报建设单位审批,然后填写《施工组织设计(方案)报审表》报监理单位审查;

(3)施工中如果发生较大的施工措施和工艺变更,应办理相应的变更审批手续。

2. 图纸会审

图纸会审是指监理单位组织施工单位以及建设单位、材料和设备供货等相关单位,在收到审查合格的施工图设计文件后,在设计交底前进行的熟悉和审查施工图纸的活动。通过图纸会审可以使各参建单位特别是施工单位熟悉设计图纸、领会设计意图、掌握工程特点及难点,找出需要解决的技术难题并拟订解决方案,从而将因设计缺陷而存在的问题消灭在施工之前。

图纸会审时,首先由设计单位的工程设计者向与会者说明拟建工程的设计依据、意图和功能要求,并对特殊结构、新工艺、新材料、新产品和新技术提出设计施工要求;然后,施工单位根据自审记录以及对设计意图的了解,提出对设计图纸的疑问和建议。图纸会审后,由施工单位对会审中的问题进行归纳整理,形成《图纸会审记录》,建设、设计、施工及其他与会单位进行会签,形成正式会审纪要,作为施工文件的组成部分。

图纸会审纪要应有:会议时间与地点,参加会议的单位和人员,建设单位、施工单位和有关单位对设计上提出的要求及需修改的内容;为便于施工,施工单位要求修改的施工图纸,其商讨的结果与解决的办法,在会审中尚未解决或需进一步商讨的问题,其他需要在纪要中说明的问题等。

填写《图纸会审记录》时应注意:

(1)图纸会审记录是正式文件,记录中不能涂改或变更。

(2)图纸会审记录栏为主要填写的内容。第一栏为存在问题的图纸编号,第二栏为图纸中的问题,第三栏为答复意见记录。

(3)对需变更或设计深度不能满足施工要求的,设计单位应出具书面设计文件重新处理。

(4)凡涉及设计变更的均应由设计单位按规定程序发出设计变更单,重要设计变更应由原施工图审查机构审查后方可实施。

3. 工程洽商

工程洽商是有关单位就技术或其他事务交换意见的记录文件,它是工程结算中必不可少的一部分。工程洽商的内容比较广泛,它主要包括临时停水停电、土石方工程中的土质类别确定、未明确的工程做法等。工程洽商记录应分专业办理,内容要求明确具体,必要时应附图。工程洽商记录应由洽商涉及各方相关负责人签认,如果设计单位委托建设(监理)单位办理签字确认,应办理委托手续。

填写《工程洽商记录》时,应注意:

(1)如果工程洽商内容涉及设计变更的,应由建设(监理)单位、设计单位、施工单位各方签认并满足设计变更记录的有关规定；

（2）工程洽商记录应按日期先后顺序编号；

（3）工程洽商经签认后不得随意涂改或删除；

（4）工程洽商记录原件存档于提出单位，其他单位可复印（复印件应注明原件存放处）。

4.设计变更

设计变更是指工程项目开工后，因各种原因而发生的改变原设计的现象。不论是设计单位、施工单位、监理单位，还是建设方提出的设计变更，都必须注明变更的原因，以书面形式报设计部门。其中，牵涉安全和功能的设计变更，应由设计单位审批。所有的设计变更均需总监理工程师签认。

设计变更具体是指设计部门对原施工图纸和设计文件中所表达的设计标准状态的改变与修改。设计变更是工程变更的一部分内容，因而它也关系到进度、质量和投资控制。所以，加强设计变更的管理，对规范各参与单位的行为，确保工程质量和工期，控制工程造价等非常重要。

一般存在下列问题时，可以进行设计变更：

（1）设计文件中存在漏缺；

（2）勘察资料不详尽，导致设计不准确甚至存在重大质量和安全隐患；

（3）原设计与自然条件（含地质、水文、地形等）不符；

（4）为推广应用先进实用技术，更好地保证工程质量；

（5）在不降低工程质量和使用功能的前提下，能有效减少工程数量、降低施工难度和工程成本，加快施工进度而进行的设计优化；

（6）有利于确保工程施工安全和环境保护，节省占地和避免水土流失，改善施工条件的设计调整或修改；

（7）根据市政府或政府投资主管部门要求，须对项目建设规模、建设标准、建设内容和施工进度进行调整的。

设计变更应及时下达《设计变更通知单》，《设计变更通知单》由设计单位负责人、建设（监理）单位和施工单位相关负责人签认。《设计变更通知单》应分专业办理，内容翔实，必要时应附图并逐条注明修改图纸的图号。

在工程项目施工过程中，出现比较容易处理的设计变更，由施工单位以《工程联系单》的方式提出，《工程联系单》要编号，内容包括问题、解决方案、造价清单调整等，报送监理单位审核。

5.技术交底

技术交底是在单位工程或分部、分项工程正式施工前，对参与施工的有关管理人员、技术人员和工人进行的一次技术性的交代与说明。通过技术交底，使参与施工的人员对施工对象从设计情况、建筑结构特点、技术要求到施工工艺等方面有一个较详细的了解，做到心中有数，以便科学地组织施工和合理地安排工序，避免发生施工操作错误。

根据交底的形式不同，技术交底可分为会议交底、岗位技术交底、书面交底和样板交底，其中以书面交底最为系统。会议交底一般用于设计交底、单位工程技术交底和分项工程技术交底；岗位技术交底一般用于岗位工艺操作的交底；书面交底一般用于各个班组长和工人的技术交底；样本交底一般用于施工工艺的交底。

根据交底的内容不同,技术交底可分为设计交底、施工组织设计交底、分项工程技术交底、专项工程施工交底、设计变更及工程洽商交底、"四新"(新技术、新工艺、新材料、新设备)技术交底。

(1)设计交底。是在建设单位主持下,由设计单位向各施工单位(土建施工单位与各设备专业施工单位)进行的交底,主要交代建筑物的功能与特点、设计意图与要求等。通过向施工人员说明工程主要部位、特殊部位及关键部位的做法,使施工人员了解设计意图、建筑物的主要功能、建筑及结构的主要特点,掌握施工图的主要内容等。

(2)施工组织设计交底。项目技术负责人组织项目各专业管理人员召开施工组织设计交底会,通过介绍施工组织设计的主要内容,使项目人员掌握工程特点、施工部署、任务划分、进度要求、主要工种搭接关系、施工方法、主要机械设备及各种管理措施等。重点和大型工程施工组织设计交底应由施工企业的技术负责人把主要设计要求、施工措施以及重要事项对项目主要管理人员进行交底。

(3)分项工程技术交底。由专业工长对专业施工班组(或专业分包)进行交底,分项工程技术交底要全面。交底的内容包括:①施工准备。包括材料准备和工具准备。②施工工艺。包括工艺流程和施工方法。③质量标准。在交底中,应标明具体数值,不能照抄规范,更不能写施工质量应符合某某规范。④成品保护。主要是成品保护措施;⑤本工程应注意的质量问题。

(4)专项工程施工交底。由项目专业技术负责人负责,根据专项施工方案对专业工长进行交底。

(5)设计变更及工程洽商交底。专业工程师在办理设计变更和工程洽商之后,应及时将设计变更和工程洽商的主要原因、部位及具体变更做法向相关专业技术人员、施工管理人员、施工操作人员交底,以免施工时漏掉或仍按原图施工。

(6)"四新"技术交底。新技术、新工艺、新材料、新设备的施工通常难度较大,应在施工前由项目技术部门负责人组织有关专业人员编制专项技术交底,这是工程质量预控管理的重要措施。

在进行技术交底时,一般要填写《技术交底记录》,以书面的形式进行交底,必要时还可以用图表(含平面图、剖面图、节点详图等)、实物、小样、口头交代、现场示范操作等形式进行交底。

填写《技术交底记录》要注意:

(1)技术交底内容要和施工组织设计、施工方案吻合;

(2)技术交底后项目技术负责人应监督落实交底人、接收人各自签字;

(3)技术交底要及时、有针对性,能够防治工程质量通病。

二、建筑与结构工程施工资料

(一)施工测量记录

在施工过程中形成的,确保建筑工程定位、尺寸、标高、位置和沉降量等满足设计要求和规范规定的资料统称为施工测量记录。

1.工程定位测量记录

在工程定位测量前,首先由城建规划部门根据建筑红线以及城市规划要求确定方位,提供建设各方的测量标志。然后,测绘部门根据建设工程规划许可证批准的建设工程位置及标高依据,测定出建筑物的红线桩。最后,施工测量单位依据测绘部门提供的放线成果、红线桩及场地控制网(或建筑物控制网),测定建筑物位置、主控轴线及尺寸,做出平面控制网,绘制成图,并依据规划部门提供的标准水准点,测定建筑物 ±0.000 绝对高程,填写《工程定位测量记录》。

《工程定位测量记录》的内容有工程名称、定位依据、使用仪器、控制方法、工程平面位置定位和标高定位示意图、施工单位、主测者姓名。填写《工程定位测量记录》时,应注意:

(1)在依据规划部门提供的标准水准点测定建筑物 ±0.000 绝对高程前,必须进行现场确认和检测标准水准点;

(2)主测者要对工程定位测量结果进行复测,复测结果必须满足工程要求;

(3)工程定位测量必须附加计算成果、依据资料、标准轴线桩及平面控制网示意图。

工程定位测量完成后,应由建设单位报请具有相应资质的测绘部门验线,并报监理单位审核。

2. 基槽验线记录

通常将对建筑工程项目的基槽轴线、放坡边线等几何尺寸进行复验的工作叫作基槽验线。它主要依据主控轴线和基底平面图,检验建筑物基底外轮廓线、集水坑、电梯井坑、垫层标高(高程)、基槽断面尺寸和坡度等。验线完成后要填写《基槽验线记录》。

《基槽验线记录》的内容有工程名称、日期、放线部位、放线内容、验线依据及内容、基槽平面剖面简图、检查意见、施工单位、参加验线人员签名。填写《基槽验线记录》时,应注意:

(1)基槽平面剖面简图栏:平面简图应标明建筑物基底外轮廓线位置、重要控制轴线、尺寸、集水坑、电梯井坑、指北针方向等;剖面简图应标明垫层标高、放坡边线、坡度、基槽断面尺寸、重要控制轴线等。

(2)检查意见由施工单位填写,内容应有测量的具体数据及误差。

(3)施工单位应填写进行验线施工人员的单位。

3. 楼层平面放线记录

楼层平面放线记录的内容包括轴线竖向投测控制线、各层墙柱轴线、墙柱边线、门窗洞口位置线、垂直度偏差等,施工单位应在完成楼层平面放线后,填写《楼层平面放线记录》。

填写《楼层平面放线记录》时,应注意:

(1)放线部位应注明楼层和轴号或流水施工段;

(2)放线简图应注明楼层外轮廓线、楼层重要控制轴线、尺寸、所在楼层相对高程及指北针方向、分楼层段的具体图名等;

(3)检查意见由施工单位填写,内容应有测量的具体数据及误差。

4. 楼层标高抄测记录

楼层标高抄测记录的内容包括楼层 +0.5 m(或 +1.0 m)水平控制线、皮数杆等。施工单位应在完成楼层平面放线后,填写《楼层标高放线记录》。

填写《楼层标高放线记录》时,应注意:

(1)抄测部位应注明楼层。

(2)抄测说明可写建筑物的水平控制线标高、标志点位置、测量工具等,涉及数据的应注明具体数据,必要时可绘制简图予以说明。简图应标明所在楼层建筑的水平控制线标志点位置、相对标高、重要控制轴线等。

（二）施工物资资料

施工物资资料主要是指工程所用物资的质量和性能指标等各种证明文件与相关文件，如质量合格证、使用说明书、安装维修文件等。

施工物资资料管理的基本要求如下：

（1）建筑工程所使用的工程物资均应有出厂质量证明文件。

（2）建筑工程采用的主要材料、半成品、成品、建筑构配件、器具、设备应进行现场验收，有进场检验记录。

（3）涉及安全、功能的有关物资应按工程施工质量验收规范及相关规定进行复试（试验单位应向委托单位提供电子版试验数据）或有见证取样送检，有相应试（检）验报告。

（4）涉及结构安全和使用功能的材料需要代换且改变了设计要求时，应有设计单位签署的认可文件。

（5）涉及安全、卫生、环保的物资必须附有有相应资质等级检测单位的检测报告，如压力容器、消防设备、生活供水设备、卫生洁具等。

（6）凡使用的新材料、新产品，应由具备鉴定资格的单位或部门出具鉴定证书。同时，具有产品质量标准和试验要求，使用前应按其质量标准和试验要求进行试验或检验。新材料、新工艺还应提供安装、维修、使用和工艺标准等相关技术文件。

（7）进口材料和设备应具备商检证明（国家认证委员会公布的强制性认证产品除外）、中文版的质量证明文件、性能检测报告，以及中文版的安装、维修、使用、试验要求等技术文件。

1. 出厂质量证明文件

建筑工程使用的工程物资的出厂质量证明文件包括产品合格证、出厂质量证明书、检测报告、试验报告、产品生产许可证和质量保证书等。

质量证明文件应反映工程物资的品种、规格、数量、性能指标等，并与实际进场物资相符。质量证明文件一般应为原件，但有时不能取得原件，例如当同一批材料分别用于数个不同工程时，原件份数不足，可以使用有效复印件。所谓有效复印件是指使用原件复印、内容与原件相同、可以清晰辨认、加盖原件存放处单位公章、有相关经手人签字并注明原件存放处的复印件，注明进场时间。这样的复印件，其真实性由经手人和原件存放单位负责，具有可追溯性。

2. 材料、构配件进场检验记录及复试检验报告

材料、构配件进场后，施工单位应对进场物资进行检查验收，填写《材料、构配件进场检验记录》。主要检验内容包括：

（1）物资出厂质量证明文件及检测报告是否齐全。

（2）实际进场物资数量、规格和型号等是否满足设计与施工计划要求。

（3）物资外观质量是否满足设计要求或规范规定。

（4）按规定须抽检的材料、构配件是否及时抽检等。

（5）按规定应进场复试的工程物资，必须在进场检查验收合格后取样复试。凡按规范要求须做进场复试的物资，且未规定专用复试表格的，应使用《材料试验报告（通用）》。

1）钢筋（材）

钢筋现场抽样检查和复试应符合下列规定：

（1）凡结构施工图所配的各种受力钢筋必须进行力学性能现场抽样检验；

（2）钢筋及重要钢材应按现行规范规定取样做力学性能的复试；

（3）承重结构钢筋及重要钢材应实行有见证取样和送检；

（4）有抗震要求的框架结构，其纵向受力钢筋的进场复试应有强屈比和屈标比计算值，钢筋的抗拉强度实测值与屈服强度实测值的比值不应小于 1.25，钢筋的屈服强度实测值与强度标准值的比值不应大于 1.3；

（5）当使用进口钢材、钢筋脆断、焊接性能不良或力学性能显著不正常时，应进行化学成分检验或其他专项检验，有相应检验报告。

钢筋抽样检验的批量应符合下列规定：

（1）钢筋混凝土用热轧带肋钢筋、热轧光圆钢筋、余热处理钢筋、低碳钢热轧圆盘条以同一牌号、同一规格不大于 60 t 为一批；

（2）预应力混凝土用钢丝及钢绞线以同一牌号、同一规格、同一生产工艺不大于 60 t 为一批；

（3）无黏结预应力混凝土用钢绞线及钢丝束以同一钢号、同一规格、同一生产工艺不大于 30 t 为一批；

（4）预应力筋用锚具、夹具和连接器以同一类产品、同一批原材料、同一生产工艺一次投料生产不超过 1 000 套组为一检验批；

（5）预应力混凝土用金属螺旋管每批检验圆管试样 9 件，扁管试样 12 件；

（6）钢结构工程用碳素结构钢、低合金高强度结构钢以同一牌号、同一等级、同一品种、同一尺寸、同一交货状态的钢材不大于 60 t 为一批；

（7）冷轧带肋钢筋以同一牌号、同一规格、同一外形、同一生产工艺和交货状态的钢筋不大于 60 t 为一批；

（8）钢筋进场检验，满足下列条件之一时，其检验批容量可扩大一倍；经产品认证符合要求的产品；同一工程、同一厂家、同一品牌、同一规格的产品，连续三次进场检验均为一次检验合格。

（9）其他建筑用钢材按现行国家标准或行业标准的规定进行组批。

钢筋的检验评定标准：

（1）对热轧光圆钢筋、热轧带肋钢筋、余热处理钢筋、低碳钢热轧圆盘条，当力学性能或工艺性能中有一项试验结果不符合标准要求时，应从同一批中再任取双倍数量的试样进行复验，复验结果中即使只有一个指标不合格，整批钢筋也不得交货。

（2）对冷轧带肋钢筋、冷拔螺旋钢筋、冷轧扭钢筋，一次检验应符合规范要求。

（3）对碳素结构钢、低合金高强度结构钢，当力学性能或工艺性能中有一项试验结果不符合标准要求时，应从同一批中再任取双倍数量的试样进行复验，复验结果中即使只有一个指标不合格，整批也不得交货。

（4）对预应力混凝土用钢绞线及钢丝束，如有一项检查结果不符合产品标准要求，则该批不得交货。并从同一批未经试验的钢丝盘中取双倍数量的试样进行该不合格项目的复验，复验结果即使只有一个试样不合格，整批也不得交货。供方有权对复验不合格钢丝进行加工分类，重新提交验收。

2）水泥

建筑工程中常用的水泥有：硅酸盐水泥、普通硅酸盐水泥、矿渣硅酸盐水泥、粉煤灰硅酸盐水泥、火山灰质硅酸盐水泥、复合硅酸盐水泥、砌筑工程用砌筑水泥等。

用于砌筑砂浆和混凝土工程的水泥必试项目有强度、安定性凝结时间;用于砌筑工程的砌筑水泥必试项目应增加泌水性试验,并应实行有见证取样和送检;用于装修、装饰工程抹灰用水泥必试项目只有安定性和凝结时间两项;用于钢筋混凝土结构、预应力混凝土结构中的水泥,检测报告应有有害物含量检测内容。

水泥生产单位应在水泥出厂7天内提供28天强度以外的各项试验结果,28天强度结果应在水泥发出日起32天内补报。用于承重结构的水泥,使用部位有强度等级要求的水泥,水泥出厂超过3个月(快硬硅酸盐水泥为1个月)和进口水泥在使用前必须进行复试,有试验报告。复试结果的有效期以复试日期为准,常用水泥在3个月以内,快硬硅酸盐水泥在1个月以内。

各种水泥取样应符合下列要求:

(1)硅酸盐水泥、普通硅酸盐水泥:对同一水泥厂生产的散装水泥,同品种、同标号的水泥,以一次进厂(场)的同一出厂编号的水泥为一批,但一批的总量不超过500 t,随机地从不少于3个车罐中各采取等量水泥,经混拌均匀后,再从中称取不少于12 kg水泥作为检验试样。对同一水泥厂生产的同期出厂的袋装水泥,同品种、同标号的水泥,以一次进厂(场)的同一出厂编号的水泥为一批,但一批总量不超过200 t,随机地从不少于20袋中各采取等量水泥,经混拌均匀后,再从中称取不少于12 kg水泥作为检验试样。矿渣硅酸盐水泥、火山灰质硅酸盐水泥、粉煤灰硅酸盐水泥、复合硅酸盐水泥、砌筑水泥的取样与硅酸盐水泥、普通硅酸盐水泥相同。

(2)白色硅酸盐水泥:以同一水泥厂生产的同标号、同白度的水泥每50 t为一批,不足50 t也按一批计。取样应有代表性,可连续取,也可从20个以上不同部位取等量样品,总数至少12 kg。

(3)铝酸盐水泥:以同一水泥厂生产的同一类型的水泥每120 t为一批,不足120 t也按一批计。取样应有代表性,可连续取,也可从20个以上不同部位取等量样品,总量至少15 kg。

(4)快硬硅酸盐水泥:以同一水泥厂生产的同标号的水泥每400 t为一批,不足400 t也按一批计。取样应有代表性,可连续取,也可从20个以上不同部位取等量样品,总数至少14 kg。

水泥的检验评定:

(1)对于硅酸盐水泥和普通硅酸盐水泥,凡氧化镁、三氧化硫、初凝时间、安定性中的任一项不符合标准规定时,均为废品。凡细度、终凝时间、不溶物、烧失量中的任一项不符合标准规定或混合材料掺加量超过最大限量和强度低于商品强度等级规定的指标时为不合格品。水泥标志中水泥品种、强度等级、生产者名称和出厂编号不全也属于不合格品。

(2)对于矿渣硅酸盐水泥、火山灰质硅酸盐水泥及粉煤灰硅酸盐水泥,凡氧化镁、三氧化硫、初凝时间、安定性中的任一项不符合标准规定时,均为废品。凡细度、终凝时间中的任一项不符合标准规定或混合材料掺加量超过最大限量和强度低于商品强度等级规定的指标时为不合格品。水泥标志中水泥品种、强度等级、生产者名称和出厂编号不全也属于不合格品。

(3)对于复合硅酸盐水泥,凡氧化镁、三氧化硫、初凝时间、安定性中的任一项不符合标准规定时,均为废品。凡细度、终凝时间中的任一项不符合标准规定或混合材料掺加量超过最大限量和强度低于商品强度等级规定的指标时为不合格品。水泥标志中水泥品种、强度等级、生产者名称和出厂编号不全也属于不合格品。

3)砂与碎(卵)石

对于砂子,每验收批至少应进行颗粒级配、含泥量、泥块含量检验,如果为海砂,还应检验其氯离子含量。对重要工程或特殊工程应根据工程要求,增加检测项目,如果对其他指标的合格性有怀疑时,应予以检验。当质量比较稳定、进料量又较大时,可定期检验。

对于石子,每验收批至少应进行颗粒级配、含泥量、泥块含量及针片状颗粒含量检验。对重要或特殊工程,应根据工程要求增加检测项目,对其他指标的合格性有怀疑时应予以检验。当质量比较稳定、进料量又较大时,可定期检验。

按规定应预防碱 – 集料反应的工程或结构部位所使用的砂、石,供应单位应提供砂、石的碱活性检验报告。供应单位所提供的碱活性检验报告(Ⅱ类工程)、放射性检测报告、水泥出厂检验报告要有氯化物含量检测项目。

若检验不合格时,应重新取样。对不合格项,进行加倍复验,若仍有一个试样不能满足标准要求,应按不合格品处理。

4)砖与砌块

对于砖砌体工程,每一生产厂家的砖到现场后,按烧结砖 15 万块、多孔砖 5 万块,灰砂砖及粉煤灰砖 10 万块各为一验收批,抽检数量为 1 组。对于混凝土小型空心砌块,每一生产厂家,每 1 万块小砌块至少抽检 1 组,用于多层以上建筑基础和底层的小砌块抽检数量不应少于 2 组。

砖与砌块抽样检验的批量应符合以下规定:

(1)烧结普通砖:检验批按 3.5 万 ~ 15 万块为一批,不足 3.5 万块也按一批计。样品数量为 104 块。

(2)烧结空心砖和空心砌块:每 3 万块为一批,不足该数量时,仍按一批计。样品数量为 115 块。

(3)粉煤灰砖:每 10 万块为一批,不足该数量时,仍按一批计。样品数量为 174 块。

(4)轻集料混凝土小型空心砌块:砌块按密度等级和强度等级分批验收。以同一品种轻集料配制成的相同密度等级、相同强度等级、质量等级和同一生产工艺制成的 1 万块砌块为一批,每月生产的砌块数不足 1 万块者也以一批论。样品数量可取 60 块。

(5)蒸压灰砂砖:每 10 万块砖为一批,不足 10 万也为一批。样品数量为 101 块。

(6)烧结多孔砖:每 3.5 万 ~ 15 万为一批,不足 3.5 万块也按一批计。样品数量为 105 块。

(7)混凝土小型空心砌块:砌块按外观质量等级和强度等级分批验收。它以同一种原材料配制成相同外观质量等级、强度等级和同一种工艺生产的 1 万块砌块为一批,每月生产的块数不足 1 万块也都按一批计。样品数量为 56 块。

(8)混凝土多孔砖:检验批按 3.5 万 ~ 15 万块为一批,不足 3.5 万块也按一批计。样品数量为 85 块。

砖与砌块检验评定的标准如下:

(1)烧结普通砖:①尺寸偏差符合规范要求为合格品并判为相应等级,否则为不合格。

②外观质量采用二次抽样方案,根据质量指标,检查出不合格品数。③强度试验结果符合规范规定为合格,且定为相应等级,否则判为不合格。④抗风化性能符合规范要求为合格,否则为不合格。⑤石灰爆裂和泛霜试验结果符合规范相应要求判为相应等级,否则判为不合格。

(2)烧结空心砖和空心砌块:①尺寸偏差和外观质量符合规范规定判为合格,否则判为不合格。②强度符合相应等级判为符合相应等级,低于2.0级时判为不合格。③密度符合相应密度级别时判为符合相应级别,否则判为不合格。④孔洞及其排列数符合规范规定则判为该项合格,否则判为不合格。⑤物理性能全部试验结果符合相应级别时,判为符合相应级别;若任一项达不到合格品要求时,判为不合格。

(3)粉煤灰砖:①尺寸偏差和外观质量采用二次抽样方案,根据质量指标,检查出不合格品数量。②强度等级符合相应规定判为合格,否则判为不合格。③抗冻性符合规范要求判为合格,否则判为不合格。④干燥收缩符合相应规定时判为合格,否则判为不合格。⑤碳化性能符合标准规定判为合格,否则判为不合格。

(4)蒸压灰砂砖:尺寸偏差和外观质量采用二次抽样方案,根据质量指标,检查出不合格品数量。颜色抽检应无明显色差为合格。强度试验结果符合规范规定为合格,且定为相应等级,否则为不合格。抗冻性符合规范要求判为符合该级别,否则判为不合格。

(5)烧结多孔砖:尺寸偏差符合规范要求,则判为相应等级,否则为不合格。外观质量采用二次抽样方案,根据质量指标,检查出不合格品数量。强度试验结果符合规范规定为合格,且定为相应等级,否则为不合格。孔型孔洞率按规范要求,符合规定为合格,否则为不合格。抗风化性能符合规范要求为合格,否则为不合格。石灰爆裂和泛霜试验结果符合规范相应要求判为相应等级,否则判为不合格。

(6)混凝土小型空心砌块:受检的32块砌块中,尺寸偏差和外观质量不合格数不超过7块时,则判定该批砌块符合相应等级。当所在项目的检验结果均符合各项技术要求的等级时,则判该砌块为相应等级。

(7)混凝土多孔砖:尺寸偏差和外观质量不超过7块时,则判定该批砌块符合相应等级。当所在项目的检验结果均符合各项技术要求的等级时,则判为相应等级。

用于承重结构或出厂试验项目不齐全的砖与砌块应做取样复试,有复试报告。承重墙用砖和混凝土小型砌块应实行有见证取样和送检。

5)外加剂

外加剂主要包括减水剂、早强剂、缓凝剂、泵送剂、防水剂、防冻剂、膨胀剂、引气剂和速凝剂等。掺用外加剂的水泥,宜采用硅酸盐水泥、普通硅酸盐水泥、矿渣硅酸盐水泥、粉煤灰硅酸盐水泥、火山灰硅酸盐水泥、复合硅酸盐水泥,并检验外加剂与水泥的适应性。

各种外加剂应按规定取样复试,具有复试报告。承重结构混凝土使用的外加剂应实行有见证取样和送检。预应力混凝土结构中,严禁使用含氯化物的外加剂。钢筋混凝土结构所使用的外加剂应有有害物含量检测报告,当含有氯化物时,应做混凝土氯化物总含量检测,其总含量应符合国家现行标准要求。

各种外加剂的主要检验内容如下:

(1)普通减水剂和高效减水剂:当掺用含木质素磺酸盐类物质的外加剂时,应先做水泥适应性试验,合格后方可使用。普通减水剂、高效减水剂进入工地(或混凝土搅拌站)的检验项目包括 pH、密度(细度)、混凝土减水率。

(2)引气剂及引气减水剂:进场检验项目包括 pH、密度(细度)、含气量,引气减水剂应增测减水率。

(3)缓凝剂、缓凝减水剂及缓凝高效减水剂:当掺用含有糖类及木质素磺酸盐类物质的外加剂时,应先做水泥适应性试验。进场检验项目包括:pH、密度(细度)、混凝土凝结时间,缓凝减水剂及高效缓凝减水剂应增测减水率。

(4)早强剂及早强减水剂:进场检验项目包括密度(细度),1 d、3 d 抗压强度及对钢筋的锈蚀。早强减水剂应增测减水率。

(5)防冻剂:检查是否有沉淀、结晶或结块。检验项目包括密度(细度),R − 7,R + 28 抗压强度比,钢筋锈蚀试验。

(6)膨胀剂:进场检验项目为限制膨胀率。掺膨胀剂的混凝土品质,应以抗压强度、限制膨胀率和限制干缩率的试验值为依据,有抗渗要求时还应作抗渗试验。

(7)泵送剂检验项目包括 pH、密度(细度)、钢筋锈蚀。

(8)防水剂检验项目包括 pH、密度(细度)、钢筋锈蚀。

(9)速凝剂检验项目包括密度(细度)、凝结时间、1 d 抗压强度。

6)防水材料

防水材料主要包括防水涂料、防水卷材、黏结剂、止水带、膨胀胶条、密封膏、密封胶、水泥基渗透结晶性防水材料等。

防水材料进场后应进行外观检查,合格后按规定取样复试,并实行有见证取样和送检。质量不合格或不符合设计要求的防水材料不允许在工程中使用。新型防水材料,应有相关部门、单位的鉴定文件,并有专门的施工工艺操作规程和有代表性的抽样试验记录。

7)装饰装修物资

装饰装修物资主要包括抹灰材料、地面材料、门窗材料、吊顶材料、轻质隔墙材料、饰面板(砖)、涂料,以及裱糊与软包材料、细部工程材料等。

应复试的物资(如建筑外窗、人造木板、室内花岗石、外墙面砖和安全玻璃等),须按照相关规范规定进行复试,有相应复试报告。建筑外窗应有抗风压性能、空气渗透性能和雨水渗透性能检测报告。隔声、隔热、防火阻燃、防水防潮和防腐等特殊要求的物资应有相应的性能检测报告。当规范或合同约定应对材料做见证检测,或对材料质量产生异议时,须进行见证检验,并应有相应检测报告。

8)预应力工程物资

预应力工程物资主要包括预应力筋、锚(夹)具和连接器、水泥和预应力筋用螺旋管等。

预应力筋、锚(夹)具和连接器等应有进场复试报告。涂包层和套管、孔道灌浆用水泥及外加剂应按照规定取样复试,有复试报告。预应力混凝土结构所使用的外加剂的检测报告应有氯化物含量检测内容,严禁使用含氯化物的外加剂。

9)钢结构工程物资

钢结构工程物资主要包括钢材、钢构件、焊接材料、连接用紧固件及配件、防火防腐涂料、焊接(螺栓)球、封板、锥头、套筒和金属板等。

按规定应复试的钢材必须有复试报告,并按规定实行有见证取样和送检。重要钢结构采用焊接材料应有复试报告,并按规定实行有见证取样和送检。高强度大六角头螺栓连接副和扭剪型高强度螺栓连接副应有扭矩系数与紧固轴力(预拉力)检验报告,并按规定做进场复试,实行有见证取样和送检。防火涂料应有有相应资质等级检测机构出具的检测报告。

10)幕墙工程物资

幕墙工程物资主要包括玻璃、石材、金属板、铝合金型材、钢材、黏结剂及密封材料、五金件及配件、连接件和涂料等。幕墙应有抗风压性能、空气渗透性能、雨水渗透性能及平面变形性能检测报告。

按规定应复试的幕墙工程物资必须有复试报告。硅酮结构胶应有国家指定检测机构出具的相容性和剥离黏结性检测报告。玻璃、石材和金属板应有有相应资质等级检测机构出具的性能检测报告。安全玻璃应有安全性能检测报告,并按有关规定取样复试(凡获得中国强制认证标志的安全玻璃可免做现场复试)。铝合金型材应有涂膜厚度的检测。防火材料应有有相应资质等级检测机构出具的检测报告。

3.施工材料进场报验表

工程物资进场后,施工单位应进行检查(外观、数量及质量证明文件等),自检合格后填写《工程物资进场报验表》,报请监理单位验收。

物资进场报验须附资料应根据具体情况(合同、规范、施工方案等要求)由施工单位和物资供应单位预先协商确定。施工单位和监理单位应确定涉及结构安全、使用功能、建筑外观、环保要求的主要物资的进场报验范围和要求。工程物资进场报验应有时限要求,施工单位和监理单位均须按照施工合同的约定完成各自的报送与审批工作。

4.设备进场开箱检查记录

设备进场后,由建设、监理、施工和供货单位共同开箱检验并作记录,填写《设备开箱检验记录》。

(三)施工试验报告

施工试验报告是施工过程中为检验施工质量必须进行的试验工作。在完成检验批的过程中,由施工单位试验负责人负责制作施工试验试件,并送至具备相应检测资质等级的检测单位进行试验。检测单位根据相关标准对送检的试件进行试验后,出具试验报告并将报告返还施工单位。施工单位将施工试验记录作为检验批报验的附件,随检验批资料进入审批程序。

1.回填土施工试验报告

回填土包括素土、灰土、砂和砂石地基的夯实填方和柱基、基坑、基槽、管沟的回填夯实以及其他回填夯实。

回填土必须分层夯压密实,并分层、分段取样做干密度试验。《建筑地基基础设计规范》(GB 50007—2011)中明确规定压实填土的质量以压实系数控制,并应根据结构类型和压实填土所在部位确定。依据以上规定,现场在回填土前,应将原土土样送试验室进行击实试验,以确定最大干密度和最优含水量。

检验现场回填土质量,常用试验取样方法有:环刀法、灌砂法、灌水法、蜡封法。其中,环刀法与灌砂法应用较为广泛。取样应由施工单位按规定现场取样,将样品包好、编号(编号要与取样平面图上各点位标示一一对应)送试验室试验。如取样器具或标准砂不具备,应请试验室来人进行现场取样并试验。施工单位取样时,宜请建设单位参加,并签认。

在压实填土的过程中,分层取样检验土的干密度和含水率时的取样数量应符合下列规定：

(1)基坑每 50 ~ 100 m² 应不少于 1 个检验点。

(2)基槽每 10 ~ 20 m 应不少于 1 个检验点。

(3)每一独立基础下至少有 1 个检验点。

(4)对灰土、砂和砂石、土工合成、粉煤灰地基等,每单位工程不应少于 3 点;1 000 m² 以上的工程,每 100 m² 至少有 1 点;3 000 m² 以上的工程,每 300 m² 至少有 1 点。

在场地平整时,取样数量应符合下列规定：

(1)每 100 ~ 400 m² 取 1 点,但不应少于 10 点。

(2)长度、宽度、边坡为每 20 m 取 1 点,每边不应少于 1 点。

(3)各层取样点应错开,并应绘制取样平面位置图,标清各层取样点位。

2.混凝土施工试验报告

1)检验项目

(1)施工现场应测试混凝土拌和物的坍落度(干硬性混凝土要测维勃稠度),同时留置同条件养护的试块和标准养护 28 d 的试块,测其抗压强度。

(2)现场浇筑的抗渗混凝土、抗冻混凝土,均要对其抗渗、抗冻性能进行检验。

(3)混凝土配合比在试配时要进行拌和物密度、坍落度(干硬性混凝土要测维勃稠度)、3 d(或 1 d、7 d)、28 d 抗压强度测定,用于检查后期强度龄期不应小于 90 d。

(4)首次使用的混凝土配合比应进行开盘鉴定,其工作性能应能满足设计配合比的要求,开始生产时应至少留置一组标准养护试件,作为验证配合比的依据。

(5)混凝土拌制前,应测定砂石含水率,并根据测试结果调整材料用量,提出施工配合比,每工作班检查一次,雨雪天气应增加检查次数。

(6)轻骨料混凝土要测 28 d 抗压强度、干密度,有保温要求的要测导热系数。

2)试样留置要求

(1)现场搅拌混凝土：根据《混凝土结构工程施工质量验收规范》和《混凝土强度检验评定标准》的规定,用于检查结构构件混凝土强度的试件,应在混凝土的浇筑地点随机抽取取样与试件留置应符合以下规定：①每拌制 100 盘且不超过 100 m³ 的同配合比的混凝土,取样不得少于 1 次;②每工作班拌制的同一配合比的混凝土不足 100 盘时,取样不得少于 1 次;③当一次连续浇筑超过 1 000 m³ 时,同一配合比的混凝土每 200 m³ 不得少于 1 次;④每一楼层、同一配合比的混凝土,取样不得少于 1 次;⑤每次取样应至少留置一组标准养护试件,同条件养护试件的留置组数应根据实际需要确定。

(2)预拌(商品)混凝土：预拌商品混凝土,除在预拌混凝土厂内按规定留置试块外,预拌(商品)混凝土运至施工现场后,混凝土强度的试样取样频率和组批条件应按下列规定进行：①用于交货检验的混凝土试样应在交货地点采取。按每 100 m³ 相同配合比的混凝土,取样不少于 1 次;一个工作班拌制的相同配合比的混凝土不足 100 m³ 时,取样也不得少于 1 次;当在一个分项工程中连续供应相同配合比的混凝土量大于 1 000 m³,其交货检验的试样为每 200 m³ 混凝土取样不得少于 1 次。②用于出厂混凝土检验的试样应在搅拌地点采取,按每 100 盘相同配合比的混凝土取样不得少于 1 次;每一工作班相同的配合比的混凝土不足 100 盘时,取样也不得少于 1 次。③对预拌混凝土拌和物的质量,每车应目测检查。混凝土坍落度检验的试样,每 100 m³ 相同配合比的混凝土取样检验不得少于 1 次,当一个工作班相同配合比的混凝土不足 100 m³,也不得少于 1 次。

(3)抗渗混凝土:根据《地下工程防水技术规范》,混凝土抗渗试块取样按下列规定:①连续浇筑混凝土量 500 m³ 以下时,应留置两组(12 块)抗渗试块;②每增加 250 ~ 500 m³ 混凝土,应增加留置两组(12 块)抗渗试块;③如果使用材料配合比或施工方法有变化时,均应另行仍按上述规定留置;④抗渗试块应在浇筑地点制作,留置的两组试块其中一组(6 块)应在标准养护室养护,另一组(6 块)与现场相同条件下养护,养护期不得少于 28 d。

(4)建筑地面混凝土:按每一层(或检验批)建筑地面工程不应少于 1 组。当每一层(或检验批)建筑地面工程面积大于 1 000 m² 时,每增加 1 000 m² 应增做 1 组试块;小于 1 000 m² 按 1 000 m² 计算。当改变配合比时,也应相应地制作试块组数。

3)各种试验内容及要求

(1)配合比设计。

现场搅拌混凝土应有配合比申请单和配合比通知单。预拌混凝土应有试验室签发的配合比通知单。

混凝土拌和物的取样应符合下列规定:当混凝土中粗骨料最大粒径不大于 40 mm 时,取不少于 20 L 样;混凝土中骨料最大粒径大于 40 mm 时,取不少于 40 L 样;进行混凝土配合比分析时,当混凝土中粗骨料最大粒径不大于 40 mm 时,每份取 12 kg 试样;当混凝土中粗骨料最大粒径大于 40 mm 时,每份取 15 kg 试样。

(2)混凝土抗压强度试验报告。

根据规范,结构混凝土的强度等级必须符合设计要求。应有按规定留置龄期为 28 d 标养试块和相应数量同条件养护试块的抗压强度试验报告。冬季施工还应有受冻临界强度试块和转常温试块的抗压强度试验报告。

(3)混凝土抗渗试验报告。

对有抗渗要求的混凝土结构,其混凝土试件应在浇筑地点随机取样。同一工程、同一配合比的混凝土,取样不应少于 1 次,留置组数可根据实际需要确定;《地下防水工程质量验收规范》规定:连续浇筑 500 m³ 应留置一组抗渗试件,且每项工程不得少于两组。采用预拌混凝土的抗渗试件,留置组数应视结构的规模和要求而定。

(4)混凝土耐久性试验资料。

凡设计有抗渗、抗冻要求的混凝土除必须有抗压强度试验报告外,还应有按有关规定组数的抗渗、抗冻、试验报告单。

4)混凝土试块合格性判定

当满足评定要求时为合格,否则为不合格。对不合格批混凝土制成的结构或构件应进行鉴定,对不合格的结构或构件应进行处理。对预拌混凝土,除强度评定外,坍落度及含气量试验符合规范要求为合格,若不符合要求,可用余样再次试验,符合要求可判为合格,否则为不合格。

3.砂浆施工试验报告

1)检验项目

(1)砌筑砂浆:砌筑用砂浆、地面抹面用砂浆进行强度、稠度检验。

(2)防水砂浆:防水砂浆要进行强度、稠度检验和防水性能检验。

(3)干拌砂浆:干拌砂浆要进行稠度、分层度、抗压强度试验。

（4）配合比设计:砂浆配合比设计时,要测拌和物密度、稠度、凝结时间、分层度、3 d(或 1 d、7 d)及 28 d 标养强度。防水砂浆配合比设计除进行以上项目检验外,还应做砂浆的防水性能检验,抗冻砂浆要进行抗冻性试验。

2)抽样要求

（1）每一检验批且不超过 250 m³ 砌体的各种类型及强度等级的砌筑砂浆,每台搅拌机应至少检验一次砂浆稠度及留置试块一组。

（2）冬期施工时,除应按常温规定要求留置试块外,还应增设不少于两组与砌体同条件养护的试块,分别用于检验各龄期强度和转入常温 28 d 的砂浆强度。

（3）干拌砂浆同强度等级、同批号,每 400 t 为一验收批,不足 400 t 也按一批计。

（4）建筑地面水泥砂浆强度试块的组数,按每一层(或检验批)建筑地面工程不少于 1 组。当每一层(或检验批)建筑地面工程面积大于 1 000 m² 时,每增加 1 000 m² 应增做 1 组试块;小于 1 000 m² 按 1 000 m² 计算。当改变配合比时,也相应地制作试块组数。

3)评定标准

按同一类型、同一强度等级砂浆为一验收批统计,评定方法及合格标准如下:

（1）同一验收批砂浆试块抗压强度平均值必须大于或等于设计强度等级所对应的立方体抗压强度;

（2）同一验收批砂浆试块抗压强度的最小一组平均值必须大于或等于设计强度等级所对应的立方体抗压强度的 0.75 倍。

4.钢筋连接试验报告

用于焊接、机械连接钢筋的力学性能和工艺性能应符合现行国家标准。钢筋焊接接头或焊接制品、机械连接接头应按焊(连)接类型和检验批的划分进行质量验收并现场取样复试。承重结构工程中的钢筋连接接头应按规定实行有见证取样和送检。采用机械连接接头形式施工时,技术提供单位应提交由有相应资质等级的检测机构出具的形式检验报告。焊(连)接工人必须具有有效的岗位证书。

正式焊(连)接工程开始前及施工过程中,应对每批进场钢筋,在现场条件下进行工艺检验。在工程开工前或每批钢筋正式焊接前,应进行现场条件下的焊接性能试验。在正式施工前及施工过程中,按同批钢筋、同种机械连接形式的接头试件不少于 3 根,同时对应截取接头试件的母材,进行抗拉强度试验。工艺检验合格后,方可进行焊接或机械连接的施工。

各种焊(连)接接头的取样应符合国家规定。

1)钢筋闪光对焊接头取样应符合的规定

（1）在同一台班内,由同一焊工完成的 300 个同牌号、同直径钢筋焊接接头应作为一批;当同一台班内焊接的接头数量较少,可在一周之内累计计算。

（2）累计仍不足 300 个接头,应按一批计算。

（3）力学性能检验时,应从每批接头中随机切取 6 个试件,其中 3 个做拉伸试验,3 个做弯曲试验。

（4）焊接等长的预应力钢筋(包括螺丝端杆与钢筋)时,可按生产时同等条件制作模拟试件。

（5）螺丝端杆接头可只做拉伸试验。

（6）封闭环式箍筋闪光对焊接头，以600个同牌号、同规格的接头为一批，只做拉伸试验。

（7）当模拟试件试验结果不符合要求时，应进行复验。复验应从现场焊接接头中切取，其数量和要求与初始试验相同。

2）钢筋电弧焊接头取样应符合的规定

（1）在现浇混凝土结构中，应以300个同牌号、同型式接头作为一批。

（2）在房屋结构中，应在不超过二楼层中300个同牌号、同型式接头作为一批；每批随机切取3个接头，做拉伸试验。

（3）在装配式结构中，可按生产条件制作模拟试件，每批3个，做拉伸试验。

（4）钢筋与钢板电弧搭接焊接头可只进行外观检查。

（5）模拟试件的数量和要求应与从成品中切取时相同；当模拟试件试验结果不符合要求时，复验应再从成品中切取，其数量和要求与初始试验时相同。

（6）在同一批中，若有几种不同直径的钢筋焊接接头，应在最大直径接头中切取3个试件。

3）钢筋电渣压力焊接头取样应符合的规定

（1）在现浇混凝土结构中，应以300个同牌号钢筋接头作为一批。

（2）在房屋结构中，应在不超过二楼层中300个同牌号钢筋接头作为一批。

（3）当不足300个接头时，仍应作为一批；每批接头中随机切取3个试件做拉伸试验。

（4）在同一批中，若有几种不同直径的钢筋焊接接头，应在最大直径接头中切取3个试件。

4）钢筋气压焊接头取样应符合的规定

（1）在现浇混凝土结构中，应以300个同牌号钢筋接头作为一批。

（2）在房屋结构中，应在不超过二楼层中300个同牌号钢筋接头作为一批。

（3）当不足300个接头时，仍应作为一批。

（4）在柱墙的竖向钢筋连接中，应从每批接头中随机切取3个接头做拉伸试验。

（5）在梁板的水平钢筋连接中，应另切取3个接头做弯曲试验。

（6）在同一批中若有几种不同直径的钢筋焊接接头，应在最大直径接头中切取3个试件。

5）机械连接接头应符合的规定

钢筋连接工程开始前及施工过程中，应对每批进场钢筋进行接头工艺检验，取样按以下规定进行：

（1）每种规格钢筋的接头试件不应少于3根。

（2）钢筋母材抗拉强度试件不应少于3根，且应取接头试件的同一根钢筋。

接头的现场检验按检验批进行，同一施工条件下采用同一批材料的同等级、同型式、同规格接头，以500个为一个验收批进行检验与验收，不足500个也作为一个检验批。对接头的每一检验批，必须在工程结构中随机截取3个试件作单向拉伸试验。

5. 支护工程施工试验报告

锚杆应按设计要求进行现场抽样试验，有锁定力（抗拔力）试验报告。支护工程使用的混凝土，应有混凝土配合比通知单和混凝土强度试验报告，有抗渗要求的还应有抗渗试验报告。支护工程使用的砂浆,应有砂浆配合比通知单和砂浆强度试验报告。

6.桩基(地基)工程施工试验报告

地基处理应按设计要求进行承载力检验,有承载力检验报告。桩基应按照设计要求和相关规范、标准规定进行承载力与桩体质量检测,由有相应资质等级检测单位出具检测报告。桩基(地基)工程使用的混凝土,应有混凝土配合比通知单和混凝土强度试验报告,有抗渗要求的还应有抗渗试验报告。桩基(地基)工程使用的钢筋,应有产品合格证和相关检测报告,并应做隐蔽工程检查。

7.预应力工程施工试验报告

预应力工程用混凝土应按规范要求留置标准养护、同条件试块,有相应抗压强度试验报告。后张法有黏结预应力工程,灌浆用水泥浆应有性能试验报告。

8.钢结构工程施工试验报告

高强度螺栓连接应有摩擦面抗滑移系数检验报告及复试报告,并实行有见证取样和送检。施工中首次使用的钢材、焊接材料、焊接方法、焊后热处理等应进行焊接工艺评定,有焊接工艺评定报告。设计要求的一、二级焊缝应做缺陷检验,由有相应资质等级检测单位出具超声波、射线探伤检验报告或磁粉探伤报告。建筑安全等级为一级、跨度40 m及以上的公共建筑钢网架结构,且设计有要求的,应对其焊(螺栓)球节点进行节点承载力试验,并实行有见证取样和送检。钢结构工程所使用的防腐、防火涂料应做涂层厚度检测,其中防火涂层应有有相应资质的检测单位出具的检测报告。焊(连)接工人必须持有效的岗位证书。

9.见证取样送检试验

涉及结构安全的试块、试件以及有关材料,应按规定进行见证取样检测。承担见证取样检测及有关结构安全检测的单位应具有相应资质。涉及结构安全的试块、试件和材料见证取样与送样的比例不得低于有关技术标准中规定应取数量的30%。

根据混凝土结构工程施工质量验收规范的规定,结构实体检验用同条件养护试件的留置方式和取样数量应符合以下规定:

(1)对涉及混凝土结构安全的重要部位应进行结构实体检验,其内容包括混凝土强度钢筋保护层厚度及工程合同约定的项目等。

(2)同条件养护试件应由各方在混凝土浇筑入模处见证取样。

(3)同一强度等级的同条件养护试件的留置不宜少于10组,留置数量不应少于3组。

(4)当试件达到等效养护龄期时,方可对同条件养护试件进行强度试验。所谓等效养护龄期,就是逐日累计养护温度达到600 ℃,且龄期宜取14~60 d。一般情况下,温度取当天的平均温度。

按规定,下列试块、试件和材料必须实施见证取样与送检:

(1)用于承重结构的混凝土试块;

(2)用于承重墙体的砌筑砂浆试块;

(3)用于承重结构的钢筋及连接接头试件;

(4)用于承重墙的砖和混凝土小型砌块;

(5)用于拌制混凝土和砌筑砂浆的水泥;

(6)用于承重结构的混凝土中使用的掺加剂;

(7)地下、屋面、厕浴间使用的防水材料;

(8)国家规定必须实行见证取样与送检的其他试块、试件和材料。

(四)施工记录

施工记录是在施工过程中形成的,确保工程质量、安全的各种检查、记录的统称,包括通用施工记录和专用施工记录。

1.通用施工记录

1)施工检查记录

按照现行规范要求应进行施工检查的重要工序,且规程无相应施工记录表格的,应填写《施工检查记录(通用)》,《施工检查记录(通用)》适用于各专业。

2)交接检查记录

某一工序完成后,移交下道工序时,由移交单位和接收单位对质量、工序要求、遗留问题、成品保护、注意事项等情况进行检查并记录。不同施工单位之间工程交接,应进行交接检查,填写《交接检查记录》。移交单位、接收单位和见证单位共同对移交工程进行验收,并对质量情况、遗留问题、工序要求、注意事项、成品保护等进行记录。

3)预检记录

预检记录是对施工重要工序进行的预先质量控制检查记录,预检项目及内容如下:

(1)模板:检查几何尺寸、轴线、标高、预埋件及预留孔位置、模板牢固性、接缝严密性、起拱情况、清扫口留置、模内清理、脱模剂涂刷、止水要求等,节点做法及放样检查。

(2)设备基础和预制构件安装:检查设备基础位置;混凝土强度、标高、几何尺寸、预留孔、预埋件等。

(3)地上混凝土结构施工缝留置的方法、位置和接槎的处理等。

(4)管道预留孔洞:检查预留孔洞的尺寸、位置、标高等。

(5)管道预埋套管(预埋件):检查预埋套管(预埋件)的规格、型式、尺寸、位置、标高等。

(6)机电各系统的明装管道(包括进入吊顶内)、设备安装:检查位置、标高、坡度、材质、防腐情况、接口方式、支架形式、固定方式等。

(7)电气明配管(包括进入吊顶内):检查导管的品种、规格、位置、连接、弯扁度、弯曲半径、跨接地线、焊接质量、固定情况、防腐、外观处理等。

(8)明装线槽、桥架、母线(包括能进入吊顶内):检查材料的品种、规格、位置、连接、接地、防腐情况、固定方法、固定间距等。

(9)明装等电位连接:检查连接导线的品种、规格、连接配件、连接方法等。

(10)屋顶明装避雷带:检查材料的品种、规格、连接方法、焊接质量、固定情况、防腐情况等。

(11)变配电装置:检查配电箱、柜基础槽钢的规格、安装位置、水平与垂直度、接地的连接质量;配电箱、柜的水平与垂直度;高低压电源进出口方向、电缆位置等。

(12)机电表面器具(包括开关、插座、灯具、风口、卫生器具等):检查位置、标高、规格、型号、外观效果等。

(13)依据现行施工规范,对其他涉及工程结构安全、实体质量及建筑观感,须做质量预控的重要工序,应填写预检记录。

2. 专用施工记录

1) 地基验槽检查记录

建筑物应进行施工验槽,检查内容包括基坑位置、平面尺寸、持力层核查、基底绝对高程和相对标高、基坑土质及地下水位等,有桩支护或桩基的工程还应进行桩的检查。地基验槽检查记录应由建设、勘察、设计、监理和施工单位共同验收签认。地基需处理时,应由勘察、设计单位提出处理意见。

2) 地基处理记录

地基需处理时,应由勘察、设计单位提出处理意见。施工单位应依据勘察、设计单位提出的处理意见进行地基处理,完工后填写《地基处理记录》,报请勘察、设计、监理单位复查。

3) 地基钎探记录

钎探用于检验浅层土(如基槽)的均匀性,确定地基的容许承载力及检验填土的质量。钎探前应绘制钎探点平面布置图,确定钎探点布置及顺序编号。按照钎探图及有关规定进行钎探并记录。

4) 混凝土浇灌申请书

正式浇灌混凝土前,施工单位应检查各项准备工作(如钢筋、模板工程检查,水电预埋检查,材料、设备及其他准备等),自检合格填写《混凝土浇灌申请书》报请监理单位后,方可浇灌混凝土。

5) 混凝土浇筑记录

凡现场浇筑 C20 强度等级以上的混凝土均应填写浇筑记录,内容包括:日期、天气、浇筑部位、浇筑顺序、混凝土强度等级、混凝土配合比及试验编号、外掺剂名称、掺用数量、混凝土搅拌方式、坍落度、振捣方法、浇筑当中出现的问题、处理方法以及混凝土浇筑负责人等。

预拌混凝土供应单位应随车向施工单位提供预拌混凝土运输单,内容包括工程名称、使用部位、供应方量、配合比、坍落度、出站时间、到场时间和施工单位测定的现场实测坍落度等。

6) 混凝土开盘鉴定

采用预拌混凝土的,应对首次使用的混凝土配合比在混凝土出厂前,由混凝土供应单位自行组织相关人员进行开盘鉴定。

采用现场搅拌混凝土的,应由施工单位组织监理单位、搅拌机组、混凝土试配单位进行开盘鉴定工作,共同认定试验室签发的混凝土配合比确定的组成材料是否与现场施工所用材料相符,以及混凝土拌和物性能是否满足设计要求和施工需要。

7) 混凝土拆模申请单

在拆除现浇混凝土结构板、梁、悬臂构件等底模和柱墙侧模前,应填写《混凝土拆模申请单》并附同条件混凝土强度报告,报项目专业技术负责人审批,通过后,方可拆模。

8) 混凝土搅拌、养护测温记录

冬季混凝土施工时,应进行搅拌和养护测温记录。混凝土冬季施工搅拌测温记录应包括大气温度、原材料温度、出罐温度、入模温度等。混凝土冬季施工养护测温应先绘制测温点布置图,包括测温点的部位、深度等。测温记录应包括大气温度、各测温孔的实测温度、同一时间测得的各测温孔的平均温度和间隔时间等。

9) 大体积混凝土养护测温记录

大体积混凝土施工应对入模时大气温度、各测温孔温度、内外温差和裂缝进行检查与记录。大体积混凝土养护测温应附测温点布置图,包括测温点的布置、深度等。

10) 构件吊装记录

预制混凝土构件、大型钢、木构件吊装应有《构件吊装记录》,吊装记录内容包括构件名称、安装位置、搁置与搭接长度、接头处理、固定方法、标高等。厂、站工程大型设备吊装施工记录包括:

(1) 设备安装设计文件;

(2) 设备出厂合格证明:设备名称、型号、安装位置、连接方法、允许安装偏差和实际偏差等。

11) 焊接材料烘焙记录

按照规范和工艺文件等规定,须烘焙的焊接材料应进行烘焙,并填写烘焙记录。烘焙记录内容包括烘焙方法、烘干温度、要求烘干时间、实际烘焙时间和保温要求等。

12) 基坑支护变形监测记录

在基坑开挖和支护结构使用期间,应以设计指标及要求为依据进行过程监测,如设计无要求,应按规范规定对支护结构进行监测,并做变形监测记录。

13) 桩施工记录

桩(地)基施工应按规定做桩施工记录,检查内容包括孔位、孔径、孔深、桩体垂直度、桩顶标高、桩位偏差、桩顶完整性和接桩质量等。桩施工记录应由有相应资质的专业施工单位负责提供。

14) 预应力筋张拉记录

预应力筋张拉记录应包括预应力施工部位、预应力筋规格、平面示意图、张拉程序、应力记录、伸长量等。对每根预应力筋的张拉实测值进行记录。后张法预应力张拉施工应实行见证管理,按规定做见证张拉记录。预应力张拉原始施工记录应归档保存。

15) 有黏结预应力结构灌浆记录

后张法有黏结预应力筋张拉后应灌浆,并做灌浆记录,内容包括灌浆孔状况、水泥浆配比状况、灌浆压力、灌浆量,并有灌浆点简图和编号等。

16) 钢结构安装施工记录

钢结构主要受力构件安装应检查垂直度、侧向弯曲等安装偏差,并做施工记录。钢结构主体结构在形成空间刚度单元并连接固定后,应检查整体垂直度和整体平面弯曲度的安装偏差,并做施工记录。钢网架结构总拼完成后及屋面工程完成后,应检查挠度值和其他安装偏差,并做施工记录。钢结构安装施工记录应由有相应资质的专业施工单位负责提供。

17) 木结构工程施工记录

木结构应检查木桁架、梁和柱等构件的制作、安装、屋架安装允许偏差和屋盖横向支撑的完整性等,并做施工记录。木结构工程施工记录应由有相应资质的专业施工单位负责提供。

18) 幕墙注胶检查记录

幕墙注胶应做施工检查记录,内容包括宽度、厚度、连续性、均匀性、密实度和饱满度等。

19)沉井下沉观测记录

下沉沉井时,每一工作班结束后均应有包括下列内容的记录:刃脚标高、土壤情况、停歇时间及原因、倾斜或移位数值及纠正措施、下沉情况、地下水位标高、沉井内水位标高、加载重量及重心位置等。

(五)施工质量验收资料

施工质量验收资料是参与工程建设的有关单位根据相关标准、规范对工程质量是否达到合格做出的确认文件的统称。主要分实体、观感两方面,包括检验批、分项、分部(子分部)、单位(子单位)工程的质量验收。

具备独立施工条件完工后不能形成独立使用功能的工程为一个单位工程。如一幢住宅楼的土建工程、安装工程。建筑规模较大的单位工程,可将其能形成独立使用功能的部分划分为一个子单位工程,即一个单位工程可由两个或两个以上具有独立使用功能的子单位工程组成。

一个单位(子单位)工程可分为多个分部工程,分部工程的划分一般按专业性质、建筑部位确定。如土建工程可划分为地基与基础、主体结构、建筑装饰装修、建筑屋面。当分部工程规模较大或较复杂时,可按材料种类、施工特点、施工程序、专业系统及类别等划分为若干个子分部工程。如主体结构可划分为混凝土结构、砌体结构、钢结构等子分部工程。

一个分部(子分部)工程可分为多个分项工程,分项工程一般按主要工种、材料、施工工艺、设备类别等进行划分。如混凝土分部可划分为模板、钢筋、混凝土、预应力、现浇结构等分项工程。

分项工程可由一个或若干个检验批组成。检验批是指按同一生产条件或按规定的方式汇总起来的供检验用的、由一定数量样本组成的检验体。检验批可根据施工及质量控制和专业验收需要按楼层、施工段、变形缝等进行划分。检验批由于其质量基本均匀一致,因此可以作为检验的基础单位。分项工程划分成检验批进行验收有助于及时纠正施工中出现的质量问题,确保工程质量,也符合施工的实际需要。

检验批的划分原则是:

(1)多层及高层建筑工程中主体分部的分项工程,可按楼层或施工段划分检验批;单层建筑工程中的分项工程,可按变形缝等划分检验批。

(2)地基基础分部工程中的分项工程一般划分为一个检验批,有地下层的基础工程可按不同地下层划分检验批。

(3)屋面分部工程中的分项工程,不同楼层屋面可划分为不同的检验批。

(4)其他分部工程中的分项工程,一般按楼层划分检验批。

(5)对于工程量较少的分项工程可统一划分为一个检验批。

(6)安装工程一般按一个设计系统或设备组别划分为一个检验批。

(7)室外工程统一划分为一个检验批。

(8)散水、台阶、明沟等含在地面检验批中。

1.检验批质量验收记录表

1)表的名称及编号

(1)表的名称。

检验批由监理工程师或建设单位项目技术负责人组织项目专业质量检查员等进行验

收。表的名称应在制订专用表格时就印好,前边印上分项工程的名称,如《砖砌体工程检验批质量验收记录》。表的名称右下边注上质量验收规范的编号,如 GB 50203—2002。

(2)表的编号。

检验批表的编号按全部施工质量验收规范系列的分部工程、子分部工程统一为 9 位数的数码编号,写在表的右上角,前 6 位数字均印在表上,后留 3 个□检查验收时,填写检验批的顺序号。其编号规则为:前边两个数字是分部工程的代码,01 ~ 09。地基与基础为 01,主体结构为 02,建筑装饰装修为 03,建筑屋面为 04,建筑给水排水及采暖为 05,建筑电气为 06,智能建筑为 07,通风与空调为 08,电梯为 09;第 3、4 位数字是子分部工程的代码;第 5、6 位数字是分项工程的代码;第 7、8、9 位数字是各分项工程检验批验收的顺序号,由于在大体量高层或超高层建筑中,同一个分项工程会有很多检验批的数量,故留了 3 位数的空位置。如地基与基础分部工程、无支护土方子分部工程、土方开挖分项工程,其检验批表的编号为010101□□□,第一个检验批表的编号为010101001。其顺序号查阅《建筑工程施工质量验收统一标准》附录 B 建筑工程分部(子分部)工程、分项工程划分表 B.0.1。

有些子分部工程中有些项目可能在两个分部工程中出现,这就要在同一个表上编 2 个分部工程及相应子分部工程的编号;如砖砌体分项工程在地基与基础和主体结构中都有,砖砌体分项工程检验批的表编号为:010701、020301。有些分项工程可能在几个子分部工程中出现,这就应在同一个检验批表上编几个子分部工程及子分部工程的编号。如建筑电气的接地装置安装,在室外电气、变配电室、备用和不间断电源安装及防雷接地安装等子分部工程中都有。其编号:060109,060206,060608,060701,060109 的第 5、6 位数字 09,是指室外电气子分部工程的第 9 个分项工程,060109 的第 5、6 位数字 06 是指变配电室子分部工程的第 6 个分项工程,其余类推。

另外,有些规范的分项工程,在验收时也将其划分为几个不同的检验批来验收。如混凝土结构子分部工程的混凝土分项工程,分为原材料、配合比设计、混凝土施工 3 个检验批来验收。又如建筑装饰装修分部工程建筑地面子分部工程中的基层分项工程,其中又有几种不同的检验批。故在其表名下加标罗马数字(Ⅰ)、(Ⅱ)、(Ⅲ)……

2)表头的填写

(1)单位(子单位)工程名称。

按合同文件上的单位工程名称填写,子单位工程标出该部分的位置。分部(子分部)工程名称,按验收规范划分的分部(子分部)名称填写。验收部位是一个分项工程中的验收的那个检验批的抽样范围,要标注清楚,如二层(1) ~ (15)轴线砖砌体。填写施工单位、分包单位、施工单位的全称,与合同上公章名称相一致。项目经理填写合同中指定的项目负责人。在装饰、安装分部工程施工中,有分包单位时,也应填写分包单位全称,分包单位的项目经理也应是合同中指定的项目负责人。这些人员由填表人填写,不要本人签字,只是标明他是项目负责人。

(2)施工执行标准名称及编号。

施工执行标准名称及编号是验收规范编制的一个基本思路,由于验收规范只列出验收的质量指标,其工艺等只提出一个原则要求,具体的操作工艺就靠企业标准了。只有按照不低于国家质量验收规范的企业标准来操作,才能保证国家验收规范的实施。如果没有具体的操作工艺,保证工程质量就是一句空话。企业必须制定企业标准(操作工艺、工艺标准、工法等)来培训工人、技术交底,来规范工人班组的操作。为了能成为企业的标准系列的重要组成部分,企业标准应有编制人、批准人、批准时间、执行时间、标准名称及编号。填写表时,只要将标准名称及编号填写上,就能在企业的标准系列中查到其详细情况,并要在施工现场有这项标准,工人再执行这项标准。

3)质量验收规范的规定栏

质量验收规范的规定填写具体的质量要求,在制表时就已填写好验收规范中主控项目、一般项目的全部内容。所谓主控项目,是指建筑工程中对安全、卫生、环境保护和公众利益起决定性作用的检验项目。主控项目,是对检验批的基本质量起决定性影响的检验项目,不允许有不符合要求的检验结果,即这种项目的检查具有否决权。因此,主控项目必须全部符合有关专业验收规范的规定。所谓一般项目,是指除主控项目外的检验项目。由于表格的地方小,多数指标不能将全部内容填写下,所以只将质量指标归纳、简化描述或题目及条文号填写上,作为检查内容提示,以便查对验收规范的原文。对计数检验的项目,将数据直接写出来。这些项目的主要要求用注的形式放在表的背面。可将验收规范的主控、一般项目的内容全摘录在表的背面,这样方便查对验收条文内容。根据以往的经验,这样做就会引起只看表格,不看验收规范的后果,规范上还有基本规定、一般规定等内容,它们虽然不是主控项目和一般项目的条文,但这些内容也是主控项目和一般项目的依据。所验收规范的质量指标不宜全抄过来,故只注明其主要要求及判定依据。

4)施工单位检查评定记录

填写检验批验收表中“施工单位检查评定记录”栏,应遵守下列要求:

(1)对定量检查项目,当检查点数少时,可直接在表中填写检查数据。当检查点数较多填写不下时,可以在表中填写综合结论,如“共检查20处,平均4 mm,最大7 mm”、“共检查36处,全部合格”等字样。此时应将原始检查记录附在表后。

(2)对定性项目,当符合规范规定时,采用打“√”的方法标注;当不符合规范规定时,采用打“×”的方法标注。

(3)对既有定性又有定量的项目,当各个子项目均符合规范规定时,可填写“符合要求”,或打“√”,不符合要求时打“×”。无此项内容的打“/”来标注。

(4)在一般项目中,规范对合格点百分率有要求的项目,也可填写达到要求的检查点的百分率。无论是定性要求,还是定量要求,应有80%以上检查点达到要求,其余20%的检查点应按各专业质量验收规范的规定执行。各专业质量验收规范中,判定一般项目合格的规定大致如下:属于定量要求的,实际偏差最大不能超过允许偏差的1.5倍。但有些项目例外,如混凝土结构的钢筋保护层厚度,检查点合格率应为90%以上,对钢结构,实际偏差最大不能超过允许偏差的1.2倍。属于定性要求的,应有80%以上的检查点达到规范规定。其余检查点按各专业质量验收规范的规定执行,通常规定不能有影响性能的严重缺陷。

(5)对混凝土、砂浆强度等级检验批,按规定制取试件后,可先填写试件编号,待试件养护至28 d试压后,再对检验批进行判定,并在分项工程验收时进一步进行强度评定及验收。验收后应将试验报告附在验收表后边。

(6)主控项目不得出现“×”,当出现打“×”时,应进行返工修理,使之达到合格。一般项目不得出现超过20%的检查点打“×”,否则应进行返工修理。

(7)当采用计算机管理时,可以均采用打“√”或打“×”。

5)检验批合格的标准

(1)《砌体结构工程施工质量验收规范》规定,①主控项目的质量经抽样检验合格;②一般项目的质量经抽样检验合格,其中允许有偏差的项目,每项均应有80%及以上的检查点符合要求,其余的检查点不能有严重缺陷;③具有完整的施工操作依据、质量检查记录。

(2)《混凝土结构工程施工质量验收规范》规定,检验批合格质量应符合下列规定:①主控项目的质量经抽样检验合格;②一般项目的质量经抽样检验合格,当采用计数检验时,除有专门要求外,一般项目的合格点率应达到80%及以上,不得有严重缺陷;③具有完整的施工操作依据和质量验收记录。

(3)《钢结构工程施工质量验收规范》规定,分项工程检验批合格质量标准应符合下列规定:①主控项目必须符合本规范合格质量标准要求;②一般项目其检验结果应有80%及以上的检查点(值)符合本规范合格质量标准的要求,且最大值不应超过其允许偏差值的1.2倍;③质量检查记录、质量证明文件等资料应完整。

(4)《建筑地基基础工程施工质量验收规范》规定,①主控项目的质量经抽样检验合格;②一般项目的质量经抽样检验合格,其中允许有偏差的项目,每项均应有80%及以上的检查点符合要求,其余的检查点不能有严重缺陷;③具有完整的施工操作依据、质量检查记录;④混凝土试件强度评定不合格或对试件的代表性有怀疑时,应采取钻芯取样,检测结果符合设计要求可按合格验收。

(5)《建筑装饰装修工程质量验收规范》规定,①主控项目的质量经抽样检验合格;②一般项目的质量经抽样检验合格,其中允许有偏差的项目,每项均应有80%及以上的检查点符合要求,其余的检查点其最大偏差不应超过允许偏差值的1.5倍,且不得有影响使用功能或明显装饰效果的缺陷;③具有完整的施工操作依据、质量检查记录。

(6)《建筑地面工程施工质量验收规范》规定,①主控项目的质量经抽样检验合格;②一般项目的质量经抽样检验合格,其中允许有偏差的项目,每项均应有80%及以上的检查点符合要求,其余的检查点其最大偏差不应超过允许偏差值的1.5倍,且不明显影响使用;③具有完整的施工操作依据、质量检查记录。

6)监理(建设)单位验收记录

通常监理人员应进行平行、旁站或巡视的方法进行监理,在施工过程中,对施工质量进行察看和测量,并参加施工单位的重要项目的检测。对新开工程或首件产品进行全面检查,以了解质量水平和控制措施的有效性及执行情况,在整个过程中,随时可以测量等。在检验批验收时,对主控项目、一般项目应逐项进行验收。对符合验收规范规定的项目,填写"合格"或"符合要求",对不符合验收规范规定的项目,暂不填写,待处理后再验收,但应做标记。

7)施工单位检查评定结果

施工单位自行检查评定合格后,应注明"主控项目全部合格,一般项目满足规范规定要求"。专业质量检查员代表企业逐项检查评定合格,将结果填写清楚,签字后,交监理工程师或建设单位项目专业技术负责人验收。

8)监理(建设)单位验收结论

主控项目、一般项目验收合格,混凝土、砂浆试件强度待试验报告出来后判定,其余项目已全部验收合格。注明"同意验收"。专业监理工程师建设单位的专业技术负责人签字。

2. 分项工程质量验收记录

分项工程所包含的检验批全部完工,施工单位自检合格后,填写《_____分项工程质量验收记录》,报监理(建设)单位验收。分项工程质量验收实质上是对检验批验收记录的归纳整理,分项工程合格质量的条件比较简单,只要构成分项工程的各检验批的验收资料文件完整,并且均已验收合格,则分项工程验收合格。

1)表的填写

(1)表名。填上所验收分项工程的名称。

(2)表头及检验批部位、区段,施工单位检查评定结果,由施工单位项目专业质量检查员填写,内容比较简单。

(3)检查结论。由施工单位的项目专业技术负责人检查后给出评价并签字,交监理(建设)单位验收。

(4)监理(建设)单位验收结论及验收意见。监理单位的专业监理工程师(或建设单位的专业负责人)应逐项审查,同意项填写"合格"或"符合要求",不同意项暂不填写,待处理后再验收,但应做标记。注明验收和不验收的意见,如同意验收并签字确认,不同意验收请指出存在问题,明确处理意见和完成时间。

2)注意事项

填写《_____分项工程质量验收记录》时应注意:

(1)检查检验批是否将覆盖整个工程,是否有遗漏部位;

(2)检查有混凝土、砂浆强度要求的检验批,到龄期后能否达到规范规定;

(3)将检验批的资料统一,依次进行登记整理,方便管理。

3. 分部(子分部)工程验收记录

分部工程的验收在其所含各分项工程验收的基础上进行,分部(子分部)工程的验收是质量控制的一个重点。除必须要求分部工程的各分项工程必须已验收合格且相应的质量控制资料文件必须完整外,还应包括涉及安全和使用功能的地基基础、主体结构、有关安全及重要使用功能的安装分部工程的见证取样试验和抽样检测结果,观感质量验收。

《_____分部(子分部)工程的验收记录》应由施工单位将自行检查评定合格的表填写好后,由项目经理交监理单位或建设单位验收。由总监理工程师组织施工项目经理及有关勘察(地基与基础部分)、设计(地基与基础及主体结构等)单位项目负责人进行验收,并按表的要求进行记录。

1)表名及表头部分

(1)表名。分部(子分部)工程的名称填写要具体,写在分部(子分部)工程的前边,并分别划掉分部或子分部。

(2)表头部分的工程名称填写工程全称,与检验批、分项工程、单位工程验收表的工程名称一致。

(3)结构类型填写按设计文件提供的结构类型。

(4)层数应分别注明地下和地上的层数。

(5)施工单位填写单位全称,与检验批、分项工程、单位工程验收表填写的名称一致。

(6)技术部门负责人及质量部门负责人多数情况下填写项目的技术部门及质量部门负责人姓名,只有地基与基础、主体结构及重要安装分部(子分部)工程应填写施工单位的技术部门负责人及质量部门负责人姓名。

(7)分包单位的填写,有分包单位时才填,没有时不填,主体结构不应进行分包。分包单位要写全称,与合同或图章上的名称一致。分包单位负责人及分包单位技术负责人填写本项目的项目负责人及项目技术负责人姓名。

2)验收内容

(1)子分部(分项)工程。按分项工程第一个检验批施工先后顺序,填写分项工程名称,在第二格栏内分项工程实际的检验批数量,即分项工程验收表上的检验批数量,并将各分项工程评定表按顺序附在表后。施工单位检查评定栏,填写施工单位自行检查评定的结果。核查一下各分项工程是否都通过验收,有关有龄期试件的合格评定是否达到要求;有全高垂直或总的标高的检验项目的应进行检查验收。自检符合要求的可打"√"标注。否则打"×"标注。有"×"的项目不能交给监理单位或建设单位验收,应进行返修达到合格后再提交验收。监理单位或建设单位由总监理工程师或建设单位项目专业技术负责人组织审查,在符合要求后,在验收意见栏内签注"同意验收"的意见。

(2)质量控制资料。应按单位(子单位)工程质量控制资料核查记录中相关内容来确定所验收的分部(子分部)工程质量控制资料项目,按资料核查的要求,逐项进行核查。能基本反映工程质量情况,达到保证结构安全和使用功能的要求,即可通过验收。全部项目都通过,即可在施工单位检查评定栏内打"√"标注检查合格。并送监理单位或建设单位验收,监理单位总监理工程师组织审查,在符合要求后,在验收意见栏内签注"同意验收"意见。有些工程可按子分部工程进行资料验收,有些工程可按分部工程进行资料验收,由于工程不同,不强求统一。

(3)安全和功能检验(检测)报告。这个项目是指竣工抽样检测的项目,能在分部(子分部)工程中检测的,尽量放在分部(子分部)工程中检测。检测内容按表单位(子单位)工程安全和功能检验资料核查及主要功能抽查记录中相关内容确定摸查和抽查项目。在核查时要注意,在开工之前确定的项目是否都进行了检测;逐一检查每个检测报告,核查每个检测项目的检测方法、程序是否符合有关标准规定;检测结果是否达到规范的要求。检测报告的审批程序签字是否完整。在每个报告上标注审查同意。每个检测项目都通过审查,即可在施工单位检查评定栏内打"√"标注检查合格。由项目经理送监理单位或建设单位验收,监理单位总监理工程师或建设单位项目专业负责人组织审查,在符合要求后,在验收意见栏内签注"同意验收"意见。

(4)观感质量验收。观感质量验收由施工单位项目经理组织进行现场检查,经检查合格后,将施工单位填写的内容填写好后,由项目经理签字后交监理单位或建设单位验收。监理单位由总监理工程师或建设单位项目专业负责人组织验收,在听取参加检查人员意见的基础上,以总监理工程师或建设单位项目专业负责人为主导共同确定质量评价。由施工单位的项目经理和总监理工程师或建设单位项目专业负责人共同签认。观感质量验收检查往往难以定量,只能以观察、触摸或简单量测的方式进行,并由各个人的主观印象判断,检查结果并不给出"合格"或"不合格"的结论,而是综合给出质量评价。如评价观感质量差的项目,能修理的尽量修理,如果的确难修理时,只要不影响结构安全和使用功能的,可采用协商解决的方法进行验收,并在验收表上注明,然后将验收评价结论填写在分部(子分部)工程观感质量验收意见栏格内。

3）验收单位签字认可

按表列参与工程建设责任单位的有关人员应亲自签名,以示负责,以便追查质量责任。勘察单位可只签认地基基础分部(子分部)工程,由项目负责人亲自签认;设计单位可只签地基基础、主体结构及重要安装分部(子分部)工程,由项目负责人亲自签认;施工单位总承包单位必须签认,由项目经理亲自签认,有分包工程的分包单位也必须签认其分包的分部(子分部)工程,由分包项目经理亲自签认。监理单位作为验收方,由总监理工程师亲自签认验收。如果按规定不委托监理单位的工程,可由建设单位项目专业负责人亲自签认验收。

4.单位(子单位)工程竣工验收资料

单位工程完工,施工单位组织自检合格后,报请监理单位进行工程验收,建设单位组织设计单位、监理单位、施工单位等进行工程质量竣工验收并填报《单位(子单位)工程质量竣工验收记录》。单位(子单位)工程验收记录由参加验收单位盖公章,并由负责人签字。单位(子单位)工程验收由五部分组成,每一项内容都有自己的专门验收记录表,而单位(子单位)工程质量竣工验收记录表是一个综合性的表,是各项目验收合格后填写的。

1)表名及表头的填写

(1)将单位工程或子单位工程的名称(项目批准的工程名称)填写在表名的前边,并子单位(单位)工程的名称划掉。

(2)表头部分,按分部(子分部)表的表头要求填写。

2)验收内容

(1)分部工程。首先由施工单位的项目经理组织有关人员逐个分部(子分部)进行检查评定。所含分部(子分部)工程检查合格后,由项目经理提交验收。经验收组成员验收后,由施工单位填写"验收记录"栏。注明共验收几个分部,经验收符合标准及设计要求的几个分部。审查验收的分部工程全部符合要求,由监理单位在验收结论栏内,写上"同意验收"的结论。

(2)质量控制资料核查。这项内容有专门的验收表格,也是先由施工单位检查合格,再提交监理单位验收,其全部内容在分部(子分部)工程中已经审查。通常单位(子单位)工程质量控制资料核查,也是按分部(子分部)工程逐项进行的,一个分部工程只有一个子分部工程时,子分部工程就是分部工程;有多个子分部工程时,可逐个进行核查,也可按分部工程核查。每个子分部、分部工程核查后,也不必再整理分部工程的质量控制资料,只将其依次装订起来。前边的封面写上分部工程的名称,并将所含子分部工程的名称依次填写在下边就了了。然后将各子分部工程审查的资料逐项进行统计,填入验收记录栏内。通常共有多少项资料,经审查也都应符合要求。如果出现有核定的项目时,应查明情况,只要是协商验收的内容,填在验收结论栏内,通常严禁验收的事件,不会留在单位工程来处理。这项也是先施工单位自行检查评定合格后,提交验收,由总监理工程师或建设单位项目负责人组织审查符合要求后,在验收记录格内填写。在验收结论内,写上"同意验收"的意见。同时,在单位(子单位)工程质量竣工验收记录表中的序号2栏内的验收结论内填"同意验收"。

(3)安全和主要使用功能核查及抽查结果。这项内容有专门的验收表格。这个项目包括两个方面的内容:①在分部(子分部)进行了安全和功能检测的项目,要核查其检测报告结论是否符合设计要求;②在单位工程进行的安全和功能检测项目,要核查其项目是否与设计内容一致,抽测的程序、方法是否符合有关规定,抽测报告的结论是否达到设计要求及规范规定。这个项目也是由施工单位检查评定合格,再提交验收,由总监理工程师或建设单位项目负责人组织审查,程序内容基本是一致的。按项目逐个进行核查验收。然后统计核查的项数和抽查的项数,填入验收记录栏,并分别统计符合要求的项数,也分别填入验收记录栏相应的空当内。通常两个项数是一致的,如果个别项目的抽测结果达不到设计要求,则可以进行返工处理达到符合要求。然后由总监理工程师或建设单位项目负责人在验收结论栏内填写"同意验收"的结论。如果返工处理后仍达不到设计要求,就要按不合格处理程序进行处理。

(4)观感质量验收。先由施工单位检查评定合格,提交验收。由总监理工程师或建设单位项目负责人组织审查,程序和内容基本是一致的。按核查的项目数及符合要求的填写在验收记录栏内,如果没有影响结构安全和使用功能的项目,由总监理工程师或建设单位项目负责人的意见为主导意见,评价好、一般、差,则不论评价为好、一般、差的项目,都可作为符合要求的项目。由总监理工程师或建设单位项目负责人在验收结论栏内填写"同意验收"的结论。如果有不符合要求的项目,就按不合格处理程序进行处理。

(5)综合验收结论。施工单位应在工程完工后,由项目经理组织有关人员对验收内容逐项进行查对,并填写表格中应填写的内容,自检评定符合要求后,在验收记录栏内填写各有关项数,交建设单位组织验收。综合验收是指在前五项内容均符合要求后进行的验收,即按单位(子单位)工程质量竣工验收记录表进行验收。验收时,在建设单位组织下,由建设单位相关专业人员及监理单位专业监理工程师和设计单位、施工单位相关人员分别核查验收有关项目,并由总监理工程师组织进行现场观感质量检查。经各项目审查符合要求时,由监理单位或建设单位在"验收结论"栏内填写"同意验收"的意见。各栏均同意验收且经各参加检验方共同同意商定后,建设单位填写"综合验收结论",可填写为"通过验收"。

3)参加验收单位签名

勘察单位、设计单位、施工单位、监理单位、建设单位都同意验收时,各单位的单位项目负责人要亲自签字,以示对工程质量负责,并加盖单位公章,注明签字验收的日期。

5. 单位(子单位)工程观感质量检查记录

进行单位(子单位)工程质量竣工验收时,施工单位还应填报《单位(子单位)工程观感质量检查记录》。单位(子单位)工程观感质量检查验收项目比较多,是一个综合性验收。实际是复查一下各分部(子分部)工程验收后,到单位工程竣工时的质量变化、成品保护以及分部(子分部)工程验收时,还没有形成部分的观感质量等。

1)检查或核查人员组成

由于观感评分受评定人的技术水平、经验等的主观影响,所以应由 3 人以上共同评定(可采用各自打分后取平均值的方法)。施工单位先内部检查,由建设单位、监理单位进行核查。

2)检查数量

室外和屋面全数检查(分为若干个检查处);室内按有代表性的自然间抽查 10%,应包括附属房间及厅道等。

3)评分标准

分三级评分,其得分率为:一级 85% ~ 100%,二级 70% ~ 85%,三级 70% 以下。其中,一级要求所检查项目符合设计和验收标准规定,外观整齐美观,色泽均匀一致,线条平直,棱角分明,尺寸、位置正确,表面平直光滑、整洁,图案清晰悦目,质地密实坚固,工艺做法规范,无缺陷;二级要求所检查项目符合设计和验收标准规定,色泽基本均匀一致,表面基本平直光滑,工艺做法规范,无明显缺陷,个别地方有瑕疵;三级要求所检查项目基本符合设计和验收标准规定,个别点处有不符合标准规定的要求(对有不符合设计和规范标准要求的,如明显影响外观或使用要求、结构安全的应进行返工处理或整修,如不影响使用和结构要求应相互协商,可斟情处理)。

观感质量综合评价:①综合得分大于等于85%,且每一检查项目是二级及以上为"好";②综合得分小于85%,大于等于70%为"一般";③低于70%为"差"。

在单位工程观感质量检查记录表中检查情况栏内填定该检查项目评分等级,在评分栏内根据所评等级和相应的得分率填写相应的得分值,检查项目数根据单位工程结构具体情况而定。在合计内的应得分为本单位工程实际检查项目的标准分总和,实得分为经观感评分后各项得分总和。在核查意见栏内根据单位工程综合得分率填写"好"、"一般"、"差"。在核查结论内填写"符合要求"或"不符合要求"。

(六)工程安全和功能检验资料

对涉及结构安全和使用功能的重要分部工程应进行抽样检测。

1.屋面淋水(蓄水)试验记录

屋面工程完工后,应对细部构造(屋面天沟、檐沟、檐口、泛水、水落口、变形缝、伸出屋面管道等)、接缝处和保护层进行雨期观察或淋水、蓄水检查。淋水试验持续时间不得少于2 h,蓄水检查的蓄水时间不得少于24 h。屋面淋水(蓄水)试验采用旁站监理,屋面淋水(蓄水)试验记录由项目专业质检员及监理工程师签证认可。

2.地下室防水效果检查记录

地下防水工程质量验收时,施工单位必须提供地下工程"背水内表面的结构工程展开图"。在"背水内表面的结构工程展开图"上必须详细标明以下内容:①在工程自检时发现的裂缝,并标明位置、宽度、长度和渗漏水现象;②经修补、堵漏的渗漏部位;③防水等级标准容许的渗漏现象位置。房屋建筑地下室只调查围护结构内墙和底板。全埋设于地下的结构(地下商场、地铁车站、地下车库等),除调查围护结构内墙和底板外,也应重点调查背水的顶板。地下防水工程验收时,经检查、核对标示好的"背水内表面的结构工程展开图"、地下室防水效果检查记录等资料必须纳入竣工验收档案中去。

地下工程防水等级划分标准与屋面工程不同,是按不同工程类别的使用要求及其结构表面是否存在湿渍、漏水点为依据,划分为四个防水等级。这四个防水等级中,除一级外,其他三个等级都给出了渗漏水定量指标。对定量指标,不仅限定了整个工程的总湿渍面积,还规定了允许工程任一局部的湿渍面积漏水点与渗漏水量值。

3.有防水要求的地面蓄水试验记录

凡有防水要求的房间应有防水层及装修后的蓄水检查记录。检查内容包括蓄水方式、蓄水时间、蓄水深度、水落口及边缘的封堵情况和有无渗漏现象等。对厨房、卫生间楼面和墙面,设计图纸有注明需要做防水处理的,必须按照设计图纸和施工验收规范进行施工。蓄水试验验收时应填写《厨、厕间蓄水试验记录》,其蓄水时间不应少于24 h,整个蓄水试验过程均应有建设(监理)方参与并签字盖章。

4. 建筑物垂直度、标高测量记录

建筑物垂直度是直接反映施工质量的最重要的因素之一，特别是在中高层建筑的施工中。在结构工程完成和工程竣工时，施工单位应对建筑物垂直度和标高进行实测并记录，填写《建筑物垂直度、标高测量记录》，报监理单位审核。超过允许偏差且影响结构性能的部位，应由施工单位提出技术处理方案，并经建设、监理单位认可后进行处理。

5. 抽气（风）道检查记录

建筑通风（烟道）应全数做通（抽）风和漏风、串风检查，并做检查记录。

6. 沉降观测记录

不同的地区由于地基条件的不同，对建筑物沉降的要求也不尽相同，沉降观测对建筑物的层数、高度等均有要求。需要进行沉降观测的建筑物，设计院应在说明中进行明确要求，并且明确沉降观测点的布置要求。沉降观测由有资质的测量单位在工程施工中及竣工后进行。测量单位应按设计要求和规范规定，或监理单位批准的观测方案，设置沉降观测点，绘制沉降观测点布置图，定期进行沉降观测记录，并应附沉降观测点的沉降量与时间、荷载关系曲线图和沉降观测技术报告。

一般情况下，若属于下列建筑物，应在施工期间和使用期间进行沉降观测：

（1）地基基础设计等级为甲级的建筑物；

（2）复合地基或软弱地基上的设计等级为乙级的建筑物；

（3）加层扩建建筑物；

（4）受临近深基坑开挖施工影响或受场地地下水等环境因素变化影响的建筑物；

（5）需要积累建筑经验或进行设计反分析的工程；

（6）20 层以上或造型复杂的 14 层以上建筑物；

（7）大型和重要的建筑物、构筑物。

7. 节能、保温测试记录

建筑工程应按照建筑节能标准，对建筑物使用的材料、构配件、设备、采暖、通风空调、照明等涉及节能、保温的项目进行检测。节能、保温测试应委托有相应资质的检测单位进行，并出具检测报告。

8. 室内环境检测报告

依据现行《民用建筑工程室内环境污染控制规范》，民用建筑工程验收时，必须进行室内环境污染物浓度检测。应抽检有代表性的房间的室内环境污染物浓度，抽检数量不得少于 5%，且不得少于 3 间；房间总数少于 3 间时，应全数检测。民用建筑工程验收时，凡进行了样板间室内环境污染物浓度检测且检测结果合格的，抽检数量减半，并不得少于 3 间。

民用建筑工程验收时，室内环境污染物浓度检测点应按房间面积设置：

（1）房间使用面积小于 50 m^2 时，设 1 个检测点；

（2）房间使用面积 50 ~ 100 m^2 时，设 2 个检测点；

（3）房间使用面积大于 100 m^2 时，设 3 ~ 5 个检测点。

民用建筑工程室内环境中游离甲醛、苯、氨、TVOC 浓度检测时，对采用集中空调的民用建筑工程，检测应在空调正常运行的条件下进行；对采用自然通风的民用建筑工程，检测应在对外门窗关闭 1 h 后进行。

民用建筑工程室内环境中氡浓度检测时，对采用集中空调的民用建筑工程，检测应在空调正常运行的条件下进行;对采用自然通风的民用建筑工程,检测应在对外门窗关闭 24 h 后进行。

室内环境质量验收不合格的民用建筑工程,严禁投入使用。

(七)隐蔽工程检查验收记录

隐蔽工程是指地基、电气管线、供水供热管线等需要覆盖、掩盖的工程。如果隐蔽工程在隐蔽后发生质量问题,必须重新覆盖和掩盖,必然会造成返工等非常大的损失。为了避免资源的浪费和当事人双方的损失,保证工程的质量和工程顺利完成,在隐蔽工程隐蔽之前,施工单位应先进行自检,自检合格后,通知建设(监理)单位检查,通知包括承包人的自检记录、隐蔽的内容、检查时间和地点等。建设(监理)单位接到通知后,派驻工地监理工程师或工程师代表对隐蔽工程的条件进行检查并参加隐蔽工程的作业。检查合格后,方可进行隐蔽工程。当隐蔽工程施工完毕,填写《隐蔽工程检查验收记录》,监理工程师签署审核意见并下审核结论,参加隐蔽工程检查的项目负责人、质量检查员、施工员签字确认。凡未经过隐蔽工程检查验收或验收不合格的工程,不得进行下一道工序的施工。

《隐蔽工程检查验收记录》是保证工程质量和安全的重要控制性检查记录。对隐蔽工程进行检查验收,并通过表格的形式将工程隐蔽检查项目的质量情况、隐蔽检查内容、检查意见、复查结论记录下来,可以作为以后各项建筑工程的合理使用、维护、改造、扩建的重要技术资料。《隐蔽工程检查验收记录》应分专业、分系统(机电工程)、分区段、分部位、分层进行。《隐蔽工程检查验收记录》为通用施工记录,适用于各专业。

填写《隐蔽工程检查验收记录》应注意:

(1)工程名称、隐检项目、隐检部位及日期必须填写准确。

(2)隐检依据、主要材料名称及规格型号应准确,尤其对设计变更、洽商等容易遗漏的资料应填写完全。

(3)隐检内容应填写规范,必须符合各种规程、规范的要求。

(4)签字应完整,严禁他人代签。

(5)审核意见应明确,将隐检内容是否符合要求表述清楚。

(6)复查结论主要是针对上一次隐检出现的问题进行复查,因此要对质量问题整改的结果描述清楚。

1.施工中主要的隐蔽工程检查验收项目和内容

1)地基基础工程与主体结构工程

(1)土方工程。基槽、房心回填前检查基底清理、基底标高情况等。

(2)支护工程。检查锚杆、土钉的品种、规格、数量、位置、插入长度、钻孔直径、深度和角度等。检查地下连续墙的成槽宽度、深度、垂直度,钢筋笼规格、位置,槽底清理、沉渣厚度等。

(3)桩基工程。检查钢筋笼规格、尺寸、沉渣厚度、清孔情况等。

(4)地下防水工程。检查混凝土变形缝、施工缝、后浇带及穿墙套管、埋设件等设置的形式和构造,人防出口止水做法。防水层基层、防水材料规格、厚度、铺设方式及阴阳角处理、搭接密封处理等。

(5)钢筋工程。检查用于绑扎的钢筋品种、规格、数量、位置,锚固和接头位置,搭接长度,保护层厚度,除锈、除污情况,钢筋代用变更及胡子筋处理等;检查钢筋连接型式、连接种类、接头位置、数量及焊条、焊剂、焊口形式、焊缝长度、厚度及表面清渣和连接质量等。

(6)预应力工程。检查预留孔道的规格、数量、位置、形状,端部预埋垫板,预应力筋下料长度、切断方法、竖向位置偏差、固定、护套的完整性,锚具、夹具、连接点组装等。

(7)钢结构工程。检查地脚螺栓规格、数量、位置、埋设方法、紧固等。

(8)外墙内、外保温构造节点做法。

2)建筑装饰装修工程隐检

(1)楼地面工程。检查各基层(垫层、找平层、隔离层、防水层、填充层、地龙骨)材料品种、规格,铺设厚度、方式,坡度、标高、表面情况、密封处理、黏结情况等。

(2)屋面工程。检查基层、找平层、保温层、防水层、隔离层材料的品种、规格,铺设厚度、铺贴方式,搭接宽度、接缝处理、黏结情况,附加层、天沟、檐沟、泛水和变形缝细部做法,隔离层设置,密封处理部位等。

(3)抹灰工程。具有加强措施的抹灰应检查其加强构造的材料规格、铺设、固定、搭接等。

(4)门窗工程。检查预埋件和锚固件、螺栓等的规格、数量、位置、间距、埋设方式、与框的连接方式、防腐处理,缝隙的嵌填、密封材料的黏结等。

(5)吊顶工程。检查吊顶龙骨及吊件材质、规格、间距、连接方式、固定方法,表面防火、防腐处理,外观情况、接缝和边缝情况,填充和吸声材料的品种、规格、铺设、固定情况等。

(6)轻质隔墙工程。检查预埋件、连接件、拉结筋的规格、位置、数量、连接方式,与周边墙体及顶棚的连接、龙骨连接、间距,防火、防腐处理,填充材料设置等。

(7)饰面板(砖)工程。检查预埋件、后置埋件、连接件规格、数量、位置、连接方式、防腐处理等。有防水构造的部位应检查找平层、防水层的构造做法,同地面工程检查。

(8)幕墙工程。检查构件之间以及构件与主体结构的连接节点的安装及防腐处理,幕墙四周、幕墙与主体结构之间间隙节点的处理、封口的安装,幕墙伸缩缝、沉降缝、防震缝及墙面转角节点的安装,幕墙防雷接地节点的安装等。

(9)细部工程。检查预埋件、后置埋件和连接件的规格、数量、位置、连接方式、防腐处理等。

2. 部分隐蔽工程隐蔽检查内容

1)基坑验槽

基坑验槽检查内容包括:

(1)基坑内地下水、地表水情况及其处理;

(2)基坑开挖尺寸(长度,上、下口宽度,深度);

(3)遇坑、井、电缆、管道、障碍物等的数量、位置、清除情况;

(4)遇流沙、杂填土等不良地基情况、换土情况;

(5)护坡方法、材料,检查情况。

2)钢筋工程

钢筋工程检查内容包括:

(1)施工图号、设计变更单编号;

(2)钢筋直径、根数,钢号、间距、保护层,拉结筋、斜向加强筋、门框受力筋、穿梁筋、钢筋代换等。

3）混凝土工程

混凝土工程检查内容包括：

（1）混凝土设计强度等级、浇筑方法；

（2）几何尺寸，外防水做法；

（3）抗压、抗渗试验报告单编号。

（八）地基基础、主体结构检验及抽样检测资料

地基基础、主体结构施工完成后，应进行结构验收，未经结构验收合格的工程，不得转入主体结构施工。

1. 地基基础检验

地基基础的检验与检测工作，主要包括天然地基开挖后基槽（坑）的检验与检测、桩基工程的检验、地基改良与加固效果的检验与检测、基坑支护工程检验与检测、地基基础沉降检测等内容。地基基础结构检验应由项目技术负责人主持，项目经理、施工员、质检员、质量部门负责人参加并邀请建设、监理、设计、勘察、监督等部门一起进行验收，当场做好签字手续并及时盖公章。同时，对涉及混凝土结构安全的重要部位应进行结构实体检验。

基槽（坑）开挖后，应进行基槽检验。基槽检验可用触探或其他方法，当发现与勘察报告和设计文件不一致，或遇到异常情况时，应结合地质条件提出处理意见。

对预制打入桩、静力压桩，应提供经确认的施工过程有关参数。施工完成后，尚应进行桩顶标高、桩位偏差等检验。对混凝土灌注桩，应提供经确认的施工过程有关参数，包括原材料的力学性能检验报告、试件留置数量及制作养护方法、混凝土抗压强度试验报告、钢筋笼制作质量检查报告。施工完成后尚应进行桩顶标高、桩位偏差等检验。人工挖孔桩终孔时，应进行桩端持力层检验。单柱单桩的大直径嵌岩桩，应视岩性检验桩底下 $3D$（D 为直径）或 5 m 深度范围内有无空洞、破碎带、软弱夹层等不良地质条件。施工完成后的工程桩应进行桩身质量检验，直径大于 800 mm 的混凝土嵌岩桩应采用钻孔抽芯法或声波透射法检测，检测桩数不得少于总桩数的 10%，且每根柱下承台的抽检桩数不得少于 1 根。直径小于和等于 800 mm 的桩及直径大于 800 mm 的非嵌岩桩，可根据直径和桩长的大小，结合桩的类型和实际需要采用钻孔抽芯法或声波透射法或可靠的动测法进行检测，检测桩数不得少于总桩数的 10%。施工完成后的工程桩还应进行竖向承载力检验。竖向承载力检验的方法和数量可根据地基基础设计等级及现场条件，结合当地可靠的经验和技术确定。复杂地质条件下的工程桩竖向承载力的检验宜采用静载荷试验，检验桩数不得少于同条件下总桩数的 1%，且不得少于 3 根。大直径嵌岩桩的承载力可根据终孔时桩端持力层岩性报告结合桩身质量检验报告核验。

复合地基除应进行静载荷试验外，尚应进行竖向增强体及周边土的质量检验。

支护结构施工及使用的原材料及半成品应遵照有关施工验收标准进行检验。对基坑侧壁安全等级为一级或对构件质量有怀疑的安全等级为二级和三级的支护结构应进行质量检测。检测工作结束后，应提交包括下列内容的质量检测报告：①检测点分布图；②检测方法与仪器设备、型号；③资料整理及分析方法；④结论及处理意见。

2. 结构实体检验

对结构实体检验是在相应分项工程验收合格、过程控制使质量得到保证的基础上，对重要项目进行的验证性检查。其目的是加强混凝土结构的施工质量验收，真实地反映混凝土强度及受力钢筋位置等质量指标,确保结构安全。

对涉及混凝土结构安全的重要部位应进行结构实体检验。结构实体检验应在监理工程师(建设单位项目专业负责人)见证下,由施工项目技术负责人组织实施,承担结构实体检验的试压室应具有相应的资质。结构实体检验的内容应包括混凝土强度、钢筋保护层厚度以及工程合同约定的项目,必要时可检验其他项目。

混凝土结构的安全很大程度上取决于关键部位混凝土和钢筋的施工质量。由于通过各分项工程验收,对结构施工质量有较好的控制,故实体检验的数量应加以控制,不能过多。抽样检验的具体部位则应由监理(建设)单位与施工单位共同协商,按以下原则确定:

(1)在承载传力中起关键抗力作用的构件或部位;

(2)一旦失效会引起严重后果的结构构件或部位;

(3)有代表性的结构构件或部位;

(4)施工控制较差,可能有安全隐患的构件或部位;

(5)现行检测手段可以实现,并便于操作的构件或部位。

1)混凝土强度的检验

对混凝土强度的检验,应以在混凝土浇筑地点制备并与结构实体同条件养护的试块强度为依据(或采用非破损、局部破损的检测方法)。

与结构实体混凝土组成成分、养护条件相同的同条件养护试件,其强度可作为检验结构实体混凝土强度的依据。对混凝土强度的结构实体检验的依据如下:

(1)对混凝土强度的检验,一般情况下应以在混凝土浇筑地点制备并与结构实体同条件养护的试件强度为依据。

(2)对混凝土强度的检验,当有合同约定时,应按合同约定,采用非破损或局部破损的检测方法,按国家现行有关标准的规定进行。

同条件养护试件的留置方式和取样数量,应符合下列要求:

(1)同条件养护试件所对应的结构构件或结构部位,应由监理(建设)、施工等各方共同选定;

(2)对混凝土结构工程中的各混凝土强度等级,均应留置同条件养护试件;

(3)同一强度等级的同条件养护试件,其留置的数量应根据混凝土工程量和重要性确定,不宜少于 10 组,且不应少于 3 组;

(4)同条件养护试件拆模后,应放置在靠近相应结构构件或结构部位的适当位置,并应采取相同的养护方法。

结构实体检验用混凝土同条件养护试件的等效养护龄期的确定,应符合下列要求:

(1)同条件养护试件应在达到等效养护龄期时进行强度试验。等效养护龄期应根据同条件养护试件强度与在标准养护条件下 28 d 龄期试件强度相等的原则确定。

(2)同条件自然养护试件的等效养护龄期及相应的试件强度代表值,宜根据当地的气温和养护条件,按下列规定确定:①等效养护龄期可取按日平均温度逐日累计达到 600 ℃ 时所对应的龄期,0 ℃ 及以下的龄期不计入;等效养护龄期不应小于 14 d,也不宜大于 60 d。②同条件养护试件的强度代表值应根据强度试验结果按现行国家标准《混凝土强度检验评定标准》的规定确定后,乘折算系数取用;折算系数宜取为 1.10,也可根据当地的试验统计结果作适当调整。

（3）冬季施工、人工加热养护的结构构件，其同条件养护试件的等效养护龄期可按结构的实际养护条件，由监理、建设、施工等各方根据规定共同确定。

2）钢筋保护层厚度的检验

钢筋保护层厚度的检验可采用非破损或局部破损方法，也可采用非破损方法并用局部破损方法进行校准（抽查部位重点放在悬挑构件的上部主筋保护层厚度）。当需要提前插入装修，应经建设（监理）单位同意，并分阶段进行验收。

对钢筋保护层厚度的检验，其结构部位和构件数量应符合下列要求：

（1）钢筋保护层厚度检验的结构部位，应由监理（建设）、施工等各方根据结构构件的重要性共同选定。

（2）对梁类、板类构件，应各抽取构件数量的 2% 且不少于 5 个构件进行检验；当有悬梁构件时，抽取的构件中悬挑梁类、板类构件所占比例均不宜小于 50%。

（3）对选定的梁类构件，应对全部纵向受力钢筋的保护层厚度进行检验；对选定的板类构件，应抽取不少于 6 根纵向受力钢筋的保护层厚度进行检验。对每根钢筋，应在有代表性的部位测量 1 点。

对结构实体钢筋保护层厚度的检验，其检验范围主要是钢筋位置可能显著影响结构构件承载能力和耐久性的构件和部位，如梁、板类构件的纵向受力钢筋。由于悬臂构件上部受力钢筋移位可能严重削弱结构构件的承载力，故更应重视对悬臂构件受力钢筋保护层厚度的检验。

钢筋保护层厚度检验时，纵向受力钢筋保护层厚度的允许偏差，对梁类构件为 +10 mm，-7 mm；对板类构件为 +8 mm，-5 mm。

结构实体钢筋保护层厚度验收合格应符合下列规定：

（1）当全部钢筋保护层厚度检验的合格点率为 90% 及以上时，钢筋保护层厚度的检验结果应判为合格。

（2）当全部钢筋保护层厚度检验的合格点率小于 90% 但不小于 80%，可再抽取相同数量的构件进行检验；当按两次抽样总和计算的合格点率为 90% 及以上时，钢筋保护层厚度的检验结果仍应判为合格。

（3）在每次抽样检验结果中，不合格点的最大偏差均不应大于允许偏差的 1.5 倍。

（九）质量事故报告及处理记录

由于工程质量不合格或质量缺陷，而引发或造成一定的经济损失、工期延误或危及人的生命安全和社会正常秩序的事件，称为工程质量事故。

工程质量事故通常按造成损失的严重程度进行分类，其基本分类如下：

（1）一般质量事故：凡具备下列条件之一者为一般质量事故：①直接经济损失在 5 000 元（含 5 000 元）以上，不满 50 000 元的；②影响使用功能或工程结构安全，造成永久质量缺陷的。

（2）严重质量事故：凡具备下列条件之一者为严重事故：①直接经济损失在 50 000 元（含 50 000 元）以上，不满 10 万元的；②严重影响使用功能或工程结构安全，存在重大质量隐患的；③事故性质恶劣或造成 2 人以下重伤的。

（3）重大质量事故：凡具备以下条件之一者为重大质量事故：①工程倒塌或报废；②由

于质量事故,造成人员伤亡或重伤 3 人以上;③直接经济损失 10 万元以上。

建设工程重大质量事故分为以下四级:①凡造成死亡 30 人以上,或直接经济损失 300 万元以上为一级;②凡造成死亡 10 人以上 29 人以下,或直接经济损失 100 万元以上,不满 300 万元为二级;③凡造成死亡 3 人以上 9 人以下,或重伤 20 人以上,或直接经济损失 30 万元以上,不满 100 万元为三级;④凡造成死亡 2 人以上,或重伤 3 人以上,或直接经济损失 10 万元以上,不满 30 万元为四级。

(4)特别重大事故:凡具备国务院发布的《特别重大事故调查程序暂行规定》所列发生一次死亡 30 人及以上,或直接经济损失达 500 万元及以上,或其他性质特别严重,符合上述影响三个之一均属特别重大事故。

1. 工程质量事故报告

质量事故发生后,施工单位应对发生的质量事故进行周密的调查、研究掌握情况,并在此基础上写出《工程质量事故报告》,提交监理工程师和业主。对于重大质量事故,还应及时向上一级主管部门报告。在调查报告中,应就与质量事故有关的实际情况做详尽的说明,其内容应包括:

(1)工程质量事故发生的时间、地点。

(2)工程质量事故状况的描述。

(3)工程质量事故发展变化的情况。

(4)有关工程质量事故的观测记录、事故现场状态的照片或录像。

2. 建设工程质量事故调(勘)查记录

当工程发生质量事故后,调查人员对工程质量事故进行初步调查了解和现场勘察形成《建设工程质量事故调(勘)查记录》。

1)填表说明

(1)发生事故时间。应记载年、月、日、时、分。

(2)估计造成损失。指因工程质量事故导致的返工、加固等费用,包括人工费、材料费和管理费。

(3)事故情况。包括倒塌情况(整体倒塌或局部倒塌的部位)、损失情况(伤亡人数、损失程度、倒塌面积等)。

(4)事故原因。包括设计原因(计算错误、构造不合理等)、施工原因(施工粗制滥造,材料、构配件或设备质量低劣等)、设计与施工的共同问题、不可抗力等。

(5)处理意见,包括现场处理情况、设计和施工的技术措施、主要责任者及处理结果。

2)注意事项

(1)填写时,应注明工程名称,调查时间、地点,参加人员及所属单位、联系方式等。

(2)"调(勘)查笔录"栏应填写工程质量事故发生时间、具体部位、原因等,并初步估计造成的损失。

(3)应采用影像的形式真实记录现场情况,作为分析事故的依据。

(4)应本着实事求是的原则填写,严禁弄虚作假。

(5)《建设工程质量事故调(勘)查记录》由调查人填写,各有关单位保存。

3. 工程质量事故处理报告

施工单位按照事故处理意见对工程进行处理,施工完工自检后报监理单位验收。监理单位组织有关各方进行检查验收,必要时应进行处理结果鉴定,并要求事故单位整理编写《质量事故处理报告》,并审核签认,将有关技术资料归档。

《质量事故处理报告》的主要内容:

（1）工程质量事故情况、调查情况、原因分析。

（2）质量事故处理的依据。

（3）质量事故技术处理方案。

（4）实施技术处理施工中有关问题和资料。

（5）对处理结果的检查鉴定和验收。

（6）质量事故处理结论。

三、建筑装饰装修工程

建筑装饰装修工程的内容包括地面工程、抹灰工程、门窗工程、吊顶工程、涂饰工程、裱糊工程、饰面安装工程、幕墙工程及细部工程等。本节重点介绍地面工程、抹灰工程、门窗工程、涂饰工程。

装饰装修工程施工的任务是通过各种工艺措施来保证建筑装饰能满足使用功能的要求,在质感、线型、色彩等装饰效果方面能符合设计处理意图。

（1）建筑装饰装修工程所用材料的品种、规格和质量应符合设计要求和国家现行标准的规定。当设计无要求时,应符合国家现行标准的规定。严禁使用国家明令淘汰的材料。

（2）建筑装饰装修工程所用材料的燃烧性能应符合现行国家标准《建筑内部装修设计防火规范》、《建筑设计防火规范》和《高层民用建筑设计防火规范》的规定。

（3）建筑装饰装修工程所用材料应符合国家有关建筑装饰装修材料有害物质限量标准的规定。

（4）所有材料进场时,应对品种、规格、外观和尺寸进行验收,材料包装应完好,应有产品合格证书、中文说明书及相关性能的检测报告;进口产品应按规定进行商品检验。

（5）进场后需要进行复验的材料种类及项目应符合本规范的规定。同一厂家生产的同一品种、同一类型的进场材料应至少抽取一组样品进行复验,当合同另有约定时,应按合同执行。

（6）当国家规定或合同约定应对材料进行见证检测时,或对材料的质量发生争议时,应进行见证检测。

（7）建筑装饰装修工程所使用的材料在运输、储存和施工过程中,必须采取有效措施防止损坏、变质和污染环境。

（8）建筑装饰装修工程所使用的材料应按设计要求进行防火、防腐和防虫处理。

（9）现场配制的材料如砂浆、胶粘剂等,应按设计要求或产品说明书配制。

（一）抹灰工程

抹灰工程包括一般抹灰、装饰抹灰和清水墙勾缝等分项。一般抹灰按建筑物的标准可分为普通抹灰、高级抹灰两种。本节主要介绍一般抹灰的施工基础知识。

1. 抹灰工程的一般规定

(1)抹灰工程所用的材料必须有产品合格证书、复检报告,应对水泥的凝结时间和安定性进行复验。

(2)抹灰砂子应采用中砂。

(3)抹灰用的石灰膏的熟化期不应少于 15 d,罩面用的磨细石灰粉的熟化期不应少于 3 d。

(4)抹灰工程应对下列隐蔽工程项目进行验收:

①抹灰总厚度大于或等于 35 mm 时的加强措施。

②不同材料基体交接处的加强措施。

(5)外墙抹灰工程施工前,应先安装钢木门窗框、护栏等,应将墙上的施工孔洞堵塞密实。

(6)室内墙面、柱面和门洞口的阳角做法应符合设计要求。设计无要求时,应采用 1:2 水泥砂浆做暗护角,其高度不应低于 2 m,每侧宽度不应小于 50 mm。

(7)当要求抹灰层具有防水、防潮功能时,应采用防水砂浆。

(8)各种砂浆抹灰层,在凝结前应防止快干、水冲、撞击、振动和受冻,在凝结后应采取措施防止玷污和损坏。水泥砂浆抹灰层应在湿润条件下养护。

(9)外墙和顶棚的抹灰层与基层之间及各抹灰层之间必须黏结牢固。

(10)一般抹灰工程分为普通抹灰和高级抹灰,当设计无要求时,按普通抹灰验收。

2. 一般抹灰工程的质量要求

(1)抹灰前基层表面的尘土、污垢、油渍等应清除干净,并应洒水润湿。

(2)一般抹灰所用材料的品种和性能应符合设计要求。水泥的凝结时间和安定性复验应合格。砂浆的配合比应符合设计要求。

(3)抹灰工程应分层进行。当抹灰总厚度大于或等于 35 mm 时,应采取加强措施。不同材料基体交接处表面的抹灰,应采取防止开裂的加强措施,当采用加强网时,加强网与各基体的搭接宽度不应小于 100 mm。

(4)抹灰层与基层之间及各抹灰层之间必须黏结牢固,抹灰层应无脱层、空鼓,面层应无爆灰和裂缝。

(5)一般抹灰工程的表面质量应符合下列规定:

①普通抹灰表面应光滑、洁净,接槎平整,分格缝应清晰。

②高级抹灰表面应光滑、洁净,颜色均匀、无抹纹,分格缝和灰线应清晰美观。

③护角、孔洞、槽、盒周围的抹灰表面应整齐、光滑;管道后面的抹灰表面应平整。

④灰层的总厚度应符合设计要求,水泥砂浆不得抹在石灰砂浆层上,罩面石膏灰不得抹在水泥砂浆层上。

⑤抹灰分格缝的设置应符合设计要求,宽度和深度应均匀、表面应光滑、棱角应整齐。

⑥有排水要求的部位应做滴水线(槽)。滴水线(槽)应整齐顺直,滴水线应内高外低,滴水槽的宽度和深度均不应小于 10 mm。

⑦护角和门窗框与墙体间缝隙的填塞,材料、高度符合施工规范规定;门窗框与墙体间缝隙填塞密实,表面平整。

(6)一般抹灰工程质量的允许偏差和检验方法应符合表 8-1 的规定。

表 8-1　一般抹灰工程质量的允许偏差和检验方法

项次	项目	允许偏差（mm）		检验方法
		普通抹灰	高级抹灰	
1	立面垂直度	4	3	用 2 m 垂直检测尺检查
2	表面平整度	4	3	用 2 m 靠尺和塞尺检查
3	阴阳角方正	4	3	用直角检测尺检查
4	分格条（缝）直线度	4	3	拉 5 m 线，不足 5 m 拉通线，用钢直尺检查
5	墙裙、勒脚上口直线度	4	3	拉 5 m 线，不足 5 m 拉通线，用钢直尺检查

注：1. 普通抹灰，本表第 3 项阴角方正可不检查；

2. 顶棚抹灰，本表第 2 项表面平整度可不检查，但应平顺。

3. 一般抹灰工程施工要点

1）墙面抹灰施工要点

（1）内墙抹灰工程应在房屋和室内暗管等完成以及墙身干透后进行，门窗洞口与立墙交接处及各种孔洞均应用 1∶3 水泥砂浆砌砖堵严。抹灰顺序应先室外后室内，先上面后下面，先地面后顶墙。

（2）抹灰基层应仔细清扫干净，并洒水湿润。基层为现浇混凝土板时，常夹有油毡、木丝，必须清理干净；当为预制混凝土板时，常有油腻，应用 10% 浓度的 NaOH 溶液清洗干净，隔离层应用钢丝刷刷一遍，再用水冲洗净。凹坑须用 1∶3 的水泥砂浆预先分层修补，凸出处要凿平。

（3）抹灰前，须用托线板检查墙面的平整度及垂直度，找好规矩，即四角规方，横线找平，立线吊直，并弹出准线和墙裙、踢脚板水平线。

（4）为保持抹灰面的垂直平整，内墙面应自四角起进行拉线、贴灰饼，每隔 1.2 ~ 1.5 m 抹一条宽 10 cm 左右的砂浆冲筋，定出抹灰层厚度，最薄处不应小于 7 mm。

（5）基层为混凝土时，抹灰前，用清水湿润并刷或刮素水泥浆一遍；采用水泥砂浆面层时，底子灰表面应扫毛或划出纹道，面层应注意接槎，压光不少于两遍，罩面后次日应洒水养护。

（6）抹纸筋灰面层，应在底子灰 5 ~ 6 成干时进行；底子灰如过分干燥，应先浇水湿润，罩面分两遍成活，由阴、阳角处开始薄刮一层，找平、赶光一层。

（7）室内墙面和门窗洞口侧壁的阳角，如设计对护角线无规定时，一般可用 1∶2 的水泥砂浆抹出护角，护角高度不低于 2 m，每侧宽度不小于 50 mm，并用捋角器捋出小圆角。

（8）墙面阳角抹灰时，应先将靠尺在墙角的一面用线锤找直，然后在墙的另一面用靠尺抹上砂浆，使墙面相交的阳角成一条直线。

（9）室内墙裙、踢脚板的抹灰，要比抹灰墙面凸出 5 ~ 6 mm，根据弹出的高度尺寸弹上线，将八字靠尺靠在线上，用铁抹子切齐，修边清理。

（10）外墙窗台、雨篷、阳台、压顶和突出腰线等，上面应做流水坡度，下面应做滴水线或滴水槽。滴水槽的深度和宽度不应小于 10 mm，并整齐一致。

2)顶棚抹灰施工要点

(1)钢筋混凝土板顶棚抹灰前应用清水湿润并刷素水泥浆一遍,或刷一遍界面剂。

(2)顶棚抹灰应根据墙四周弹出的水平线,以墙上水平线为依据,先抹顶棚四周,圈边找平;顶棚抹灰宜在灰线抹完后进行。

(3)抹板条顶棚、预制构件顶的底子灰时,要垂直板条并沿模板纹的方向抹;抹得要薄,并应将灰挤入板条、预制板缝隙中,待底子灰6~7成干时,再进行罩面,分三遍压实、压光。

(4)在抹大面积的板条顶棚时或顶棚的高级抹灰,应加钉长350~450 mm 的麻束,其间距为400 mm 并交错布置,分遍按放射状梳理抹进中层砂浆内。

(5)灰线抹灰应符合下列规定:

①抹灰线用的模子,其线型、楞角等应符合设计要求,并按墙面柱面找平后的水平线确定灰线位置。

②简单的灰线抹灰,应待墙面、柱面、顶棚中层砂浆抹完后进行;多线条的灰线抹灰,应在墙面柱面的中层砂浆抹完后、顶棚抹灰前进行。

③灰线抹灰应分遍成活,底层、中层砂浆中宜掺入少量麻刀。罩面灰应分遍连续涂抹,表面应赶平、修整、压光。

(6)顶棚表面应顺平,并压光、压实,不应有抹纹及气泡、接槎不平等现象。顶棚与墙面相交的阴角,应成一条直线。

(7)抹灰时,门窗应关闭,以免风干过快而造成抹灰层开裂。

4.冬季抹灰应注意的事项

(1)冬季抹灰应采取保温措施。涂抹时,砂浆的温度不能低于5 ℃。

(2)砂浆抹灰层在硬化初期不得受冻。气温低于5 ℃时,室外抹灰所用的砂浆可掺入能降低冻结温度的外加剂,其掺量需经试验确定。

(3)用冻结法砌筑的墙体,室外抹灰应待其解冻后方可施工,室内抹灰应待内墙面解冻深度不小于墙厚的一半时方可施工,但不得用热水冲刷冻结的墙面或用热水消除墙的冰霜。

(二)门窗工程

一般房屋建筑常用的门窗有木门窗、钢门窗、铝合金门窗和硬质 PVC 门窗等几种。根据开关方式不同,门有平开门、弹簧门、推拉门等;窗有平开窗、固定窗、推拉窗、上(中)悬窗等。

在房屋交付使用后,建筑物的门窗扇开关不灵活、关不上或关不平、门窗扇翘曲、插销插不进销孔眼等问题是常有的现象。这些问题产生的原因主要是在制作、安装门窗时未遵守施工验收和质量检验评定标准所致。因此,在施工过程中,从选材、制作到安装,必须严格按照设计图纸和施工验收规范的要求进行操作,以消除门窗工程的质量通病。

1.木门窗工程

1)木门窗制作质量要求及施工要点

(1)木门窗制作所用木材的树种、材质等级、含水率和防腐、防蛀、防火处理必须符合设计要求与施工规范的规定。木材含水率如设计无要求时,含水率应控制不大于12%。

(2)门窗框、扇的榫槽必须嵌缝严密,应以胶料胶结并用胶楔加紧。胶料品种应符合施工规范的规定。

(3)小短料胶合的门窗框、扇及胶合板(纤维板)门的面层必须胶结牢固。胶料品种符合施工规范的规定。

（4）木料死节和直径不大于 8 mm 的虫眼，用同一树种木塞加胶填补。清油制品的木塞色泽、木纹应与制品基本一致。

（5）门窗表面质量应平整光洁，无戗槎、刨痕、毛刺、锤印、缺棱和掉角。清油制品色泽、木纹与制品近似。

（6）门窗裁口、起线顺直，割角准确，交圈整齐，拼缝严密，无漏胶。

（7）门窗纱窗的压纱条平直，钉压牢固紧密，钉帽不突出，门窗纱绷紧。

（8）门窗制成后，应及时涂刷干性底油，并涂刷均匀。

（9）木门窗制作榫要饱满，眼要方正，半榫的长度可比半眼的深度短 2 mm。拉肩不得伤榫，割角要严密整齐。刨面不得有刨痕、戗槎及毛刺。遇有活节、油节，应进行挖补，挖补时要用同树种、同木色，不得用立木塞。

（10）门窗料有顺弯时，其弯度一般不应超过 4 mm，扭弯者一般不准使用。门窗框及厚度大于 50 mm 的门窗扇应采用双夹榫连接。榫眼厚度一般为料厚的 1/5 ~ 1/3。门窗棂子榫头厚度为料厚的 1/3，半榫眼深度一般不大于料宽度的 1/3，冒头拉肩应和榫吻合。

（11）门窗框宽超过 120 mm 时，背面应推凹槽，以防卷曲。开榫要注意与榫配合；榫肩要方正，无劈裂，边缘无较大的崩缺。

（12）打眼的凿刀应和眼的宽窄一致，凿出的眼，顺木纹两侧要直，不得错岔。拼装前，对部件应进行检查。要求部件方正、平直，线脚整齐分明，表面光滑，尺寸、规格、式样符合设计要求。

（13）制作胶合板门（包括纤维板门）时，边框和横楞必须在同一平面上，面层与边框及横楞应加压胶结，并应在上、下冒头各钻两个以上的透气孔，以防受潮脱胶或起鼓。

（14）拼装好的成品，应保持在干燥环境内。同时，用楞木四角垫起，离地 20 ~ 30 cm，水平放置，且其上应加以覆盖，以防受潮变形。

2）木门窗安装质量要求及施工要点

（1）门窗安装必须牢固，位置及固定点必须符合设计要求。

（2）门窗框与墙体之间填塞的保温材料应饱满、均匀。

（3）门窗扇安装应裁口顺直，刨面平整光滑，开关灵活、稳定，无回弹和倒翘。

（4）门窗小五金安装应位置适宜、槽深一致、边缘整齐、尺寸准确，小五金安装齐全、规格符合要求，木螺丝拧紧卧平，插销关启灵活。

（5）门窗披水、盖口条、压缝条、密封条的安装应尺寸一致、平直光滑，与门窗结合牢固严密、无缝隙。

（6）木门窗安装的留缝限制、允许偏差和检验方法应符合表 8-2 的规定。

表 8-2　木门窗安装的留缝限制、允许偏差和检验方法

项次	项目	留缝限值（mm）		允许偏差（mm）		检验方法
		普通	高级	普通	高级	
1	门窗槽口对角线长度差	—	—	3	2	用钢尺检查
2	门窗框的正、侧面垂直度	—	—	2	1	用 1 m 垂直检测尺检查
3	框与扇、扇与扇接缝高低差	—	—	2	1	用钢直尺和塞尺检查

项次	项目		留缝限值（mm）		允许偏差（mm）		检验方法
			普通	高级	普通	高级	
4	门窗扇对口缝		1～2.5	1.5～2	—	—	用塞尺检查
5	工业厂房双扇大门对口缝		2～5	—	—	—	
6	门窗扇与上框间留缝		1～2	1～1.5	—	—	
7	门窗扇与侧框间留缝		1～2.5	1～1.5	—	—	
8	窗扇与下框间留缝		2～3	2～2.5	—	—	
9	门扇与下框间留缝		3～5	3～4	—	—	
10	双层门窗内外框间距		—	—	4	3	用钢尺检查
11	无下框时，门扇与地面间留缝	外门	4～7	5～6	—	—	用塞尺检查
		内门	5～8	6～7	—	—	
		卫生间门	8～12	8～10	—	—	
		厂房大门	10～20	—	—	—	

注：本表由施工项目专业质量检查员填写，专业监理工程师（建设单位项目专业技术负责人）组织项目专业质量（技术）负责人等进行验收。

（7）木门窗框施工要点。

①立门窗框前，必须对成品加以检查，进行校正规方，钉好斜拉条（不得少于两根），无下坎的门框应加钉水平拉条，以防在运输中和安装时变形。

②立门窗框前，要看清门窗框在施工图上的位置、标高、型号；门窗框规格、门扇开启方向；门窗框是里平、外平，还是立在墙中等。

③立门窗框时，要注意拉通线。立框子时，要用线锤找直吊正，并在砌筑砖墙到 50～80 cm 高时，应对框子和两侧砖墙进行一次垂直和水平位置的校正，以防止倾斜或移位。

④后塞门窗框（后塞口）安装前要预先检查门窗洞的尺寸、垂直度及木砖（混凝土块）数量、位置，如有问题，应事先进行修理。门窗框与砖石砌体、混凝土或抹灰层接触部位以及木固定用木砖等均应进行防腐处理。

⑤门窗框应用不少于 10 cm 长的钉子固定在墙内预埋的木砖上，每边的固定点不少于两处，其间距不应大于 1.2 m。

⑥在预留门窗洞口的同时，应留出门窗框走头（门窗框上、下坎两端伸出外部分）的缺口，在门窗框调整就位后，再行封砌。当受条件限制不能留走头时，应采取可靠措施将门窗框固定在预埋墙内的木砖上。

⑦后塞门窗框安装时，须注意水平线要直，多层建筑的门窗在墙中的位置，应在一直线上。安装门窗框时，横竖均应拉通线。当门窗框的一面需镶贴面板，则门窗框应凸出墙面，凸出的厚度等于抹灰层的厚度。

⑧寒冷地区门窗框与外墙间的空隙,应填塞保温材料。

(8)木门窗扇安装施工要点。

①安装前,检查门窗扇的型号、规格、质量是否符合要求,如发现问题,应事先修好或更换。

②安装前,先量好门窗框的高低、宽窄尺寸,在相应的扇边画出高低、宽窄线,然后修刨,做到刨面平整、开启灵活、无倒翘。

③将扇装入框中试装合格后,按扇高的 1/8～1/10 在框上按铰链(合页)大小画线,剔除铰链槽,槽深一定要与铰链厚相适应,槽底要平,并要注意铰链安装的反与正。

(9)木门窗小五金安装施工要点。

①小五金安装应符合设计图要求,不得遗漏,一般门锁、碰珠、拉手等距地面高度以 95～100 cm 为宜。

②有木节处或已填补的木节处,均不得安装小五金。

③铰链距门窗上、下端宜取立梃高度的 1/10,并避开上、下冒头。门窗拉手应位于门窗高度中点以下,窗拉手距地以 1.5～1.6 m 为宜,门拉手距地面以 0.9～1.05 m 为宜。门拉手应里外一致。

④门锁不宜安装在中冒头与立梃的结合处,以防伤榫。

⑤门窗扇开启易碰墙,为固定门位置,应安装门碰头。对有特殊要求的关闭门,应安装门扇开启器,其安装方法参照《产品安装说明书》的要求。

2. 铝合金门窗工程

1)铝合金门窗安装质量控制及施工要点

(1)铝合金门窗的型材质量应符合现行《铝合金建筑型材》和《铝及铝合金加工产品的化学成分》的规定。一般情况下,窗的铝型材壁厚不应小于 1.2 mm,门的铝型材壁厚不应小于 2.0 mm。

(2)铝合金门窗及其附件质量必须符合设计要求和有关标准规定。

(3)铝合金门窗安装的位置、开启方向必须符合设计要求。

(4)铝合金门窗框安装必须牢固,预埋件的数量、位置、埋设、连接方法及防腐处理必须符合设计要求。

(5)铝合金门窗安装应符合以下要求:

①平开门窗扇应关闭严密、间隙均匀、开关灵活,扇与框搭接量不小于设计要求。

②弹簧门扇应自动定位正确,开启角度为 90°±1.5°,关闭时间在 6～10 s。

③铝合金门窗附件安装应附件齐全,安装位置正确、牢固,灵活适用,达到各自功能,端正美观。

④铝合金门窗框与墙体间缝隙填嵌质量应饱满密实,表面平整、光滑、无裂缝,填塞材料、方法符合设计要求。当设计没有规定填塞材料时,应采用矿棉或玻璃棉毡条分层填塞缝隙,外表面留 5～8 mm 深槽口填嵌嵌缝油膏。

⑤铝合金门窗外观质量应表面洁净,无划痕、碰伤,无锈蚀,涂胶大表面光滑、平整,厚度均匀,无气孔。

⑥铝合金门窗安装的允许偏差和检验方法应符合表 8-3 的规定。

表 8-3　铝合金门窗安装的允许偏差和检验方法

项次	项目		允许偏差(mm)	检验方法
1	门窗槽口宽度、高度	≤1 500 mm	1.5	用钢尺检查
		>1 500 mm	2	
2	门窗槽口对角线长度	≤2 000 mm	3	用钢尺检查
		>2 000 mm	4	
3	门窗框的正、侧面垂直度		2.5	用垂直检测尺检查
4	门窗横框的水平度		2	用 1 m 水平尺和塞尺检查
5	门窗横框标高		5	用钢尺检查
6	门窗竖向偏离中心		5	用钢尺检查
7	双层门窗内外框间距		4	用钢尺检查
8	推拉门窗扇与框搭接量		1.5	用钢直尺检查

2)铝合金门窗成品的质量要求

(1)采用铝合金门窗时,要选择按照建设部发布的《建筑门窗(钢铝)产品生产许可证实施细则》取得生产许可证的厂家。

(2)门窗高度与宽度尺寸允许偏差为 ±(1.0 ~3.5)mm,窗平面不得翘曲或扭曲变形。

(3)窗的各处接缝不大于 0.3 ~0.5 mm。

(4)门窗框扇配合严密,间隙均匀,其扇与框的搭接宽度允许偏差为 ±1 mm。

(5)表面平整光滑,无碰伤,无硝盐腐蚀斑点。

(6)门窗用附件安装位置正确齐全、牢固,各附件应起到各自的作用,具有足够的强度,启闭灵活、无噪声,不应有阻滞回弹、倒翘等缺陷。

3)铝合金门窗安装施工要点

(1)铝合金门窗安装前,应检查预留孔洞口尺寸是否符合洞口尺寸的允许偏差,宽度为 ±5 mm,高度为 ±15 mm。当设计无规定要求时,门窗框与墙体结构之间的缝隙尺寸,应根据不同的饰面材料而定,见表 8-4。

表 8-4　门窗框与墙体结构之间的缝隙尺寸　　　　　　　　　　（单位:mm）

墙体装饰面	缝隙尺寸
一般粉刷	25
马赛克	30
大理石	40

(2)铝合金门窗的安装应符合下列规定:

①门窗装入洞口应横平、竖直,严禁将门窗框直接埋入墙体。

②密封条安装时,应留有比门窗的装配边长 20 ~30 mm 的余量,转角处应斜面断开,并用胶粘剂粘贴牢固,避免收缩产生缝隙。

③门窗框与墙体间缝隙不得用水泥砂浆填塞,应采用弹性材料填嵌饱满,表面应用密封

胶密封。

④铝合金门窗与墙体，不论采用何种方法固定，铁脚至窗角的距离不应大于 180 mm，铁脚间距应小于 500 mm。连接件应采用不锈钢件或经过防锈处理的金属件，其厚度不小于 1.5 mm，宽度不小于 25 mm。连接件固定完毕后，应做好隐蔽工程的验收记录。

⑤铝合金窗横向及竖向组合时，应采用套插，搭接形成曲面组合，搭接长度宜为 10 mm，并用密封胶密封。

⑥铝合金窗框下槛应开设泄水孔，其位置与数量应保证雨天下槛排水畅通，不积水；铝合金门窗框侧边不准随意钻孔。凡孔洞应用铜帽或塑料帽覆盖，并在洞口处用密封胶密封。

（3）铝合金门框安装。

①将预留门洞按铝合金门框尺寸提前修理好。框与墙体的孔隙应均匀，宜控制在 30 mm 左右。

②在门框的侧边固定好连接铁件。

③门框位置立好，找好垂直度及几何尺寸后，用射钉或自攻螺丝将其门框与墙体预埋件固定。

④门框和墙体之间的缝隙处理与窗框和墙体之间的缝隙处理相同。

（4）地弹簧座的安装。

根据地弹簧安装位置，提前剔洞，将地弹簧放入剔好的洞内，用水泥砂浆固定。地弹簧安装必须保证地弹簧座的上皮一定要与室内地坪一致；地弹簧的转轴轴线一定要与门框横料的定位销中心线一致。

（5）五金配件的安装方法与要求见产品说明。要求安装牢固，使用灵活。

（6）玻璃安装时，要在门窗框槽内放置弹性垫块（如胶木之类），玻璃与铝合金门窗框不准直接接触，玻璃与门窗框搭接量不应少于 6 mm。玻璃与框槽间隙应用橡胶条或密封胶压牢或填满。当采用橡胶密封条时，应留有伸缩量。其一般比门窗的装配边长 20～30 mm，在转角处应 45°斜面断开，并用胶粘剂粘贴牢固。安装时，玻璃单面镀膜玻璃的镀膜层及磨砂玻璃的磨砂面应朝室内，中空玻璃的单面镀膜玻璃应在最外层，镀膜应朝向室内。

（7）对一些有较高防雷要求的建筑，外墙铝合金门窗须作可靠的防雷接地，因此安装铝合金门窗时，须遵照有关的设计要求处理。

3. 塑钢门窗工程

1）材料质量的控制

（1）门窗采用的异型材、密封条等原材料应符合现行国家标准《门窗框用硬聚氯乙烯（PVC）型材》和《塑料门窗用密封条》的有关规定。

（2）门窗采用的紧固件、五金件、增强型钢及金属衬板等应符合以下要求：

①紧固件、五金件、增强型钢及金属衬板等，应进行表面防腐处理。

②五金件型号、规格和性能均应符合国家现行标准的有关规定，滑撑铰链不得使用铝合金材料。

③全防腐型门窗应采用相应的防腐型五金件及紧固件。

④固定片厚度应大于或等于 1.5 mm，最小宽度应大于或等于 25 mm，其材质应采用 Q235-A 冷轧钢板，其表面应进行镀锌处理。固定片安装位置应距窗角、中竖框、中横框 150～200 mm，固定片之间的间距应小于 600 mm。

⑤组合窗及连窗门的拼樘料应采用与其内腔紧密吻合的增强型钢作内衬,型钢两端应比拼樘料长出 10～15 mm。外窗的拼樘料截面尺寸及型钢形状、壁厚,应能使组合窗承受该地区的瞬时风压值。

⑥玻璃及玻璃垫块的质量应符合下列要求:

A. 玻璃的品种、规格及质量应符合国家现行标准,并应有产品出厂合格证,中空玻璃应有检验报告。

B. 玻璃垫块应选用邵氏硬度为 70～90(A) 的硬橡胶或塑料,不得使用硫化再生橡胶、木片或其他吸水性材料。其长度宜为 80～150 mm,厚度应按框、扇(梃)的间隙确定,并宜为 2～6 mm。

⑦门窗与洞口密封用嵌缝膏应具有弹性和黏结性。

⑧与聚氯乙烯型材直接接触的五金件、紧固件、密封条、下垫块、嵌缝膏等材料,其性能应与 PVC 塑料具有相容性。

(3)门窗成品质量应符合以下要求:

①门窗的外观、外形尺寸、装配质量、力学性能应符合现行国家标准的有关规定;门窗中竖框、中横框或拼樘料等主要受力杆件中的增强型钢,应在产品说明中注明规格、尺寸。门窗的抗风压、空气渗透、雨水渗漏三项基本物理性能应符合现行国家标准《PVC 塑料门》、《PVC 塑料窗》中对这三项性能分级的规定及设计要求,并附有该等级的质量检测报告。如果设计对保温、隔声性能提出要求,其性能也应符合现行国家标准《PVC 塑料门》、《PVC 塑料窗》的规定及设计要求。门窗产品应有出厂合格证。

②门窗不得有焊角开焊、型材断裂等损坏现象,框和扇的平整度、直角度和翘曲度以及装配间隙应符合现行国家标准《PVC 塑料门》、《PVC 塑料窗》的有关规定,并不得有下垂和翘曲变形,以免妨碍开关功能。

③门窗表面不应有影响外观质量的缺陷。

④门窗成品的包装应符合现行国家标准《PVC 塑料门》、《PVC 塑料窗》的有关规定。

⑤门窗应放置在清洁、平整的地方,且应避免日晒雨淋,并不得与腐蚀物质接触。

⑥贮存门窗的环境温度应小于 50 ℃;与热源的距离不应小于 1 m。门窗在安装现场放置时间不应超过两个月。在环境温度为 0 ℃的环境中存放门窗时,安装前应在室温下放置 24 h。

2)门窗安装施工准备对墙体洞口质量的要求

(1)门窗应采用预留洞口法安装,不得采用边安装边砌口或先安装后砌口的方法。门窗洞口尺寸应符合现行国家标准《建筑门窗洞口尺寸系列》的规定。

(2)安装塑料门窗的墙体洞口,应预埋混凝土块,作为铁脚的固定点。

(3)对于同一类型的门窗及其相邻的上下、左右洞口应保持通线,洞口应横平竖直;对于高级装饰工程及放置过梁的洞口,应做洞口样板。

(4)组合窗的洞口,应在拼樘料的对应位置设预埋件或预留洞。

3)塑料门窗安装施工要点

(1)塑料门窗安装应采用后塞口施工,不得先立门窗,再进行结构施工。

(2)安装前,应检查保护膜是否脱落,如发现脱落应予以补贴。如玻璃已装在窗上,应卸下玻璃,并做好标记。

（3）安装时，应检查框上、下边的位置及其内外朝向，并确认无误后，再安装固定片。安装时，应先采用直径为 3.2 mm 的钻头钻孔，然后将十字槽盘头螺钉 M4×20 拧入，严禁直接用锤击钉入。

（4）固定片的位置应距窗角、中竖框、中横框 150～200 mm，固定片水平间的间距应小于 600 mm，且不得将固定片直接装在中横框、中竖框的挡头上。

（5）安装门窗框并按线找好垂直度及标高，在门窗上、下四角及中横框的对称位置用木楔或垫块塞紧作临时固定。

（6）当窗框与墙体固定时，应先固定上框，而后固定边框，固定方法应符合下列要求：

①当窗框安装在混凝土墙体洞口时，应采用射钉或用塑料膨胀螺钉固定。

②当窗框安装在砖墙洞口时，应在砖墙洞口两侧预埋混凝土块，然后用射钉或用塑料膨胀螺钉固定。不得安装在多孔砖上。

③加气混凝土洞口，应采用木螺钉将固定片固定在两侧的胶粘圆木上。

④设有预埋铁件的洞口，应采用焊接的固定方法，也可先在预埋件上按紧固件规格打基孔，然后用紧固件固定。

（7）安装组合窗时，拼樘料与洞口的连接方法如下：

①拼樘料与混凝土过梁或柱子的连接，如设有预埋铁件的洞口，应采用焊接的固定方法，也可先在预埋件上按紧固件规格打基孔，然后用紧固件固定。

②拼樘料与砖墙连接时，应先将拼樘料两端插入预留洞中，然后用强度等级为 C20 的细石混凝土浇灌固定。

（8）门窗框与墙体间的缝隙，应按设计要求的材料填嵌，如无设计要求时，可用泡沫塑料填实。表面用厚度为 5～8 mm 的密封胶封闭。

（9）门窗附件安装时，应用电钻钻孔，再用自攻螺丝拧入，严禁用铁锤或硬物敲打，防止损坏框料。

（三）涂刷工程

本节适用于住宅内外部水性涂料、溶剂型涂料和美术涂饰的涂饰工程施工。

1. 涂刷工程对材料的要求

（1）涂饰工程应优先采用绿色环保产品。

（2）涂料在使用前应搅拌均匀，并应在规定的时间内用完。

（3）涂料的品种、颜色应符合设计要求，并应有产品性能检测报告和产品合格证书。对外墙涂刷还应取样复试。

（4）涂饰工程所用腻子的黏结强度应符合现行国家标准的有关规定。

2. 涂刷工程对基层的处理

（1）新建筑物的混凝土或抹灰基层在涂饰涂料前应涂刷抗碱封闭底漆。

（2）旧墙面在涂饰涂料前应清除疏松的旧装修层，并涂刷界面剂。

（3）混凝土或抹灰基层涂刷溶剂型涂料时，涂料含水率不得大于 8%；涂刷水性涂料时，涂料含水率不得大于 10%；木质基层含水率不得大于 12%。

（4）厨房、卫生间墙面必须使用耐水腻子。

3. 水性涂料涂刷工程的涂刷质量控制及施工要点

（1）水性涂料涂饰工程有乳液型涂料、无机涂料、水溶性涂料等水性涂料，其所用涂料的品种、型号和性能应符合设计要求。对进场的涂料应检查产品合格证书、性能检测报告和进场验收记录。

（2）水性涂料涂饰工程的颜色、图案应符合设计要求。涂饰应均匀，黏结要牢固，不得漏涂、透底、起皮和掉粉。

（3）涂饰工程应在抹灰、吊顶、细部、地面及电气工程等已完成并验收合格后进行。

（4）薄涂料的涂饰质量和检验方法应符合表 8-5 的规定。

表 8-5　薄涂料的涂饰质量和检验方法

项次	项目	普通涂饰	高级涂饰	检验方法
1	颜色	均匀一致	均匀一致	观察
2	泛碱、咬色	允许少量轻微	不允许	
3	流坠、疙瘩	允许少量轻微	不允许	
4	砂眼、刷纹	允许少量轻微砂眼，刷纹通顺	无砂眼，无刷纹	
5	装饰线、分色线直线度允许偏差(mm)	2	1	拉 5 m 线，不足 5 m 拉通线，用钢直尺检查

（5）厚涂料的涂刷质量和检验方法应符合表 8-6 的规定。

表 8-6　厚涂料的涂刷质量和检验方法

项次	项目	普通涂饰	高级涂饰	检验方法
1	颜色	均匀一致	均匀一致	观察
2	泛碱、咬色	允许少量轻微	不允许	
3	点状分布	—	疏密均匀	

（6）复层涂料的涂刷质量和检验方法应符合表 8-7 的规定。

表 8-7　复层涂料的涂刷质量和检验方法

项次	项目	质量要求	检验方法
1	颜色	均匀一致	观察
2	泛碱、咬色	不允许	
3	喷点疏密程度	均匀，不允许连片	

（7）水性涂料涂饰工程施工的环境温度应在 5～35 ℃。

（8）涂层与其他装饰材料和设备衔接处应吻合，界面应清晰。

4. 溶剂型涂料涂饰工程的涂刷质量控制及施工要点

（1）溶剂型涂料有丙烯酸酯涂料、聚氨酯丙烯酸涂料、有机硅丙烯酸涂料等溶剂型涂料，对其所选用涂料的品种、型号和性能应符合设计要求，并应有相应的产品合格证书、性能检测报告和进场验收记录。

（2）溶剂型涂料涂饰工程的颜色、光泽、图案应涂饰均匀、黏结牢固，不得漏涂、透底、起皮和反锈。

(3)溶剂型涂料涂饰工程的基层处理应同本节水性涂料涂刷的规定,不另详述。

(四)建筑装饰装修分部(子分部)工程质量验收

(1)建筑装饰装修工程质量验收的程序和组织应符合《建筑工程施工质量验收统一标准》(GB 50300—2013)第6章的规定。

(2)建筑装饰装修工程的子分部工程及其分项工程应按《建筑工程施工质量验收统一标准》(GB 50300—2013)附录B划分。

(3)建筑装饰装修工程施工过程中,应按《建筑装饰装修工程质量验收规范》各章一般规定的要求对隐蔽工程进行验收,并按规范附录C的格式记录。

(4)检验批的质量验收应按《建筑工程施工质量验收统一标准》(GB 50300—2013)附录D的格式记录。检验批的合格判定应符合下列规定:

①抽查样本均应符合本规范主控项目的规定。

②抽查样本的80%以上应符合本规范一般项目的规定。其余样本不得有影响使用功能或明显影响装饰效果的缺陷。其中,有允许偏差的检验项目,其最大偏差不得超过本规范规定允许偏差的1.5倍。

(5)分项工程的质量验收应按《建筑工程施工质量验收统一标准》(GB 50300—2013)附录E的格式记录,各检验批的质量均应达到本规范的规定。

(6)子分部工程的质量验收应按《建筑工程施工质量验收统一标准》(GB 50300—2013)附录F的格式记录。子分部工程中各分项工程的质量均应验收合格,并应符合下列规定:

①应具备本规范各子分部工程规定检查的文件和记录。

②应具备表8-8所规定的有关安全和功能的检测项目的合格报告。

③观感质量应符合本规范各分项工程中一般项目的要求。

表8-8 有关安全和功能的检测项目

项次	子分部工程	检测项目
1	门窗工程	1.建筑外墙金属窗的抗风压性能、空气渗透性能和雨水渗漏性能; 2.建筑外墙塑料窗的抗风压性能、空气渗透性能和雨水渗漏性能
2	饰面板(砖)工程	1.饰面板后置埋件的现场拉拔强度; 2.饰面砖样板件的黏结强度
3	幕墙工程	1.硅酮结构胶的相容性试验; 2.幕墙后置埋件的现场拉拔强度; 3.幕墙的抗风压性能、空气渗透性能、雨水渗漏性能及平面变形性能

(7)分部工程的质量验收应按《建筑工程质量验收统一标准》(GB 50300—2013)附录F的格式记录。分部工程中各子分部工程的质量均应验收合格,并应按本规范第13.0.6条1~3款的规定进行核查。

(8)当建筑工程只有装饰装修分部工程时,该工程应作为单位工程验收。

(9)有特殊要求的建筑装饰装修工程,竣工验收时,应按合同约定加测相关技术指标。

(10)建筑装饰装修工程和室内环境质量应符合国家现行标准《民用建筑工程室内环境

污染控制规范》的规定。

（11）未经竣工验收合格的建筑装饰装修工程不得投入使用。

四、建筑给水、排水及采暖工程施工资料

建筑给水、排水及采暖工程共分为十个子分部工程，即室内给水系统、室内排水系统、室内热水供应系统、卫生器具安装、室内采暖系统、室外给水管网、室外排水管网、室外供热管网、建筑中水系统及游泳池系统、供热锅炉及辅助设备安装。每个子分部工程中又分为若干个分项工程。

施工资料组卷应按照专业、系统划分，每一专业、系统再按照资料类别从 C1～C7 顺序排列，并根据资料数量多少组成一卷或多卷。

（一）施工管理资料

工程管理与验收资料是在施工过程中形成的重要资料，包括工程质量事故报告、单位工程质量验收文件和施工总结等。

1. 工程质量事故报告

凡工程发生重大质量事故，应按规范要求进行记载，其中发生事故时间应记载年、月、日、时、分；估计造成损失，指因质量事故导致的返工、加固等费用，包括人工费、材料费和管理费；事故情况，包括倒塌情况（整体倒塌或局部倒塌的部位）、损失情况（伤亡人数、损失程度、倒塌面积等）；事故原因，包括设计原因（计算错误、构造不合理等）、施工原因（施工粗制滥造和材料、构配件或设备质量低劣等）、设计与施工的共同问题、不可抗力等；处理意见，包括现场处理情况、设计和施工的技术措施、主要责任者及对处理结果的检查鉴定和验收。

2. 单位工程质量验收文件

单位工程质量验收包括下述主要内容：工程施工质量是否符合设计规范和要求；基建部门提供的文件、资料是否齐全；设备的备品、配件是否符合设备供货要求；设计规定配置的仪器、仪表及专用工具是否齐全；设备安装质量是否符合要求，必要时进行测试以及验收完毕应签署工程竣工验收等文件。

3. 施工总结

施工总结包括下述主要内容：

（1）工程概况：工程名称、主要的材料和设备、主要分部分项工程、设计特点等。

（2）技术方面：主要针对工程施工中采用的新技术、新产品、新工艺、新材料进行总结；施工组织设计（施工方案）编制的合理性以及实施情况等。

（3）质量方面：施工过程中所采用的主要质量管理措施、消除质量通病措施、QC 质量管理活动等。

（4）其他方面：降低成本措施、分包队伍的选择和管理、安全技术措施、文明施工措施。

（5）经验与教训方面总结：施工过程中出现的质量、安全事故的分析，事故的处理情况，如何杜绝类似事件发生等。

（二）施工技术资料

1. 图纸会审纪要

图纸会审纪要是工程技术档案中的一项重要内容，它是施工图或竣工图的补充和说明。同时，也是在施工中领会设计意图，正确按图施工的依据。图纸会审由建设单位组织或委托

工程监理部门组织。由设计单位和施工单位有关人员参加。

图纸会审纪要主要分为两部分,第一部分是图纸会审纪要一,用来记录参加会审的单位和参加人员,并且各参加单位还要在上面签字盖章,第二部分是图纸会审纪要二,把建筑、结构、给排水、电气等图纸上表达得不清楚、不合理或不利于施工工艺的地方提出来,并且商量好解决方案记录下来,制成归档资料表格。

(1)图纸会审由建设(监理)单位组织,设计单位交底,勘察、施工等单位参加。

(2)图纸会审纪要由施工单位按照建筑、结构、安装等顺序整理、汇总,各单位技术负责人会签并加盖公章,形成正式文件。

(3)图纸会审提出的问题,设计变更的均应由设计单位按规定程序发出设计变更(图),重要设计变更应由原施工图审查机构审核后才可实施。

(4)图纸会审纪要是正式文件,不得在纪要上涂改或变更。

(5)图纸会审的深度和全面性将在一定程度上影响工程施工的质量、进度、成本、安全与工程施工的难易程度。只要认真做好了这项工作,图纸中存在的问题一般都可以在图纸会审时被发现和尽早得到处理,通过施工图纸会审,可以提高施工质量、节约施工成本、缩短施工工期,从而提高效益。因此,施工图纸会审是工程施工前的一项必不可少的工作。

2.设计变更

设计变更,是指工程项目开工后,因各种原因而发生的改变原设计的现象。不论是设计单位、施工单位、监理单位,还是建设单位提出的设计变更,都必须注明变更的原因,以书面形式报设计部。其中,由设计单位、设计部、牵涉安全和功能的设计变更,由设计部审批;工程变更由工程部审批,在设计部盖章备案后由工程部下发。

(1)施工单位必须按照工程设计图纸和施工技术标准施工,不得擅自修改工程设计;施工过程中如发现设计文件和图纸有错、不合理,或因施工条件、设备、材料等不能满足设计要求后,需要报设计单位,由设计单位修改设计并由建设(监理)单位签认。

(2)建设(监理)单位对建筑工程提出的修改意见,需要由设计单位同意并修改设计。

(3)涉及工程变更,比如工程规模、规划、环境、消防等政府监管内容的修改,须相关行政主管部门实施。

(4)设计变更要严格执行变更签证制度,变更要及时,内容必须具体明确,重要的设计变更由原施工图审查机构审核后,方可实施。

(5)分包工程的设计变更通过工程总包确认后,方可办理设计变更。

(6)所有设计变更应汇总于设计变更汇总记录。

3.工程洽商记录

工程洽商记录是有关单位就技术或其事务交换意见的记录文件,其内容涉及变更的,应由建设(监理)单位、设计单位、施工单位各方签认并满足设计变更记录的有关规定;不涉及变更的,由涉及的各方单位洽商及签认。

(1)工程洽商记录按记录日期的先后顺序编号。

(2)工程洽商签认后不得随意涂改或删除。

(3)工程洽商记录原文件存档于提出单位,其他单位可复印(复印件应注明原件存放处)。

（三）施工物资资料

施工物资资料主要包括以下六方面内容：

（1）主要材料、设备等的质量证明文件，管材的产品质量证明文件，其性质和性能应符合有关标准与设计要求，并应附有主要设备、器具安装使用说明书。进场后进行验收。

（2）设备开箱检验记录是核定合格证与实物是否证物相符的重要资料，验收必须认真，应由施工单位、监理单位和供应单位共同签订。主要包括给水、排水设备，采暖设备，锅炉及附属设备，通风、空调，除尘、制冷、制热设备，仪表及调压装置，电气设备等。

（3）阀门、水嘴等应有检测部门的压力试验报告：阀门安装前，要做强度和严密性试验，阀门的强度试验压力为公称压力的 1.5 倍；严密性试验压力为公称压力的 1.1 倍。试验压力在持续时间内保持不变，且壳体填料及阀瓣密封面无渗漏。

（4）设备及管道附件的试验记录：对进入施工现场的主要管材和管件必须做抽样检查，对未达到国家标准要求，外观有严重缺陷的管材和管件，严禁使用。

（5）保温、防腐、绝热材料应有产品质量合格证和性能检验报告。

（6）施工物资资料试验合格证和报告单均由检测单位提供。

（四）施工记录

施工记录反映从开工到竣工的各个施工阶段的操作过程、检查结果和执行各项施工工艺规程与操作程序的全过程真实情况。

1. 工序交接记录

工序交接记录是新规范、施工质量验收统一标准的要求，在各主要工序、工种以及两个施工单位等之间必须有的一种记录。主要内容包括交接上道工序工程量范围、质量情况。如工程交接顺利，则有结论：满足设计或规范要求，同意接收进入下道工序。

2. 工序预检记录

工序预检记录是对施工重要工序进行的预先质量控制的检查记录，是一种适用于各专业的通用记录。在建筑给水、排水及采暖工程方面，主要检验设备基础和预制安装、管道预留孔洞、管道预埋套管和主要材料的性质与质量。

3. 伸缩器预拉伸记录

伸缩器预拉伸记录是检验伸缩器的设计伸缩量和实际伸缩量的记录，施工单位要填写评定结果，且由监理（建设）单位验收并给出结论。

4. 管道冲洗（消毒）记录

系统的冲洗主要包括管道和设备安装前，清除内部污垢和杂物、管道和设备安装完毕进行清洗和引用水管道在使用前进行消毒并取样送检，试验结果需要符合设计要求及《建筑给水排水及采暖工程施工质量验收规范》（GB 50242—2016）的规定。管道冲洗（消毒）记录包括室内给水管道冲洗和消毒记录、室内热水管道冲洗记录、室外消防管道冲洗记录、室外给水管道冲洗和消毒记录、采暖管道冲洗记录等。

5. 运行和调试记录

运行和调试记录主要包括设备名称、型号和规格以及各个设备的主控项目运行和调试情况。例如，水泵连续运行 2 h 应无异常转动，方向无误，转动水泵轴灵活无卡阻、杂音及异常现象，水泵轴承温度符合设备技术文件规定，轴封无漏水、漏油；减压阀的阀前压力 0.64 MPa、阀后压力 0.32 MPa，调试结果合格；安全阀的工作压力、开启压力、回座压力和调试结果合格;风机试运转,滑动轴承温度最高不得超过60 ℃,滚动轴承温度最高不得超过80 ℃。

6. 排水(雨水)塑料管道伸缩节安装记录

排水(雨水)塑料管道伸缩节安装记录主要内容包括管段编号、安装部位、管径(mm)、环境温度、设计伸缩量和安装伸缩量。

7. 烘炉记录

整体锅炉烘炉记录按表格要求填写,并画出曲线。要求烘炉升温1~2 ℃,烘炉曲线图中计划曲线与实际曲线基本重合;烘炉结束后,检查炉墙经烘烤后没有变形、裂纹及塌落现象,炉墙砌筑砂浆含水率达到7%以下。

8. 煮炉记录

煮炉采用的药剂、用量和配置,应按设计要求进行;煮炉后检查的结果为锅筒与集箱内壁应无油垢,表面无锈斑才符合要求。

(五)施工试验记录

1. 阀门强度和严密性试验记录

阀门安装前,应做强度和严密性试验。试验以每批数量中抽查10%,且不少于1个。对于安装在主干管道上起切断作用的闭路阀门,应逐个做强度和严密性试验,强度试验压力应为阀门公称压力的1.5倍。

2. 水压试验记录

水压试验包括给水、排水、采暖、消防等系统项目的单项和系统两个方面,以及上述系统中的阀门、散热器、密闭水箱(灌)、风机盘管设备等。水压试验记录主要包括室内热水管道水压试验记录、太阳能集热管水压试验记录、热水交换器水压试验记录、锅炉及辅助设备的工艺管道水压试验记录、塑料管道水压试验记录、散热器水压试验记录、辐射板水压试验记录、低温热水盘管水压试验记录、室内采暖管道水压试验记录、室外给水管道水压试验记录、室外消防水泵接合器及室外消火栓水压试验记录、密闭箱灌水压力试验记录、室外供热管网水压试验记录、锅炉的汽和水系统压力试验记录、分水缸(分水器、热水器)水压试验记录、室内给水管道水压试验记录等。

3. 地漏及地面清扫口排水试验记录

地漏及地面清扫口在竣工前应做排水试验,应达到地漏排水及时通畅,周边无渗漏,地漏坡向正确,收水能力强,地面无积水。

4. 卫生器具满水和通水试验记录

卫生器具满水试验和卫生器具通水试验应同时进行。分别灌满水后进行检查,满水试验时间不小于24 h,各卫生器具和各连接件及接口处无渗漏为合格(表中卫生器具深度,对于带有溢水口的器具是指从溢水口下缘到溢水口上缘的高度,冲水箱等器具是指控制水位到箱底的高度)。

5. 给水道通水试验记录

给水道与排水系统通水试验,要记录通水压力、通水流量、通水时间等,开启全部分户截止阀,打开全部给水水嘴,供水量正常,各配水点畅通,无堵塞现象,阀门开关灵活为合格。

6. 室内消火栓试射试验记录

室内消火栓系统安装完成以后,室内消火栓试射试验记录应填写屋顶及首层消火栓组件、栓口水枪型号、栓口安装、卷盘间距、组件等检查情况,并填写屋顶栓口和首层栓口静压力、动压力,符合设计要求为合格。

7. 敞口水箱满水试验记录

敞口水箱满水试验要求水箱满水至水箱溢流口静置观察 24 h,水箱不渗、不漏,液面无下降,没有几何变形,各管道与水箱的连接无渗漏为合格。

8. 管道灌水试验记录

管道灌水试验记录包括隐蔽或埋地的排水管道和室内及地下的雨水管道,在隐蔽前必须按系统或分区(段)进行灌水试验的情况。要求埋地管道的灌水高度不低于底层卫生器具的上边缘或底层地面高度,满水 15 min 水面下降后,再灌满观察 5 min,液面不降,管道及接口无渗漏为合格;室内雨水管道的灌水高度必须从雨水排出口至屋面,灌水持续 1 h,管道及接口无渗漏为合格。

9. 室内排水管道通球试验记录

排水主力管及水平干管管道均应做通球试验,通球球径不小于排水管道管径的 2/3,通球试验的球径应符合要求,各立管均通球顺畅,无阻塞为合格。

10. 室外排水管道灌水和通水试验记录

室外排水管道主材为 UPVC 塑料管。在对其进行质量验收合格后,将全部预留孔封堵,不得渗水,管道坡度、卡架要符合设计要求,管井口处封闭。排水检查分段试验,试验水头以试验段上游管顶加 1 m,然后满水 30 min,检查管接口无渗漏,排水通畅无堵塞为合格。

11. 地下直埋油管气密性试验记录

如无设计要求,试验压力应是工作压力的 1.5 倍,持续时间为 10 min,直埋油罐无压降、无渗漏为合格。

(六)施工质量验收记录

建筑给水排水及采暖分部工程主要包括下列子分部工程:室内外给水系统、室内外排水系统、室内外供热系统、室内采暖系统、卫生器具安装、室外给水管网、室外排水管网、室外供热管网、建筑中水系统及游泳池系统、供热锅炉及辅助设备安装。每个子分部工程中又分为若干个分项工程。

(1)室内外给水系统:室内给水管道及配件安装、室内消火栓系统安装、给水设备安装。

(2)室内排水系统:室内排水管道及配件安装、室内雨水管道及配件安装。

(3)室内供热系统:室内热水管道及配件安装、室内热水辅助设备安装。

(4)室内采暖系统:室内采暖管道及配件安装、室内采暖辅助设备及散热器安装、室内采暖金属辐射板安装、室内采暖低温热水地板辐射采暖系统安装、室内采暖系统水压试验及调试。

(5)卫生器具安装:卫生器具给水配件安装、卫生器具排水管道安装。

(6)室外给水管网:室外给水管道安装、室外消防水泵接合器及室外消火栓安装、室外给水管沟及井室。

(7)室外排水管网:室外排水管道安装、室外排水管沟及井池。

(8)室外供热管网:室外供热管网管道及配件安装、室外供热管网系统水压试验及调试。

(9)建筑中水系统及游泳池系统:建筑中水系统管道及辅助设备安装、游泳池系统安装。

（10）供热锅炉及辅助设备安装：锅炉安装，锅炉辅助设备及管道安装，锅炉安全附件安装，烘炉、煮炉和试运行，换热站安装。

建筑给水排水及采暖工程的分项工程：应按系统、区域、施工段或楼层等划分，可划分若干个检验批进行验收。

（11）建筑给水排水及采暖工程的分部工程：质量验收记录由施工单位填写，验收结论由建设（监理）单位填写，主要记录分部工程的名称、检验批的数量、安全和功能检验、观感质量验收、由各单位的项目经理、项目负责人和总监理工程师签字确认。

五、通风与空调工程施工资料

通风与空调工程共分为 7 个子分部工程，即送排风系统、防排烟系统、除尘系统、空调系统、净化空调系统、制冷设备系统、空调水系统。

工程施工资料应按不同子分部按照从 C1 ~ C7 排序，同一子分部中的同一分项工程中的相同表格按填写资料的时间先后顺序排列，并组成一卷或多卷。

（一）施工管理资料

同本节"四、建筑给水、排水及采暖工程施工资料"中的施工管理资料。

（二）施工技术资料

同本节"四、建筑给水、排水及采暖工程施工资料"中的施工技术资料。

（三）施工物资资料

通风与空调工程施工物资资料主要包括以下 6 个方面：

（1）制冷机组、空调机组，风机、水泵、冰蓄冷设备、热交换设备、冷却塔、除尘设备、风机盘管、诱导器、水处理设备、加热器、空气幕、空气净化设备、蒸汽调压设备、热泵机组、去（加）湿机（器）、装配式洁净室、变风量末端装置、过滤器、消声器、软接头、风口、风阀、风罩等，以及防爆超压排气活门、自动排气活门等与人防有关的物资，应有产品合格证和其他质量合格证明。

（2）阀门、疏水器、水箱、分（集）水器、减震器、储冷罐、集气罐仪表、绝热材料等应有出厂合格证、质量合格证明及检测报告。

（3）压力表、温度计、湿度计、流量计、水位计等应有产品合格证和检测报告。

（4）各类板材、管材应有质量证明文件。

（5）主要设备应有安装使用说明书。

（6）设备（开箱）进场检验记录是核定合格证与实物是否证物相符的重要资料，验收要认真，应由施工单位、监理单位和供应单位共同验收。主要针对通风、空调除尘、制冷、制热设备，仪表及调压装置等的资料进行抽查验收，看是否满足设计要求与使用要求及必须采取的措施。

（四）施工记录

1. 隐蔽工程检查记录

1）隐蔽工程检查内容

敷设于竖井内、不进入吊顶内的风道（包括各类附件、部件、设备等）应检验：

（1）风道的标高、材质，接头、接口的严密性，附件、部件安装位置。

（2）支、吊、托架安装与固定情况。

（3）活动部件是否灵活可靠、方向正确。

（4）风道分支、变径处理是否符合要求。

（5）风管的漏光、漏风检测，空调水管的强度、严密性、冲洗等试验记录。

有绝热、防腐要求的风管、空调水管及设备应检验：

（1）绝热材料的材质、规格、防腐处理及做法。

（2）绝热管道与支架、吊架之间所用材料及做法。绝热管道与支架、吊架之间应垫绝热衬垫或防腐处理的木衬垫，其厚度应与绝热层厚度相同，表面平整，衬垫接合面的空隙应填实。

2）设备基础隐蔽工程验收记录

设备基础隐蔽工程验收记录设备名称、分项工程名称、设备所用垫铁数量及固定情况、所用地脚螺栓的规格及具体埋设位置、基础表面是否按设计和规范处理、简图及验收意见。

2. 工序交接记录

工序交接记录是新规范、施工质量验收统一标准的要求，是在各主要工序、工种以及两个施工单位等之间必须有的一种记录。主要内容包括交接上道工序工程量范围、质量情况。如工程交接顺利，则有结论：满足设计或规范要求，同意接收进入下道工序。

3. 工序预检记录

工序预检记录是对施工重要工序进行的预先质量控制的检查记录，是一种适用于各专业的通用记录。工序预检项目如下：

（1）设备基础和预制构件安装：检查设备基础位置、混凝土强度、标高、几何尺寸、预留孔、预埋件等。

（2）管道预留孔洞：检查预留孔洞的尺寸、位置、标高等。

（3）管道预埋套管（预埋件）：检查预埋套管（预埋件）的规格、型式、尺寸、位置、标高等。

（4）检查使用材料、材质、连接方法、质量；管道的坐标、标高、三通甩口位置；安装阀门的型号、规格、位置、方法；立管的垂直度；横管的安装坡度、坡向，安装支架的形式、方式、间距、位置、稳固性；安装伸缩器的型号、位置、预留伸缩量；阻火圈（防火套管）的安装型号、位置、方式、质量；保温层的材质、厚度、粘贴紧密性、表面平整度、圆弧均匀性等符合要求，无环形断裂；防腐层数是否符合要求，防腐层厚度是否均匀，不应产生脱皮气泡，不流淌、漏涂。

4. 设备基础复验记录

复验前，应检查设备基础所在检验批的验收记录。设备基础复验记录填写内容主要包括分项工程的名称、设备名称、规格型号及位号、验收日期、复验项目、检验结果和验收意见。

5. 风管及部件制作检查记录

按照施工质量验收规范和设计图纸要求，对记录中所列检查内容进行观察或实测检查，填写检查的实际情况，检查结果，写明检查项目是否符合施工质量验收规范。

6. 安装记录

通风与空调安装记录包括：风管及部件安装记录、制冷机组安装记录、风机安装记录、泵安装记录、冷却塔安装记录、风机盘管机组安装记录、设备安装记录等。

(五)施工检测记录

1. 风管的严密性(漏光法)检测记录

采用漏光检查系统的严密性。检查采用手持移动光源不低于 100 W 带保护罩的低压照明灯具或其他光源,光源可置于风管的内侧或外侧,但其光源相对侧应为黑暗环境。其中,对于低压风管系统($P \leqslant 500$ Pa。P 为系统的工作压力,下同)以每 10 m 接缝,漏光点数不大于 2 点,且 100 m 接缝平均漏光点不大于 16 点为合格;中压风管系统(500 Pa $\leqslant P \leqslant$ $1\,500$ Pa)以每 10 m 接缝,漏光点数不大于 1 点,且 100 m 接缝平均漏光点不大于 8 点为合格;低压和中压系统的风管漏光试验应全部合格;漏光检查中对发现的条形漏光,应作密封处理(风管的严密性检验采用漏光法)。

2. 风管漏风量检测记录

风管系统安装完成后,应按设计要求及规范进行风管漏风量检测,方法及规定如下:

(1)矩形风管允许漏风时,应符合下列要求:在不同的工作压力下,低压系统风管在单位时间内的允许漏风量 $Q_l \leqslant 0.105\,6P^{0.65}$,中压系统风管在单位时间内的允许漏风量 $Q_m \leqslant$ $0.035\,2P^{0.65}$,高压系统风管在单位时间内的允许漏风量 $Q_h \leqslant 0.011\,7P^{0.65}$。

(2)低压、中压圆形金属风管,复合材料风管以及非法兰形式的非金属风管的允许漏风量,应为矩形风管规定值的 50%。

(3)砖、混凝土风管的允许漏风量不应大于矩形低压系统风管规定值的 1.5 倍。

(4)排烟、除尘、低温送风系统按中压系统风管的规定,1~5 级净化空调系统按照高压系统风管的规定执行。

3. 制冷设备运行调试记录

(1)制冷设备安装完成后,必须进行调试,设备连续运行时间不得少于 8 h,其他各项数值均应达到设计和规范要求,运行调试才为合格。

(2)制冷设备运行调试包括制冷机组、单元式空调机组、可变冷媒流量空调系统的运行调试。

4. 风机机组试运行调试记录

(1)通风机机组、空调机组中的风机以及冷却塔中的风机,都要对其风量、转数、功率和效率进行测试,按实际填写实测记录。

(2)风机运行时间不少于 2 h,记录运转日期和环境温度。

(3)检查项目:

①地脚螺栓紧固并有防松装置;

②叶轮运转平稳,每次停机不停留在同一位置;

③无异常振动与声响,噪声小于规定值;

④电动机运行功率符合文件规定值;

⑤滚动轴承外壳最高温度 $\leqslant 70$ ℃,且温度升高值 $\leqslant 35$ ℃;滑动轴承外壳最高温度 $\leqslant 80$ ℃,且温度升高值 $\leqslant 40$ ℃。

(4)填写风机机组试运行调试记录。

5. 泵试运行调试记录

泵试运行检查项目主要包括:

(1)地脚螺栓紧固无松动。

（2）盘动泵轴无卡阻现象。

（3）叶轮转向正确（与箭头所指方向一致）。

（4）无异常振动或声响。

（5）电动机运行功率符合文件规定值。

（6）滚动轴承外壳的最高温度≤70 ℃，且温度升高值≤35 ℃；滑动轴承外壳的最高温度≤80 ℃，且温度升高值≤40 ℃。

（7）填写泵试运行调试记录。

6. 通风空调机组调试记录

风机机组应运行正常，无异常振动或声响，其他各项检测项目也要符合要求。

7. 通风空调设备单机试运行调试记录

水泵、风机、空调机组、风冷热泵等设备单独运行时，均应满足设计和规范要求，主控项目试运行调试内容及标准如下：

（1）通风机机组、空调机组中的风机，叶轮转向正确，运动平稳，无异常振动或声响，其电机运行功率符合设备技术文件的规定。在额定转速运行时间不少于 2 h 后，滚动轴承最高温度≤70 ℃，滑动轴承最高温度≤80 ℃；水泵叶轮转向正确，无异常振动或声响，连续运行 2 h 后，滚动轴承外壳的最高温度≤70 ℃，滑动轴承外壳的最高温度≤75 ℃。

（2）冷却塔本体应稳固，无异常振动，其噪声应符合设备技术文件的规定。

（3）制冷机组、单元式空调机组的试运转，应符合设计要求和规范。

（4）填写电控防火、防排烟风阀的手动和电动操作应灵活可靠，信号输出正确。

（5）通风空调设备单机试运行调试记录。

8. 通风空调系统试运行记录

通风空调系统无生产负荷下的联合式运转及调试时，应对其风系统和水系统进行调试。各风口、支管的风量和管网风量应平衡，实际风量与设计风量的相对差在规范规定范围内（小于10%）；水温应达到设计要求，水流量相对差偏差应符合规范要求（小于10%），综合效果达到设计要求，满足使用功能才为验收合格。

9. 管段风量、风压测试记录

通风空调系统无生产负荷下的联合式运转及调试时，应分系统进行，将同一系统内的各房间内风量、风压、风速进行测试和调整。

10. 空调水管管道压力（充水）试验记录

采用分区、分层试压。首先对分区或分层的局部的管道进行试压，持续时间 10 min，试验压力保持不变，管道压力下降不得大于 0.02 MPa，则强度试验压力合格；再将系统压力降至工作压力，在连续 1 h 内压力不下降，且管道灌满水后无渗漏为合格。

11. 空调水管道吹洗记录

水系统管道安装前，应清除内部污垢和杂物。系统安装后，应进行系统吹洗。吹洗介质可以是水，吹洗时间不少于 26 h，吹洗次数不少于 3 次，排出口的水色和透明度与入口的对比相近，无可见杂物为标准。吹洗合格后，再循环试运行至少 2 h，待水质正常才可与制冷机组、空调设备相通。

12. 风量、温度测试记录

通风空调系统无生产负荷下的联合式运转及调试时，应分系统进行，将同一系统内的各房间内风量、室内房间温度进行测量调整。

13.洁净室洁净度测试记录

相邻不同级别洁净室之间、洁净室和非洁净室之间的静压差不应小于 5 Pa,洁净室与室外的静压差不应小于 10 Pa,室内空气洁净度等级必须符合设计规定的等级或在商定验收状态下的等级要求。高于等于 5 级的单向流洁净室,在门开启的状态下,测定距离门 0.6 m 室内侧工作高度处空气的含尘浓度,其也不应超过室内洁净度等级上限的规定。

14.阀门试验记录

阀门安装前应做强度和严密性试验。强度试验中试验压力为公称压力的 1.5 倍,试验持续时间不少于 300 s,试验压力保持不变,试压情况应无压降、无渗漏为合格;严密性试验中试验压力为公称压力的 1.1 倍,持续时间不少于 15 s,试压情况无压降、无渗漏为合格。

(六)施工质量验收记录

1.送排风系统

送排风系统质量验收记录包括风管与配件制作(金属风管)检验批质量验收记录、风管与配件制作(非金属、复合材料分管)检验批质量验收记录、风管部件与消声器制作检验批质量验收记录、风管系统安装(送风、排风、排烟系统)检验批质量验收记录、防腐与绝热施工(风管系统)检验批质量验收记录、防腐与绝热施工(管道系统)检验批质量验收记录、工程系统调试检验批质量验收记录、通风与空调分部工程质量验收记录。

2.防排烟系统

检验批质量验收记录参考送排风系统。

3.除尘系统

检验批质量验收记录参考送排风系统。

4.空调系统

空调系统质量验收记录包括风管系统安装(空调系统)检验批质量验收记录,通风与空调设备安装(空调系统)检验批质量验收记录,风管与配件制作、风管部件与消声器制作、防腐与绝热、系统调试检验批质量验收记录参考送排风系统。

5.净化空调系统

净化空调系统质量验收记录包括风管系统安装(净化空调系统)检验批质量验收记录,通风与空调设备安装(净化空调系统)检验批质量验收记录,风管与配件制作、风管部件与消声器制作、防腐与绝热、系统调试检验批质量验收记录参考送排风系统。

6.制冷设备系统

制冷设备系统质量验收记录包括通风与空调子分部工程(制冷设备系统)质量验收记录,空调制冷系统检验批质量验收记录,防腐与绝热、系统调试检验批质量验收记录参考送排风系统。

7.空调水系统

空调水系统检验批质量验收记录;防腐与绝热、系统调试检验批质量验收记录参考送排风系统。

六、建筑电气工程施工资料

建筑电气工程共分为 7 个子分部工程,即室外电气、变配电室、供电干线、电气动力、电气照明安装、备用和不间断电源安装、防雷及接地安装。每个子分部工程中又分为若干个分项工程。

（一）施工管理资料

同本节"四、建筑给水、排水及采暖工程施工资料"中的施工管理资料。

（二）施工技术资料

同本节"四、建筑给水、排水及采暖工程施工资料"中的施工技术资料。

（三）施工物资资料

建筑电气工程施工资料主要包括下列内容：

（1）主要的电气设备和材料必须有出厂合格证书，进场进行验收，填写电气设备开箱检查记录和材料进场抽样检查记录。另外，对质量有异议的送有资质的检测单位进行检测。

（2）设备进场后，由建设、监理、施工和供货单位共同开箱检验并做记录，填写《设备开箱检查记录》。建筑电气工程主要针对大型或成套设备，如电力变压器、柴油发电机组、高压成套配电柜、蓄电池柜、不间断电源柜、控制柜（屏、台）动力与照明配电箱（盘、柜）、大型电动设备等设备而做开箱检验记录。

（3）电气设备调试记录包括高低压配电装置、电力变压器、发电机组、备用和不间断电源设备、电气动力设备和低压电气等电气设备的试验调整报告、交接试验报告和电气设备（系统）试运行记录等。

（4）低压成套配电柜、动力、照明配电箱（盘、柜）出厂合格证、生产许可证、CCC认证标志和认证书印件。

（5）电力变压器、柴油发电机组、高压成套配电柜、不间断电源柜、控制柜（屏、台）必须具有出厂合格证、生产许可证、附带技术文件和出厂试验记录或试运行记录，实行完全认证制度的产品应有安全认证标志。外观检查有无铭牌，柜内元器件有无损坏丢失、接线有无脱落脱焊、涂层完整，有无明显碰撞凹陷等。

（6）电动机、电加热器、电动执行机构和低压开关设备应具有合格证、生产许可证、CCC认证标志和认证书复印件，附带技术文件，实行生产许可证和安全认证制度的产品，要有许可证编号和安全认证标志。外观检查有无铭牌，附件是否齐全，设备器件有无缺损，涂层是否完整。

（7）电线、电缆、照明灯具、开关、插座、风扇及其附件应有出厂合格证、生产许可证、CCC认证标志和认证书复印件。外观检查应包装完好，抽检的电线绝缘层应完整无损，厚度均匀；电缆无压扁、扭曲；耐热、阻燃的电线、电缆外保护层要有明显标识和制造厂标。

（8）导管、电缆桥架和线槽应有出厂合格证。塑料绝缘材料制成的导管及配件、线槽及配件、阻燃电线电缆、开关、插座、接线盒等电气产品必须采用阻燃性产品。外观检查钢导管无压扁、内壁光滑，非镀锌钢导管无严重锈蚀，按制造标准油漆出厂的油漆完整，镀锌钢导管镀层覆盖完整。表面无锈斑，绝缘导管及配件不破裂、表面有阻燃标记和制造厂标；电缆桥架和线槽部件齐全，表面光滑、不变形。

（9）型钢与焊条合格证和材质证明书。外观检查型钢表面无严重锈蚀、无过度扭曲、弯折变形；焊条包装完整，拆包抽检，焊条尾部无锈斑。

（10）镀锌制品（支架、横担、接地极、避雷用型钢等）与外线金具应有出厂合格证和镀锌质量证明书。外观检查镀锌层完整、表面无锈斑，金具配件齐全，无砂眼。

(11)封闭母线、插接母线应有合格证、安装技术文件、CCC 认证标志和认证书复印件。外观检查防潮密封良好,各段编号标志清晰,附件齐全,外壳不变形,母线接线螺栓搭接面平整、镀层覆盖完整、无起皮和麻面;插接母线上的静触头无缺损,表面光滑、镀层完整。

(12)裸母线、裸导线、电缆头部件及接线端子、钢制灯柱、混凝土电杆和其他混凝土应具有合格证。外观检查裸母线、裸导线包装完好,裸母线平直,表面无明显划痕,测量厚度和宽度符合制造标准,裸导线表面无明显损伤,不松股、扭折和断股,测量线径符合制造标准;电缆头部及接线端子部件齐全,表面无裂痕和气孔,随带的袋装涂料或填料不泄露;钢制灯柱涂层完整,接线盒盒盖紧固且内置熔断器、开关等器件齐全,盒盖密封垫片完整,钢柱内设有专用接地螺栓;混凝土电杆和其他混凝土制品表面平整,无缺角、漏筋。每个制品表面有合格印记,钢筋混凝土电杆表面光滑,无纵向、横向裂纹,杆身平直,弯曲不大于杆长的1/1 000。

(四)施工记录

1. 隐蔽工程检查记录

电气安装工程的隐蔽工程是指电气专业的某一道施工工序将被下一道施工工序或其他专业的某一道施工工序所掩盖而正常情况下不能再检查的工程项目。

1)隐蔽工程检查的内容

(1)埋于结构内的各种电线导管:检查导管的品种、规格、位置、弯扁度、弯曲半径、连接、跨接地线、防腐、管(盒)固定、管口处理、敷设情况、保护层、焊接质量等符合要求。

(2)结构钢筋避雷引下线:检查轴线位置、钢筋数量、规格、搭接长度、焊接质量,与接地极、避雷网、均压环等连接点的焊接情况等。

(3)等电位及均压环暗敷设:检查使用材料的品种、规格、安装位置、连接方法、连接质量、保护层厚度等。

(4)接地极装置埋设:检查安装位置、间距、数量、材质、埋深,接地极的连接方法、连接质量、防腐情况等。

(5)金属门窗、幕墙金属框架接地:检查连接材料的品种、规格、连接装置和数量、连接方法和质量等。

(6)不进入吊顶内的电线导管:检查导管的品种、规格、位置、弯扁度、弯曲半径、连接、跨接地线、防腐、管与盒连接及固定、管口处理、固定方法、固定间距等。

(7)直埋电缆:检查电缆的品种、规格、埋设方法、埋深、弯曲半径、标桩埋设情况等。

(8)不进人的电缆沟内敷设电缆:检查电缆的品种、规格、弯曲半径、固定方法、固定间距、标识情况等。

(9)管(线)路经过建筑物变形缝处的补偿装置:检查(线)与补偿装置的连接、补偿的有效性与位置。

(10)大型灯具与吊扇的预埋件(吊钩):检查预埋件的品种、规格、制作、焊接质量及固定方法等。

(11)有防火要求时,桥架和电缆沟内部要做防火处理。

2)避雷与接地装置地基隐蔽工程验收记录

(1)工程名称:验收的工程名称。

(2)分项工程名称:接地装置安装。

（3）接地类别：填写防雷接地、保护接地、工作接地、防静电接地或其他接地的方法。

（4）示意图及说明：应说明接地装置的坐标、尺寸以及焊接情况，接地电阻取测试的最大值。

（5）填写接地体的材质、规格、连接方法、长度、埋深、排列、顶端与地表距离。

（6）填写接地母线材质、规格、连接方法、埋深。

（7）验收意见：是否符合设计或规范要求，是否同意隐蔽。

3）避雷与接地引线（侧击雷）地基隐蔽工程验收记录

（1）工程名称：验收的工程名称。

（2）分项工程名称：避雷引线。

（3）填写引线的部位、名称、标高、材质、规格、连接方法等。

（4）填写侧击雷的部位。

（5）示意图及说明：说明避雷引线的数量、位置以及是否符合电气施工图纸；柱主筋的焊接情况应说明焊接质量、焊接面及焊接搭接长度等。

（6）验收意见：是否符合设计或规范要求，是否同意隐蔽。

4）电线、电缆导管和线槽敷设隐蔽工程验收记录

（1）分项工程名称：电线、电缆导管和线槽敷设。

（2）隐蔽工程的内容：填写线路名称、材质、规格、单位、连接方法、检查情况。

（3）简图及说明：绘制直埋电缆断面示意图坐标位置，主要标注电缆编号、型号、规格、相互间距、电缆与地下管道的平行和交叉距离尺寸等；靠近建筑物、构筑物时，可绘制直埋电缆的部分平面布置示意图，图中要注明地下电缆与建筑物、构筑物的距离尺寸，标志牌位置和标志桩的设置位置，也可另附图。

（4）填写侧击雷的部位。

（5）验收意见：是否符合设计或规范要求，是否同意隐蔽。

2. 工序交接记录

工序交接记录是新规范、施工质量验收统一标准的要求，是在各主要工序、工种以及两个施工单位等之间必须有的一种记录。主要内容包括交接上道工序工程量范围、质量情况。如工程交接顺利，则有结论：满足设计或规范要求，同意接收进入下道工序。

3. 工序预检记录

工序预检记录是对施工重要工序进行的预先质量控制的检查记录，是一种适用于各专业的通用记录。

电气工程预检项目及内容主要有：

（1）电气明配管（包括进入吊顶内）：检查导管的品种、规格、位置、连接、弯扁度、弯曲半径、跨接地线、焊接质量、固定情况、防腐情况、外观处理等。

（2）明装线槽、桥架、母线（包括进入吊顶内）：检查材料的品种、规格、位置、连接、接地、防腐情况、固定方法、固定间距等。

（3）明装等电位连接：检查连接导线的品种、规格、连接配件、连接方法等。

（4）屋顶明装避雷带：检查材料的品种、规格、位置、连接方法、固定方式、焊接质量、防腐情况等。

（5）变配电装置：检查配电柜、箱基础槽钢的规格、安装位置、水平与垂直度、接地的连

接质量;配电箱、柜的水平与垂直度;高低压电源进出口方向、电缆位置等。

(6)机电表面器具(包括开关、插座、灯具等):检查位置、标高、型号、外观效果等。

(五)施工检测记录

1. 绝缘电阻检测记录

绝缘电阻检测包括电气设备和动力、照明线路及其他必须确认绝缘电阻的测试。电气配线系统绝缘电阻检测,需检测两次。第一次检测是在配线工程穿线、焊接包头后的初测,确认线路绝缘符合要求后,方可进行器具安装;第二次检测是在电气器具设备安装完毕后,通电调试前再进行的全面和最终检测,此次检测应逐回路进行检测,不得遗漏,并填写《电气绝缘电阻检测记录》。

当无特殊要求时,采用测量绝缘电阻兆欧表的电压等级为:

100 V 以下的电气设备或回路,采用 250 V 兆欧表

100 ~ 500 V 的电气设备或回路,采用 500 V 兆欧表

500 ~ 3 000 V 的电气设备或回路,采用 1 000 V 兆欧表

3 000 ~ 10 000 V 的电气设备或回路,采用 2 500 V 兆欧表

10 000 V 及以上的电气设备或回路,采用 2 500 V 或 5 000 V 兆欧表

2. 避雷及接地装置接地电阻测试记录

接地电阻测试包括设备、系统的防雷接地、保护接地、工作接地、防静电接地等设计有要求的各种接地测试。接地装置的接地电阻测试应在接地体施工完成后,进行测试;避雷接闪器安装完成,整个防雷接地系统连成回路后,应对防雷接地系统进行测试。

填写设计接地电阻值和测试天气情况。实测接地电阻值小于设计接地电阻值为符合设计要求,测试应在天气晴朗、土壤干燥的环境下进行。

接地电阻测试后,应及时填写《避雷及接地装置接地电阻测试记录》,附上必要的平面示意图和文字说明。

3. 漏电保护器模拟漏电测试记录

动力和照明工程的漏电保护装置应全数进行安全检查,验证器具接线是否正确及漏电保护开关动作是否可靠等。各插座与漏电保护开关之间必须做模拟试验。漏电保护装置动作电流不大于 30 mA,动作时间不大于 0.1 s。

对电气器具带漏电保护的回路进行测试,所有漏电保护装置动作可靠,漏电保护装置的动作电流和动作时间符合设计及验收规范要求为合格。填写《漏电保护器模拟漏电测试记录》。

4. 配电箱、插座、开关接线(接地)通电检查记录

成套的和非标的动力照明配电箱均由生产厂提供,到货时按设计图纸和厂方产品技术文件核对其电器元件是否符合要求,元器件必须是国家定点厂的产品,并对双电源切换箱、动力配电箱、控制箱要作空载控制回路的动作试验,确认产品是否合格。嵌入式配电箱在土建施工时,将套箱预埋在墙内,在穿线前再安装配电箱,安装高度要符合设计要求。

各种开关、插座的规格型号必须符合设计要求,并有产品合格证。安装开关插座的面板应端正、严密并与墙面平,成排安装的开关高度应一致。开关接线应由开关控制相线,同一场所的开关切断位置应一致,且操作灵活,接点接触可靠。插座接线注意单相两孔插座左零右相或下零上相,单相三孔及三相四孔的接地线均应在上方。交、直流或不同电压的插座安装在同一场所时,应有明显区别,且其插座配套,均不能互相代用。

灯具开关控制相线、插座接线正确,未发现遗漏和串接为合格。填写《配电箱、插座、开关接线(接地)通电检查记录》。

5. 大型花灯重量过载试验记录

当灯具质量大于 3 kg,吊钩规格不应小于灯具挂钩直径,且安装应牢固;当灯具重量在 5 kg 及以上,预埋吊钩应做 2 倍灯具重量的过载试验。试验重物宜离开地面 30 cm 左右,试验时间不小于 15 min,填写《大型花灯重量过载试验记录》。

6. 照明全负荷通电试运行记录

照明工程结束后,应作全负荷通电试验,以检验施工质量和设计的预期功能。

公用建筑照明系统通电连续试运行时间为 24 h,民用住宅照明系统通电连续试运行时间为 8 h,试运行时,系统内的所有灯具均应开启,同时投入运行,以检测导线、电气配电设备的发热稳定性和安全性。在试验时,应密切注意检查,以防突发事故。开通时及以后每 2 h 记录运行状态 1 次,要求三相负荷基本平衡,导线不过热,电气设备运转正常。填写《照明全负荷通电试运行记录》。

7. 交流电动机试验记录

交流电动机在试运行前应进行检测。绝缘电阻、直流电阻、空运转情况等应符合规范要求。填写《交流电动机试验记录》。

8. 交流电动机检查及试运转记录

交流电动机应试通电,检查转向和机械转动有无异常情况;通电试运行时间一般为 2 h,期间共记录 3 次,即开始时、运行 1 h 时、运行 2 h 结束时、记录空载电流,且注意检查机身和轴承温度的上升。

交流电动机空载可启动次数及间隔时间不少于 5 min,再次启动应在电动机冷却至常温下进行。空载运行时,记录电流、电压、温度、运行时间等有关数据。填写《交流电动机检查及试运转记录》。

9. 电缆试验记录

电缆线路经过运行后,由于过负荷、过电压、绝缘老化或外力损伤等原因会使电缆线路产生缺陷,这些隐患直接威胁供电的可靠性。为了检查电缆线路的运行状态,及时发现、消除电缆线路的隐患,确保供电,必须进行电缆试验。对投入运行后的电缆线路所作的定期试验称为预防性试验。填写《电缆试验记录》。

(六)施工质量验收记录

(1)室外电气:架空线路及杆上电气设备安装检验批质量验收记录。

(2)变配电室:变压器、箱式变电所安装检验批质量验收记录;成套配电柜、控制柜(屏、台)和动力、照明配电箱(盘)检验批质量验收记录。

(3)供电干线:裸母线、封闭母线、插接式母线安装检验批质量验收记录;电缆桥架和桥架内电缆敷设检验批质量验收记录;电缆沟内和电缆竖井内电缆敷设检验批质量验收记录;电线导管、电缆导管和线槽敷设(室内绝缘导管敷设)检验批质量验收记录;电线导管、电缆导管和线槽敷设(室内金属导管敷设)检验批质量验收记录;电线、电缆和线槽质量验收表;槽板配线质量验收表;钢索配线检验批质量验收记录;电缆头制作、接线和线路绝缘测试检验批质量验收记录。

(4)电气动力:低压电动机、电加热器及电动执行机构检查接线检验批质量验收记录;

低压电气动力设备和试运行检验批质量验收记录。

（5）电气照明安装：普通灯具安装检验批质量验收记录；专用灯具安装检验批质量验收记录；专用灯具（游泳池和类似场所灯具及应急照明灯具安装）检验批质量验收表；专用灯具（手术台无影灯安装）检验批质量验收表；专用灯具（防爆灯具安装）检验批质量验收表；建筑物景观照明灯、航空障碍标志灯和庭院灯（建筑物彩灯安装）检验批质量验收表；建筑物景观照明灯、航空障碍标志灯和庭院灯（霓虹灯安装）检验批质量验收表；建筑物景观照明灯、航空障碍标志灯和庭院灯（建筑物景观照明灯具）检验批质量验收表；建筑物景观照明灯、航空障碍标志灯和庭院灯（航空障碍标志灯安装）检验批质量验收表；建筑物景观照明灯、航空障碍标志灯和庭院灯（庭院灯安装）检验批质量验收表；开关、插座、风扇安装检验批质量验收表；建筑物照明通电试运行安装质量验收表。

（6）备用和不间断电源安装：柴油发电机组安装检验批质量验收记录；不间断电源质量验收表；其他质量验收记录表参考（2）和（3）。

（7）防雷及接地安装：接地装置安装检验批质量验收表；避雷引下线和变配电室接地干线敷设质量验收表；接闪器安装质量验收表；建筑物等电位联结检验批质量验收表。

分项工程质量验收表主要包括：建筑电气工程、接地装置安装、分项工程质量验收表等；分部（子分部）工程质量验收表主要包括：建筑电气变配电室子分部工程质量验收表；建筑电气照明安装子分部工程质量验收表；建筑电气防雷及接地安装子分部工程质量验收表；建筑电气工程（分部）工程质量验收表子分部工程质量验收表等。

七、建筑智能工程施工资料

建筑智能工程主要包括以下分部工程：通信网络系统、信息网络系统、建筑设备监控系统、火灾自动报警及消防联动系统、安全防范系统、综合布线系统、智能化系统集成、电源与接地、环境、住宅（小区）智能化系统。

（一）施工管理资料

同本节"四、建筑给水、排水及采暖工程施工资料"中的施工管理资料。

（二）施工技术资料

同本节"四、建筑给水、排水及采暖工程施工资料"中的施工技术资料。

（三）施工物资资料

建筑智能工程施工物资资料主要包括下列内容：

（1）建筑智能工程的主要设备、材料及附件应有出厂质量证明文件。

（2）产品质量检验应包括列入《中华人民共和国实施强制性产品认证的产品目录》或实施生产许可证和上网许可证管理的产品；未列入强制性认证产品目录或未实施生产许可证和上网许可证管理的产品，厂家应提供由检测单位按相应的现行国家产品标准做出的产品检测报告；供需双方有特殊要求的产品，应按合同规定或设计要求进行。

（3）硬件设备及材料的质量检验重点应包括安全性、可靠性、电磁兼容性及使用环境等项目，可靠性检测可参考由生产厂家出具的检测报告。

（4）软件产品质量应按下列内容检验：

①商业化的软件，如操作系统、数据库管理系统、应用系统软件和网络软件等应对使用许可证及使用范围进行检验。

②由系统承包商编制的用户应用软件、用户组态软件及接口软件等应用软件,除进行功能测试和系统测试外,还应根据需要进行容量、可靠性、安全性、可恢复性、兼容性、自诊断等多功能测试,并保证软件的可维护性,由检测单位提供检验报告。

③所有自编软件均应提供完整的文档(包括软件资料、程序结构说明、安装调试说明、使用和维护说明书等)。

(5)系统接口的质量应按下列要求检验:

①系统承包商应提交接口规范,接口规范应在合同签订时由合同签订单位负责审定;

②系统承包商应根据接口规范制订接口测试方案,接口测试方案经检测机构批准后实施。系统接口测试应保证接口性能符合设计要求,符合接口规范中规定的各项功能,不发生兼容性及通信瓶颈问题,并保证系统接口的制造和安装质量。

(6)依规定程序获得批准使用的建筑智能新材料和新产品应提供主管部门规定的相关证明文件。

(7)进口产品除应符合本标准规定外,尚应提供原产地证明和商检证明,配套提供的质量合格证明、检验报告,及安装、使用、维护说明等文件资料应为中文文本(或附有中文译文)。

(四)施工记录

隐蔽工程检查验收记录主要内容如下:

(1)埋于结构内的各种电线导管:检查导管的品种、规格、位置、弯扁度、弯曲半径、连接、跨接地线、防腐、管(盒)固定、管口处理、敷设情况、保护层、需焊接部位的焊接质量等。

(2)不进入吊顶内的电线导管:检查导管的品种、规格、位置、弯扁度、弯曲半径、连接、跨接地线、防腐、管与盒连接及固定、管口处理、固定方法、固定间距等。

(3)不进入吊顶内的线槽:检查线槽的品种、规格、位置、连接、接地、防腐、固定方法、固定间距等。

(4)直埋电缆:检查电缆的品种、规格、埋设方法、埋深、弯曲半径、标桩埋设情况等。

(5)不进人的电缆沟内敷设电缆:检查电缆的品种、规格、弯曲半径、固定方法、固定间距、标识情况等。

(五)施工检测记录

1. 建筑智能系统功能检测记录

建筑智能系统设备安装完成以后,在建筑内部装修和各系统施工结束后,应依据设计要求进行系统设备检测。检测的内容包括:

(1)硬件通电检测:建筑设备的单机运转、现场设备(各类传感器、变速器、电动阀门及执行器、控制器)的性能检测。

(2)网络设备的通电自检:软件产品应根据需要进行容量、可靠性、安全性、可恢复性、兼容性、自诊断等多功能检测,并保证软件的可维护性。

(3)工作状态和应急状态的供电设备:如应急发电机组、蓄电池组等的技术性能检测。

(4)子系统或系统的功能检验,应重点检测设计中要求增加的项目,并填写施工检测记录。

2. 综合布线系统性能测试记录

综合布线系统性能测试记录主要是系统的电气性能检测记录。

(1)对绞电缆布线应进行连接图、长度、衰减、近端串音及其他相关性能的检测,光缆应进行连通性、衰减、长度及其他相关性能的检测。

(2)综合布线系统图、综合布线系统信息端口分布图、综合布线系统各配线区布局图、信息端口与配线架端口位置的对应关系表、综合布线系统路由图应符合现场实际路由。

(3)系统的电气性能检测应做好检测记录，并填写《综合布线系统性能测试记录》。

3.通信网络系统功能检测记录

通信网络系统功能检测记录包括通信系统(电话交换机系统、会议电视系统及接入网设备)、卫星数字及有线电视系统、公共广播与紧急广播系统等。

(1)通信系统程控电话交换设备功能检测应进行可靠性、障碍率、性能检测、中继检测、接通率检测、故障诊断等功能检测。检测结果应符合《程控电话交换设备安装工程验收规范》等规范规定及合同要求。

(2)会议电视系统应进行信道检测、系统效果质量检测及监测管理功能检测。检测结果应符合《会议电视系统工程验收规范》等规范规定及合同要求。

(3)接入网设备应进行线路、接口、传输性能及功能等检测。

(4)卫星数字及有线电视系统应进行系统质量的主观评价和客观检测。图像质量损伤的主观评价项目表中，每项参数应达到五级损伤制标准中的四级以上标准，客观检测结果应符合设计要求和《有线电视系统技术规范》等规范的规定。

(5)公共广播与紧急广播系统应进行放声系统分部、音质音量检测、音响效果评价、功能检测(业务内容、消防联动、分区控制等)及设计和合同要求的其他内容等功能检测。

(6)各子系统应做好检测记录，并填写系统检测汇总表。

4.建筑设备监控系统功能测试记录

建筑设备监控系统功能测试记录包括空调与通风系统、变配电系统、公共照明系统、给排水系统、热源和热交换系统、冷冻和冷却水系统、电梯和自动扶梯系统、中央管理工作站与操作分站、建筑设备监控系统与子系统(设备)间的数据通信接口及系统实时性、可维护性、可靠性检测等系统的功能测试记录。

(1)空调与通风系统应进行空调系统温度控制、新风量自控控制、预定时间表自动启停、节能优化控制、设备连锁控制、故障报警，以及设计和合同规定的其他内容的功能检测。

(2)变配电系统应进行变配电系统电气参数和电气设备工作状态检测，以及设计和合同规定的其他内容的功能检测。

(3)公共照明系统应进行公共照明设备的光照度、时间表自动控制、程序灯组控制及手动开关，以及设计和合同规定的其他内容的功能检测。

(4)给排水系统应进行给水、排水及中水系统参数监测、水泵运行状态监控、故障报警及保护等功能检测。

(5)热源和热交换系统应进行系统参数监测、系统负荷调节、预定时间表控制、节能优化控制及故障报警、能耗统计等功能检测。

(6)冷冻和冷却水系统应进行系统参数监测、系统负荷调节、预定时间表控制、节能优化控制及故障报警、能耗统计等功能检测。

(7)电梯和自动扶梯系统应进行运行状态检测及故障报警等功能检测。

(8)中央管理工作站与操作分站应进行参数监测、设备控制、控制参数设置、联机测试、报警功能、打印功能、统计功能、操作权限等功能检测。

(9)建筑设备监控系统与子系统(设备)间的数据通信接口应进行子系统工作状态参数监测和控制命令等相应功能检测。

(10)系统实时性、可维护性、可靠性检测应进行系统采样速度、系统响应时间、报警响应、在线编程、网络通信故障检测、系统可靠性检测等功能检测。

(11)各子系统应做好检测记录,并填写《建筑设备监控系统功能测试记录》。

5. 建筑智能系统试运行记录

在建筑智能系统安装调试完成,已进行了规定时间的试运行,并提供了相应的技术文件和工程实施及质量控制记录后,建设单位组织各工程责任单位依据合同技术文件和设计文件,以及《智能建筑工程质量验收规范》中规定的检测项目、检测数量和检测方法,制订系统检测方案并经检测机构批准和实施。检测机构应按系统检测方案所列检测项目进行检测并出具检测报告。检测报告中应包括对各子系统的检测,并应重点检测以下内容:

(1)防火墙和防病毒软件是否具有产品销售许可证、是否符合相关规定。

(2)建筑智能网络安全系统的防火墙和防病毒软件是否具有安全保障功能及可靠性。

(3)检测消防控制室向建筑设备监控系统传输、显示火灾报警信息的一致性和可靠性,检测与建筑设备监控系统的接口、建筑设备监控系统对火灾报警的响应及其火灾运行模式。

(4)新型消防设施的设置及功能检测应包括早期烟雾探测火灾报警系统、大空间早期火灾智能检测系统、大空间红外图像矩阵火灾报警及灭火系统、可燃气体泄漏报警及联动控制系统。

(5)检测安全防范系统中相应的视频安防监控(录像、录音)系统、门禁系统、停车场(库)管理系统等对火灾自动报警系统的响应及火灾模式操作等功能。

(6)电源与接地系统的检测包括引接验收合格的电源和防雷接地装置、建筑智能系统的接地装置、防过流与防过压元件的接地装置、防电磁干扰屏蔽的接地装置、防静电接地装置等内容。

(7)各子系统应做好检测记录,并填写《建筑智能系统试运行记录》。

(六)施工质量验收记录

建筑智能工程分部工程包括下列分部工程:通信网络系统、信息网络系统、建筑设备监控系统、火灾自动报警及消防联动系统、安全防范系统、综合布线系统、智能化系统集成、电源与接地、环境、住宅(小区)智能化系统。

(1)通信网络系统:程控电话交换系统、会议电视系统、接入网设备、卫星数字电视系统、有限电视系统、公共广播与紧急广播系统。

(2)信息网络系统:计算机网络系统、应用软件、网络安全系统。

(3)建筑设备监控系统:空调与通风系统、变配电系统、公共照明系统、给排水系统、热源和热交换系统、冷冻和冷却水系统、电梯和自动扶梯系统、数据通信接口、中央管理工作站与操作分站、系统实时性、可维护性、可靠性、现场设备。

(4)火灾自动报警及消防联动系统。

(5)安全防范系统:综合防范功能、视频安防监控系统、入侵报警系统、出入口控制(门禁)系统、巡更管理系统、停车场(库)管理系统、安全防范综合管理系统。

(6)综合布线系统:系统安装和系统性能。

(7)智能化系统集成:系统集成网络连接、系统数据集成、系统集成整体协调、系统集成综合管理及冗余功能、系统集成可维护性和安全性。

(8)电源与接地:电源系统、防雷与接地系统。

(9)环境。

(10)住宅(小区)智能化系统:火灾自动报警与消防联动系统、安全防范系统、监控与管理系统、家庭控制器、室外设备及管网系统等。

八、电梯工程施工资料

电梯工程共分为三个子分部工程,即电力驱动的曳引式或强制式电梯安装工程,液压电梯安装工程,自动扶梯、自动人行道安装工程。工程施工资料应按不同的子分部工程、分项工程进行组卷。

(一)施工管理资料

同本节"四、建筑给水、排水及采暖工程施工资料"中的施工管理资料。

(二)施工技术资料

同本节"四、建筑给水、排水及采暖工程施工资料"中的施工技术资料。

(三)施工物资资料

电梯工程施工物资资料主要包括下列内容:

(1)主要设备和材料必须有出厂合格证书,进场进行验收,填写电气设备开箱检查记录和材料进场抽样检查记录。另外,对质量有异议的送有资质的检测单位进行检测。

(2)设备进场后,由建设、监理、施工和供货单位共同开箱检验并做记录,填写《设备开箱检查记录》。电梯进场开箱应检查内容包括:土建布置图;产品出厂合格证;门锁装置、限速器、安全钳及缓冲器的型式试验证书复印件;装箱单;安装、使用、维护说明书;动力电路和安全电路的电气原理图;液压系统原理图;梯级或踏板的型式试验报告复印件;胶带的断裂强度证明文件复印件;对公共交通型自动扶梯、自动人行道应有扶手带的断裂强度证书复印件;核查产品合格证所标明的额定荷载和额定速度与设计施工图是否相符,产品合格证的型号、规格及其他技术参数与产品供应商所签合同是否相符;核查开箱检查记录,其设备零件是否与装箱单、合同内容相符;核查设备外观检查记录是否符合规范要求。

(3)电梯的主要设备、材料及附件应有出厂合格证、产品说明书及安装技术文件。

(四)施工记录

1. 隐蔽工程检查记录

电梯工程的隐蔽工程验收主要包括电梯承重梁、起重吊环埋设;电梯钢丝绳头灌注;电梯导轨、层门的支架及螺栓埋设等。电梯的电气安装隐蔽验收参见建筑电气工程相关部分内容。

(1)电梯承重梁、起重吊环埋设隐蔽工程检查。

当驱动主机承重梁需埋入承重墙时,埋入端长度应超过墙厚中心线至少 20 mm,且支承长度不少于 75 mm,填写《电梯承重梁、起重吊环埋设隐蔽工程检查记录》。

(2)电梯钢丝绳头灌注隐蔽工程检查。

钢丝绳头的巴氏合金灌注应符合产品制造的工艺规范,填写《电梯钢丝绳头灌注隐蔽工程检查记录》。

(3)电梯导轨、层门的支架及螺栓埋设隐蔽工程检查。

电梯井道内的导轨、层门的支架及螺栓埋设检查情况,应填写在《电梯导轨、层门的支架及螺栓埋设隐蔽工程检查记录》中。

2.电梯电气装置安装记录

电梯电气装置安装记录主要包括主电源开关、机房照明、轿厢照明和通风电路、轿厢照明及插座、井道照明、接地保护、控制屏柜、防护罩壳和线路敷设等的安装情况,填写《电梯电气装置安装记录》。

3.电梯安装与土建的交接预检记录

主控项目必须符合下列规定:

(1)机房(如果有)内部、井道土建(钢架)结构及布置必须符合电梯土建布置图的要求。

(2)主电源开关:

①主电源开关应能够切断电梯正常使用情况下最大电流。

②对有机房电梯,主电源开关应设置在机房入口处方便接近的地方。

③对无机房电梯,开关应设置在井道外工作人员方便接近的地方,且应具有必要的安全防护措施。

(3)井道:

①当底坑底面下有人员能达到的空间存在,且对重(或平衡重)上未设有安全钳装置时,对重缓冲器必须能安装在(或平衡重运行区域的下边必须)一直延伸到坚固地面上的实心桩墩上。

②电梯安装之前,所有层门预留孔必须设有高度不小于 1.2 m 的安全保护围封,并应保证有足够的强度。

③当相邻两层门地坎间的距离大于 11 m 时,其间必须设置井道安全门,井道安全门严禁向井道内开启,且必须装有安全门处于关闭的电梯才能运行的电气安全装置。当相邻轿厢间有相互救援用轿厢安全门时,可不执行本款。

填写《电梯安装与土建的交接预检记录》。

4.自动扶梯、自动人行道与土建交接预检记录

自动扶梯、自动人行道与土建交接预检情况可填写《自动扶梯、自动人行道与土建交接预检记录》。

5.自动扶梯、自动人行道相邻区域交接预检记录

自动扶梯、自动人行道相邻区域交接预检情况可填写《自动扶梯、自动人行道相邻区域交接预检记录》。

6.自动扶梯、自动人行道电气装置检查记录

自动扶梯、自动人行道电气装置检查记录同建筑电气检查和记录。

7.自动扶梯、自动人行道整机安装质量检查记录

自动扶梯、自动人行道整机安装质量检查应注意以下几点:

(1)梯级、踏板、胶带的楞齿及梳齿板应完整、光滑。

(2)内盖板、外盖板、围裙板、扶手支架、扶手导轨、护臂板接缝平整,接缝凸台不应大于 0.5 mm。

(3)梳齿板梳齿与踏板面齿槽的啮合深度不应小于 6 mm,间隙不小于 4 mm。

(4)围裙板与梯板、踏板间、梯级间、护壁板间的间隙应符合规范规定。

填写《自动扶梯、自动人行道整机安装质量检查记录》。

(五)施工检测记录

1.轿厢平层准确度测量记录

(1)额定速度小于等于 0.63 m/s 的交流双速电梯,应在 ±15 mm 的范围内。

(2)额定速度大于等于 0.63 m/s 且小于等于 1.0 m/s 的交流双速电梯,应在 ±30 mm 的范围内。

(3)其他调速方式的电梯,应在 ±15 mm 的范围内。

填写《轿厢平层准确度测量记录》。

2.电梯层门安全装置检验记录

(1)每层门必须能够用三角钥匙正常开启。

(2)安全触点必须保证位置正确,无论是正常、检修或紧急电动操作,均不能造成开门运行。

填写《电梯层门安全装置检验记录》。

3.电梯电气安全装置检验记录

(1)断相、错相保护装置:当控制柜三相电源中任何一相断开或任何两相错接时,断相、错相保护装置或功能应使电梯不发生危险故障。

(2)断路、过载保护装置:动力电路、控制电路、安全电路必须有与负载匹配的短路保护装置;动力电路必须有过载的保护装置。

(3)限速器:限速器上的轿厢(对重、平衡配重)的下行标志必须与轿厢(对重、平衡配重)的实际下行方向相符。限速器铭牌上的额定速度、动作速度必须与被检电梯相符。

(4)安全钳:安全钳必须与其他形式试验证书相符。

(5)缓冲器:缓冲器必须与其他形式试验证书相符。

(6)门锁装置:门锁装置必须与其他形式试验证书相符。

(7)上、下限开关:上、下限开关必须是开全触点,在端站位置进行动作试验时必须动作正常。在轿厢或对重(如果有)接触缓冲器之前必须有动作,且缓冲器完全压缩时,保持动作状态。

填写《电梯电气安全装置检验记录》。

4.电梯整机功能检验记录

1)无故障运行

(1)轿厢分别出空载、50% 额定载荷和额定载荷三种工况,通电持续率40%,到达全行程范围,按 120 次/h,每天不少于 8 h,各启动、制动运行 1 000 次。电梯应运行平稳、制动可靠、连续运行无故障。

(2)制动器线圈温升和减速器油温升不超过 60 ℃,其温度超过 85 ℃,电动机温升超过规范的规定。

(3)曳机除蜗杆轴伸出端渗漏油面积平均每小时不超过 150 cm² 外,其余各处不得渗漏油。

2)超载运行

断开超载控制电路,电梯在 110% 额定荷载,通电持续率40%情况下,到达全行程范围。启动、制动运行 30 次,电梯应能可靠地启动、运行停止(平层不计),曳引机工作正常。

3）曳引检查

（1）电梯空载上行至端站及 125% 额定载荷下行至端站,分别停 3 层以上,轿厢应可靠制停,超载下行时切断供电,轿厢应被可靠制动。

（2）当对重压在缓冲器上时,空载轿厢能被曳引绳提升起。

（3）当轿厢面积不能限制额定载荷时,需要 150% 额定载荷做曳引静载检查,历时 10 min,曳引绳无打滑现象。

4）安全钳装置

（1）对瞬时式安全钳装置,轿厢应有均匀分布的额定载重量,以检修速度下行按规范要求进行试验。

（2）对渐进式安全钳装置,轿厢应有均匀分布的 125% 额定载重量,以检修速度或平层速度下行按规范的要求进行试验。

5）缓冲试验

（1）蓄能型缓冲器:轿厢出额定载重量减低速度或轿厢空载对重装置分别对各自的缓冲器静压 5 min 后脱离,缓冲器应回复正常位置。

（2）耗能型缓冲器:轿厢和对重装置分别以检修速度下降将缓冲器全压缩,从离开缓冲器瞬间起,缓冲器柱塞复位时间不大于 120 s。

填写《电梯整机功能检验记录》。

5. 电梯主要功能检验记录

（1）基站启用、关闭开关:专用钥匙,运行、停止转换灵活可靠。

（2）工作状态选择开关:操纵盘上司机、自动、检修钥匙开关,可靠。

（3）轿内照明、通风开关:功能正确、灵活可靠、标志清晰。

（4）轿内应急照明:自动充电,电源故障时自动接通。

（5）本层厅外开门:按电梯停在某层的召唤按钮,应开门。

（6）自动定向:按先入为主的原则,自动确定运行方向。

（7）轿内指令记忆:有多个选层指令时,电梯按顺序逐一依靠。

（8）呼梯记忆、顺向载停:记忆厅外全部召唤信号,按顺序停靠应答。

（9）自动换向:全部顺向指令完成后,自动应答反向指令。

（10）轿内选层信号优先:完成最后指令,在门关闭前轿内优先登记定向。

（11）电梯自动关门待客:完成全部指令后,电梯自动关门,时间 1～10 s。

（12）提早关门与按钮开门:按关门按钮,门不经延时立即关门;在电梯未启动前,按开门按钮,门打开。

（13）自动返基站:电梯完成全部指令后,自动返基站。

（14）司机直驶:司机状态,按直驶钮后,厅外召唤不能截车。

（15）营救运行:电梯故障停在层间时,自动慢速就近平层。

（16）满载、超载装置:满载时载车功能取消,超载时不能运行。

（17）轿内报警装置:可采用警铃、对讲系统、外部电话进行报警。

（18）最小负荷控制（防捣乱）:使空载轿厢运行最近层站后,消除登记信号。

（19）门机断电手动开门:在开锁区,断电后,手扒开门的力不大于 300 N。

（20）紧急电源厅层装置:备用电源将电梯就近平层开门。

填写《电梯主要功能检验记录》。

6. 电梯负荷运行试验记录

电梯负荷运行试验记录主要检测电梯运行时的额定载荷、额定速度、电机功率、电流、额定转速、实测速度及在不同工况载荷与不同运行方向时的电压、电流、电机转速和轿厢速度。并注意以下内容。

(1)当轿厢的载重量为额定载重量的 50%，且下行至全行程中部时的速度不得大于额定速度的 105%，且不得小于额定速度的 92%。

(2)交流电动机：测量电流。

(3)直流电动机：测量电流并同时测量电压。

填写《电梯负荷运行试验记录》。

7. 电梯噪声检测记录

(1)机房：额定速度≤4 m/s   噪声≤80 dB 为合格

           额定速度≥4 m/s   噪声≤85 dB 为合格

           液压电梯   噪声≤85 dB 为合格

注意：测试点不少于 3 个。

(2)轿内：额定速度≤4 m/s   噪声≤55 dB 为合格

           额定速度≥4 m/s   噪声≤60 dB 为合格

           液压电梯   噪声≤55 dB 为合格

注意：轿厢内测试不含风机噪声。

(3)轿厢门和曾站门：

传声器分别至于层门和轿门宽度的中央，距门 0.24 m，距地面高 1.5 m，噪声均应小于等于 65 dB，各部位噪声测试均取最大值。

8. 自动扶梯、自动人行道安全装置检查记录

自动扶梯、自动人行道安装完毕，安装单位应对其安全装置、运行速度、噪声、制动器等功能进行检测，并填写《自动扶梯、自动人行道安全装置检查记录》。

9. 自动扶梯、自动人行道整机性能及运行试验记录

对自动扶梯、自动人行道整机性能进行检测确认后，填写《自动扶梯、自动人行道整机性能》。

(六)施工质量验收记录

电梯工程共分为三个子分部工程，即电力驱动的曳引式或强制式电梯安装工程，液压电梯安装工程，自动扶梯、自动人行道安装工程。

(1)电力驱动的曳引式或强制式电梯安装工程质量验收记录包括：设备进场验收，土建交接检验，驱动主机，导轨，门系统，轿厢，对重(平衡配重)，安全部件，悬挂装置、随行电缆、补偿装置，电气装置，整机安装验收。

(2)液压电梯安装工程验收记录包括：设备进场验收，土建交接检验，液压系统、导轨、门系统、轿厢、平衡配重、安全部件、悬挂装置、随行电缆、电气装置、整机安装验收。

(3)自动扶梯、自动人行道安装工程包括：设备进场验收、土建交接检验、整机安装验收。

第三节　河南省施工单位文件资料编制示例

施工现场质量管理检查记录

开工日期:2005 年 6 月 10 日

工程名称	××大学综合楼	施工许可证(开工证)		施 2005 – 00260 建
建设单位	×××房地产开发公司	项目负责人		×××
设计单位	×××设计事务所	项目负责人		×××
监理单位	×××监理公司	总监理工程师		×××
施工单位	×××公司第二项目部	项目经理	×××	项目技术负责人　×××

序号	项目	内容
1	现场质量管理制度	质量例会制度、月评比及奖罚制度、三检及交接检制度、质量与经济挂钩制度
2	质量责任制	岗位责任制、设计交底会制度、技术交底制、挂牌制度
3	主要专业工种操作上岗证书	测量工、钢筋工、起重工、木工、混凝土工、电焊工、架子工有操作上岗证
4	分包方资质与对分包单位的管理制度	
5	施工图审查情况	有审查报告及审查批准书
6	地质勘察资料	地质勘探报告齐全
7	施工组织设计、施工方案及审批	施工组织设计编制、审核、批准齐全
8	施工技术标准	有模板、钢筋、混凝土浇筑、瓦工、焊接等工艺标准20多种
9	工程质量检验制度	有管理制度和计量设施精确度及控制措施
10	搅拌站及计量设置	有管理制度和计量设施精确度及控制措施
11	现场材料、设备存放与管理	有钢材、砂、石、水泥、砖、玻璃、饰面板、地板砖等管理办法
12	其他	

检查结论:施工现场质量管理制度完整,符合要求,工程质量有保障

总监理工程师:×××

(建设单位项目负责人)

2006 年 6 月 9 日

施工日志

天气状况		风力	最高/最低温度(℃)	备注
白天	晴	2～3级	24～19	
夜间	晴	1～2级	17～8	

生产情况记录:(施工部位、施工内容、机械作业、班组工作、生产存在的问题等)

地下二层

1. Ⅰ段(1－13/A－J轴)顶板钢筋绑扎,埋件固定,塔吊作业,型号××,钢筋班组15人,组长:×××。

2. Ⅱ段(14－19/A－J轴)梁开始钢筋绑扎,塔吊作业,型号××,钢筋班组18人。

3. Ⅲ段(19－28/B－F轴)该部位施工图纸由设计单位提出修改,待设计通知单下发后,组织相关人员施工。

4. Ⅳ段(28－41/B－G轴)剪力墙、柱模板安装,塔吊作业,型号××,木工班组21人。

5. 发现问题:Ⅰ段顶板(1－13/A－J轴)钢筋保护层厚度不够,马镫铁间距未按要求布置

技术质量安全工作记录:(技术质量安全活动、检查评定验收、技术质量安全问题等)

1. 建设、设计、监理、施工单位在现场召开技术质量安全工作会议,参加人员:×××(职务)等。

会议决定:

(1) ±0.000以下结构于×月×日前完成。

(2)地下三层回填土×月×日前完成,地下二层回填土×月×日前完成。

(3)对施工中发现问题(××××××问题),立即返修,整改复查,符合设计、规范要求。

2. 安全生产方面:由安全员带领3人巡视检查,主要是"三宝、四边、五临边",检查全面到位,无隐患。

3. 检查评定验收:各施工班组施工工序合理、科学,Ⅱ段(14－19/A－J轴)梁、Ⅳ段(28－41/B－G轴)剪力墙、柱予以验收,实测误差达到河南省"中州"杯要求

参加验收人员

监理单位:×××(职务)等

施工单位:×××(职务)等

记录人	×××	日期	2003年3月8日星期×

工程开工报审表

工程名称:×××小区 2 号住宅楼

致×××监理公司(监理单位)	
我方承担的×××小区 2 号住宅楼准备工作已完成。	
一、施工许可证已获政府主管部门批准;	√
二、征地拆迁工作能满足工程进度的需要;	√
三、施工组织设计已获总监理工程师批准;	√
四、现场管理人员已到位,机具、施工人员已进场,主要工程材料已落实;	√
五、进场道路及水、电、通信等已满足开工要求;	√
六、质量管理、技术管理和质量保证的组织机构已建立;	√
七、质量管理、技术管理制度已制定;	√
八、专职管理人员和特种作业人员已取得资格证、上岗证	√

特此申请,请核查并签发开工指令

承包单位(章):×××建筑安装总公司

项 目 经 理:×××

日　　　　期:2002 年×月×日

审查意见:

同意开工

项目监理机构(章):×××监理公司

总 监 理 工 程 师:×××

日　　　　期:2002 年×月×日

图纸会审记录

工程名称	×××小区3号楼
建设单位	×××开发有限公司
监理单位	×××建设监理公司
勘察单位	×××勘察设计院
设计单位	×××建筑设计院
施工(分包)单位	×××建筑安装公司
会审地点	项目部会议室
会审时间	××年×月×日

会审内容共计 页 项条款(其中:建筑 条,结构 条,安装 条)

参加单位及参加人员	建设单位	勘察单位	设计单位	监理单位	施工(分包单位)
	参加人签字(章)	参加人签字(章)	参加人签字(章)	参加人签字(章)	参加人签字(章)
	×××	×××	×××	×××	×××

勘察单位		
结施-×	基础J-2平面布置图中结构详图轴线与基础杯口中心线距离不一致	以结构图为准
结施-×	Z-4柱子铁件M-11无详图	5月19日前设计院另行通知
结施-×	Z-2柱子高度不详	柱顶标高为+9.9 m
建施-×	卫生间无防水层,是否加设	加设防水层,做法在5月末前由设计院提供图纸

编号：

工程名称	×××小区 2号住宅楼	洽商时间	2002-05-17

洽商内容：

　　施工过程中发现如下问题需与设计单位、建设单位洽商。计有：

　　1.结施06图：17、33、35号筋长度应延长过E轴900 mm，与23号筋做法一致；

　　2.1、M-5门改为1.8 m宽，高度不变；

　　3.卫生间防水选用聚氨酯三遍防水；

　　4.散水做法采用标准图集98J100-2，宽度900 mm；

　　5.17轴与C轴交叉处构造柱取消

设计单位代表	×××	建设单位代表	×××	监理单位代表	×××	施工单位代表	×××

设计变更通知单

工程名称	×××工程	专业名称	结构
设计单位名称	×××设计院	日期	2003-03-18

序号	图号	变更内容
1	结施2、3	DL1、DL2 梁底标高 − 2.000 改为 − 1.800,切 DL1 上挑耳取消
2	结施 − 14	Z10 中配筋 φ 18 改为 φ 20,根数不变
3	结施 − 30	KL − 42、KL − 44 的梁高 700 改为 900
4	结施 − 40	二层梁顶 LL − 18 梁高出板面 0.55 改为 0.60
5		结构图中标注尺寸 878 全部改为 873
6		KZ5 截面 1 378 改为 1 373,基础也相应改变

签字栏	建设(监理)单位	设计单位	施工单位
	×××	×××	×××

技术交底记录

建设单位名称	×××房产开发公司	交底人	×××
工程项目名称	×××花园	接受交底班组长	×××
施工单位名称	×××建筑工程公司	记录人	×××
分部分项名称	混凝土搅拌、运输和浇灌工程	交底日期	2003-03-19

交底内容：

1. 应提前做好配合比，并根据砂、石实际含水率调整成施工配合比。现场搅拌的混凝土应将材料过磅正确后搅拌。

2. 首次使用的混凝土配合比应进行开盘鉴定。商品混凝土应有厂内制作的试块和现场抽样制作的试块。

3. 混凝土试块的留置应按施工规范的规定进行，抽取试样应有监理（建设）单位人员的见证。

4. 拌制混凝土应采用饮用水，当采用其他水源时，水质应符合国家现行标准的规定。

5. 混凝土运输、浇筑及间歇的全部时间不应超过混凝土的初凝时间，同一施工段应连续浇筑。

6. 混凝土的施工缝应设置在结构受剪力较小的部位，楼梯的施工缝应设置在第三个踏步处（即梯负弯矩筋的末端）。

7. 墙体的抗震构造柱不得与框架结构同时浇筑，应待砖墙砌筑完成 7 d 后方可进行混凝土的浇灌，并与上端的框架梁接触处采用柔性连接。

8. 柱、梁、板的混凝土应在浇筑完成后 12 h 以内加以覆盖和浇水，浇水次数应能保持混凝土处于湿润状态。

9. 对普通水泥拌制的混凝土养护时间不得少于 7 d，对有抗渗要求的地下室、水箱、屋面等的混凝土养护时间不得少于 14 d。

10. 混凝土强度达到 1.2 N/mm² 前，不得在其上踩踏或安装柱筋、柱模和堆放材料等活动。

11. 在板面铺设水平运输架路时，架路的下方应先铺上一层彩条塑料布，以保证运料斗车掉下的混凝土不会直接黏结在模板上。

12. 对混凝土出现的一般缺陷，可在公司内部按技术处理方案进行处理，并重新检查验收。

13. 对混凝土出现的严重缺陷，应经监理（建设）单位认可的处理方案进行处理，并重新验收。

14. 对尺寸超过允许偏差且影响结构性能和安装、使用功能的部位，应经监理（建设）单位认可的处理方案进行处理，对经处理的部位，应重新检查验收。

15. 为保证板面的标高和平整，除对四周模板内侧弹上水平控制和柱筋上标注水平点外，尚应设置移动灰饼。

16. 如果浇筑过程中下雨，应用彩条塑料布遮盖板面，并迅速做好产品的保护工作。

17. 班组长应从始至终在现场跟班、调度和指挥该班组工人认真做好混凝土的捣固工作。

18. 除了以上交底要求，尚应遵守国家有关的标准、规范和行业规程等，并严格执行工程建设强制性标准

<h1 style="text-align:center">材料(设备)进场验收记录(通用)</h1>

收货日期	材料(设备)名称	单位	数量	送货单编号	供货单位名称
2002年4月18日	钢筋	t	10.5	02375	×××贸易集团公司

材料(设备)数量及质量情况	1. 不同品种的各自应送产品数量; 2. 不同品种的各自实收产品数量; 3. 实收质量状况 进场钢筋数量提货单上φ6.5钢筋计10.5 t,目测外观质量合格,实收:10.5 t,有出厂合格证
存放地点及保管状况	1. 露天或仓库; 2. 能否正常保管 在场地的南侧部分露天存放,用塑料布棚盖
备注	1. 运输单位名称:提货单位为临运户; 2. 送货单位名称:×××; 3. 其他

施工单位:×××房产开发公司   专业技术负责人:×××

供货单位负责人:×××

质检员:×××   材料员:×××

工程物资进场报验表

工程名称	×××房产开发公司		日期		×××

致×××监理公司(监理单位):

　　现报上关于<u>结构</u>工程的物资进场检验记录,该批物资经我方检验符合设计、规定及合约要求,请予以批准使用。

物资单位	主要规格	单位	数量	选样报审表编号	使用部位
砂子	×××	m³	××	×××	2层结构

附:

名称	页数	编号
1.□出厂合格证	×页	×××
2.□厂家质量检验报告	×页	×××
3.□厂家质量保证书	×页	×××
4.□商检证	×页	×××
5.□进场检验记录	×页	×××
6.□进场复试报告	×页	×××
7.□备案情况	×页	×××
8.□其他		

申报单位名称:　　　　　　　　　　　　　　　　　　申报人(签字):×××

施工单位检验意见:

报检的工程材料的质量证明文件齐全,同意报项目监理部审批。

□有/□无　　　　　附页

施工单位名称:×××建筑工程公司

技术负责人(签字):×××　　　　　　　　　　　　审核日期:××年×月×日

验收意见:

审定结论:　　　□同意　　　□补充资料　　　□重新检验　　　□退场

监理单位名称:×××监理公司

监理工程师(签字):×××　　　　　　　　　　　　验收日期:××年×月×日

工程名称	×××大学综合楼	委托单位	×××公司
图纸编号	×××	施测日期	2003-04-03
平面坐标依据	测2003—036 A、方1、D	复测日期	2003-04-04
高程依据	测2003—036 BMG	使用仪器	DS1 96007
允许误差	±13 mm	仪器校验日期	2003-02-15

定位抄测示意图：

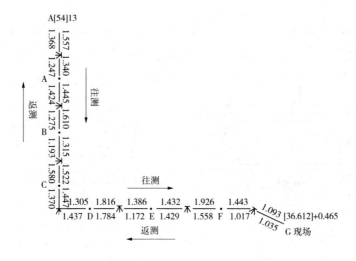

复测结果：

$h_{往} = \sum 后 - \sum 前 = +0.273$ m

$h_{返} = \sum 后 - \sum 前 = -0.281$ m

$f_{测} = \sum 后 + \sum 前 = -8$ m

$f_{允} = \pm 5$ mm $> f_{测}$ 精度合格

高差 $h = +0.277$ m

签字栏	建设(监理)单位	施工(测量)单位	×××建筑工程公司	测量人员岗位证书号	×××××
		专业技术负责人	测量负责人	复测人	施测人
	×××	×××	×××	×××	×××

基槽验线记录

工程名称	×××大学综合楼	日期	2003-02-10

验线依据及内容：

依据：1. 施工图纸(图号××)，设计变更/洽商(编号××)；

2.《建筑工程施工测量规程》(DBJ 01 - 21 - 95)；

3. 本工程《施工测量方案》；

4. 定位轴线控制网

内容：根据主控轴线和基底平面图，检验建筑物基底外轮廓线、集水坑(电梯井坑)、垫层标高、基槽断面尺寸及边坡坡度(1:0.5)等

基槽平面、剖面简图：

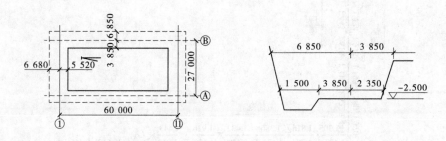

检查意见：

经检查：1 - 11/A - B 轴为基底控制轴线，垫层标高(误差 - 1 mm)，基槽开挖的断面尺寸(误差 + 2 mm)，坡度边线、坡度等各项指标符合设计要求、《建筑工程施工测量规程》(DBJ 01 - 21 - 95)及本工程《施工测量方案》规定，可进行下道工序施工

签字栏	建设(监理)单位	施工测量单位	×××建筑工程公司	
		专业技术负责人	专业质检员	施测人
	×××	×××	×××	×××

楼层平面放线记录

工程名称	××大学综合楼	日期	2003-02-10
放线部位	地下一层1-7/A-J轴顶板	放线内容	轴线竖向投测控制线,墙柱轴线、边线、门窗洞口位置线,垂直度偏差等

放线依据:

1. 施工图纸(图号××),设计变更/洽商(编号××);

2.《建筑工程施工测量规程》(DBJ 01-21-95);

3. 本工程《施工测量方案》;

4. 地下二层已放好的控制桩点

放线简图:

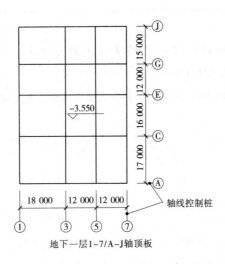

地下一层1-7/A-J轴顶板

检查意见:

1. 1-7/A-J轴为地下一层外廊纵横轴线;

2. 括号内数据为复测数据(或结果);

3. 各细部轴线间几何尺寸相对精度最大偏差+2 mm,90°中误差10″,精度合格;

4. 放线内容均已完成,位置准确,垂直度偏差在允许范围内,符合设计,DBJ 01-21-95及测量方案要求,可以进行下道工序施工

签字栏	建设(监理)单位	施工单位	××建筑工程公司	
		专业技术负责人	专业质检员	施测人
	×××	×××	×××	×××

楼层标高抄测记录

工程名称	××大学综合楼	日期	2003-02-10
抄测部位	地上八层38－42/ G－P轴墙柱	抄测内容	楼层＋0.5 m水平控制线

抄测依据：

1. 施工图纸(图号××)，设计变更/洽商(编号××)；

2. 《建筑工程施工测量规范》(DBJ 01－21－95)；

3. 本工程《施工测量方案》；

4. 地上七层已放好的控制桩点

检查说明：

地上八层38－42/G－P轴墙柱＋0.5 m水平控制线，标高为23.3 m，标柱点的位置设在墙柱上，依据《施工测量方案》，在墙柱上设置固定的3个点，作为引测需要。

测量工具：自动安平水准仪，型号DZS3－1。根据需要可画墙柱剖面简图予以说明，标明重要控制轴线尺寸及指北针方向

检查意见：

经检验：地上八层38－42/G－P轴墙柱，＋0.5 m水平控制线已按施工图纸、测量方案引测完毕，引测方法正确，标高传递准确，误差值为－2 mm，符合设计、规范要求

签字栏	建设(监理) 单位	施工单位	×××建筑工程公司	
		专业技术负责人	专业质检员	施测人
	×××	×××	×××	×××

隐蔽工程验收记录

工程名称:×××   编号:×××

隐蔽部位	二楼①~㉓轴线上 PC 板	图号	结施5
隐蔽日期		施工单位	×××建筑工程有限公司

<table>
<tr><td rowspan="2">隐蔽检查内容</td><td colspan="4">
检查内容:

  1.位置:下标高为5.5 m;

  2.混凝土标号为C20;

  3.详图见结施5;

  4.配筋的规格型号、直径、位置、间距、截面大小等满足设计要求;

  5.钢筋弯钩角度、平直段长度,锚固位置长度,保护层厚度,梁箍筋加密长度等满足施工验收
    规范及设计的要求
</td></tr>
</table>

监理(建设)单位验收意见	经核对以上所发生的项目情况属实,同意签字认可 监理工程师:××× ××年×月×日	材料试验情况	名称	出厂合格证	复试单号

施工单位技术负责人:×××   质量检查员:×××   施工员:×××

砂浆抗压强度试验报告

试验编号		2003 – 0039		委托编号	2003 – 01375
工程名称及部位		×××工程地上五层 A – E 轴砌体		试件编号	007
委托单位		×××		试验委托人	×××
砂浆种类	水泥混合砂浆	强度等级	M10	稠度	70 mm
水泥品种及强度等级	P.O 32.5	试验编号	2003 – 0017		
矿产地及种类	潮白河　中砂	试验编号	2003 – 0012		
掺合料种类	—	外加剂种类	—		
配合比编号		2003 – 0206			
试件成型日期	2003-01-04	要求龄期(d)	28	要求试验日期	2003-01-02
养护方法	标准	试件收到日期	2003-01-08	试件制作人	×××

试验结果	试压日期	实际龄期（d）	试件边长（mm）	受压面积（mm²）	荷载(kN) 单块	荷载(kN) 平均	抗压强度（MPa）	达到设计强度等级的百分比（%）
					54.6			
					56.3			
					69.8			
	2003-12-02	28	70.7	5 000	65.5	62.7	12.5	125
					60.7			
					69.4			

结论：
合格

批准	×××	审核	×××	试验	×××
试验单位		×××试验室			
报告日期		2003-01-02			

回填土试验报告

委托编号	2003－01736			试验编号		2003－0013	
工程名称及施工部位	××大学综合楼地下二层肥槽东侧						
委托单位	×××建筑工程公司			试验委托人		×××	
要求压实系数 λ_c				回填土种类		3:7灰土	
控制干密度（g/cm³）	1.55			试验日期		2003-04-28	
步数	1	2					
	实测干密度(g/cm³)						
	实测压实系数						
1	1.62	1.59					
	0.96	0.97					
2	1.6	1.58					
	0.97	0.98					
3	1.59	1.63					
	0.97	0.95					
4	1.64	1.69					
	0.95	0.92					
5	1.57	1.62					
	0.99	0.96					
6	1.65	1.6					
	0.94	0.97					
7	1.61	1.58					
	0.96	0.98					

取样位置简图(附图)

结论:

符合最小干密度及《土工试验方法标准》(GB/T 50123—1999)标准规定

批准人	×××	审核人	×××	试验人	×××
试验单位	×××建筑工程公司试验室				
报告日期	2003-04-28				

砖砌体(混水)工程检验批质量验收记录表

单位(子单位)工程名称		××宿舍8幢		
分部(子分部)工程名称	砌体结构子分部		验收部位	一层
施工单位	×××建筑工程公司		项目经理	×××
施工执行标准名称及编号	XDQB2002－10墙砌体施工工艺标准			

施工质量验收规范的规定			施工单位检查评定记录								监理(建设)单位验收记录
主控项目	砖强度等级	计要求MU10	2份试验报告 MU10								符合要求
	砂浆强度等级	计要求M10	块编号:0610－M10、0611－M10 共2组								
	平灰缝砂浆饱满度	≥80%	90%、96%、97%、90%、95%、96%								
	斜槎留置	第5.2.3条	√								
	直槎拉结筋及接槎处理	第5.2.4条	√								
	轴线位移	≤10 mm	5	3	2	7	8	3	2	⑩	
	垂直度(每层)	≤5 mm	⑤	3	3	1	4	3	7	2	
一般项目	组砌方法	第5.3.1条	√								符合要求
	水平灰缝厚度10 mm	8~12 mm	最大12 mm,最小8 mm,10处平均10 mm								
	基础顶面、楼面标高	±15 mm	0	9	5	8	3	2	17	7	
	表面不整度(混水)	8 mm	⑧	4	3	6	2	2	0	3	
	门窗洞口高度、宽度	±5 mm	4	2	2	⑤	1	3	7	4	
	外墙上下窗口偏移	20 mm	9	2	5	4					
	水平灰缝平直度(混水)	10 mm	⑩	5	5	2	4	9	2	3	

施工单位检查评定结果	专业工长(施工员)	×××	施工班组长	×××
	主控项目全部合格,一般项目满足施工规范规定要求。 项目专业质量检查员:××× 2003 年 2 月 20 日			

监理(建设)单位验收结论	同意验收 专业监理工程师:××× (建设单位项目专业技术负责人) 2003 年 2 月 20 日

注:1.定性项目符合要求打√,反之打×;

2.定量项目加○表示超出企业标准,加△表示超出国家标准。

钢筋分项工程验收记录

工程名称	×××3#楼		结构类型	砖混	检验批数	12
施工单位	×××建筑工程有限公司		项目经理	×××	项目技术负责人	×××
分包单位	×××		分包负责人	×××	分包项目经理	×××

序号	检验批部位、区段	施工单位检查评定结果	监理（建设）单位验收结论
1	筏板钢筋原材料	合格	合格
2	①～㉓轴－2.4 m下DQL钢筋原材	合格	合格
3	㉔～㊱轴－2.4 m下DQL钢筋原材	合格	合格
4	①～㉓轴地下室柱钢筋原材	合格	合格
5	㉔～㊱轴地下室柱钢筋原材	合格	合格
6	①～㉓轴地下室梁板钢筋原材	合格	合格
7	㉔～㊱轴地下室梁板钢筋原材	合格	合格
8	筏板钢筋加工	合格	合格
9	①～㉓轴－2.4 m下DQL钢筋加工	合格	合格
10	㉔～㊱轴－2.4 m下DQL钢筋加工	合格	合格
11	①～㉓轴地下室柱钢筋加工	合格	合格
12	㉔～㊱轴地下室柱钢筋加工	合格	合格

检查结论	项目专业技术负责人：×××　　　　　　×× 年 × 月 × 日	验收意见	监理工程师：×××（建设单位项目专业技术负责人）　　　　　　×× 年 × 月 × 日

建筑屋面分部(子分部)工程验收记录

工程名称	×××住宅楼	结构类型	砖混	层数	6层
施工单位	×××建筑工程有限公司	技术部门负责人	×××	质量部门负责人	×××
分包单位	×××	分包单位负责人	×××	分包技术负责人	×××

序号	分项工程名称	检验批数	施工单位检查评定	监理单位验收结论
1	卷材防水分项	6	合格	
2	保温层分项	6	合格	
3	找平层分项	6	合格	
4	细部分项	6	合格	
5				
6				
7				
8				

质量控制资料	√	基本齐全
安全和功能检验(检测)报告	√	
观感质量验收		好

验收单位	分包单位	项目经理:××× ××年×月×日
	施工单位	项目经理:××× ××年×月×日
	勘察单位	项目负责人:××× ××年×月×日
	设计单位	项目负责人:××× ××年×月×日
	监理(建设)单位	总监理工程师:××× (建设单位项目专业负责人) ××年×月×日

单位（子单位）工程质量竣工验收记录

工程名称	×××住宅楼	结构类型	砖混	层数/建筑面积	6 层/3 792 068 m²
施工单位	×××建安公司	技术负责人	×××	开工日期	2002 年 3 月 15 日
项目经理	×××	项目技术负责人	×××	竣工日期	2002 年 11 月 20 日

序号	项目	验收记录	验收结论
1	分部工程	共__6__分部,经查__6__分部符合标准及设计要求	同意验收
2	质量控制资料核查	共__47__项,经审查符合要求__47__项,经核定符合规范要求__47__项	同意验收
3	安全和主要使用功能核查及抽查结果	共核查__9__项,符合要求__9__项,共抽查__2__项,符合要求__2__项,经返工处理,符合要求__0__项	同意验收
4	观感质量验收	共抽查__10__项,符合要求__10__项,不符合要求__0__项	好
5	综合验收结论	合格	

参加验收单位	建设单位	监理单位	施工单位	设计单位
	（公章）	（公章）	（公章）	（公章）
	单位(项目)负责人： ××× 2002 年 11 月 28 日	总监理工程师： ××× 2002 年 11 月 28 日	单位负责人： ××× 2002 年 11 月 28 日	单位(项目)负责人： ××× 2002 年 11 月 28 日

第九章　竣工图资料(D类)的编制与管理

【学习目标】

　　了解竣工图编制的基本原则、竣工图的种类、竣工图编制的要求、竣工图章样式;熟悉竣工图编制的步骤、竣工图纸的折叠方法。

　　竣工图是工程竣工档案的重要组成部分,是工程建设完成成果的主要凭证性材料和工程实物的真实写照,也是工程竣工验收的必备条件和工程后续管理、维修、改建、扩建的依据。因此,无论是新建、改建还是扩建的工程竣工后,都必须编制竣工图。竣工图的编制工作应由建设单位负责,建设单位也可以委托施工单位、监理单位、设计单位或其他单位来编制。

第一节　竣工图编制的基本要求

一、竣工图编制的基本原则和依据

(一)竣工图编制的基本原则

竣工图的编制应遵循以下几条基本原则:

　　(1)凡在施工中,完全按原设计施工,无任何变动的,则由施工单位在原设计图上加盖"竣工图"标志章,即作为竣工图。

　　(2)凡在施工中,虽有一般性设计变更,但能将原施工图加以修改补充作为竣工图的,可不重新绘制,由施工单位负责在原施工图(必须是新图)上注明修改的部分,并附以设计变更通知单和施工说明,然后加盖"竣工图"标志章作为竣工图。

　　(3)凡结构形式改变、工艺改变、平面布置改变、项目改变以及有其他重大改变,或者图面变更面积超过35%的,不宜再在原施工图上修改、补充,应重新绘制改变后的竣工图。特别是基础、结构、管线等隐蔽工程部位的变更应重新绘制竣工图。若是设计原因,则设计单位负责重绘;若是施工原因,则施工单位负责重绘;若是其他原因,建设单位负责或委托其他单位。

　　(4)施工图被取消,包括设计变更取消或现场未施工的,不需要编制竣工图。但应在原图纸目录中注明"取消",并将原图作废。

　　(5)由于特殊原因,新的施工内容是在没有正式施工图的情况下进行施工的(这种情况一般是不允许的),应按实际施工最终状况,由施工单位绘制竣工图,经设计单位签署意见并补充修改依据后,方可作为竣工图。

(二)竣工图编制的依据

竣工图的编制应以下列内容为依据:

　　(1)建设单位提供的作为工程施工的全部施工图,包括所附的文字说明,以及有关的通用图集、标准图集或施工图册。

　　(2)施工图纸会审记录或交底记录。

（3）设计变更通知单，即设计单位提出的变更图纸和变更通知单。

（4）技术联系核定单，即在施工过程中由建设单位和施工单位提出的设计修改、增减项目内容的技术核定文件。

（5）隐蔽工程验收记录，以及材料代换等签证记录。

（6）质量事故报告及处理记录，即施工单位向上级和建设单位反映工程质量事故情况报告，鉴定处理意见、措施和验证书。

（7）建（构）筑物定位测量资料、施工检查测量及竣工测量资料。

二、竣工图编制的要求

（一）编制主体要求

1.竣工图的编制单位

施工单位在施工中做好施工记录、检查记录，整理好变更文件，并及时做好竣工图，保证竣工图质量，对竣工图及竣工文件的验收是工程验收的内容之一。这一规定明确了编制竣工图是施工单位必须履行的职责，以施工单位为主编制竣工图对落实编制竣工图任务和确保竣工图的质量是有利的，也是十分必要的。

按照基本建设程序，每项工程都要经过计划审批、划拨建设用地、征用土地和确定建筑物位置，委托设计和审批，组织施工和竣工验收等过程，在施工过程中发生的技术变更，一般都是施工单位及建设单位提出，然后同设计部门协商处理，而设计部门提出技术变更的则很少，因此除了设计变更较大，需要重新绘图的由设计部门负责外，一般的变更则是由施工单位完成竣工图的编制任务。

编制竣工图所依据的文件：图纸会审纪要、隐蔽验收记录、技术变更通知单、建（构）筑物定位测量资料、施工检查测量资料及竣工测量资料等，基本上都是施工部门形成的。

施工单位是项目产品的直接建造者，对工程变化最熟悉，尤其对隐蔽部分有实测检验记录，可以保证编制的竣工图符合实际情况。

工程竣工后，施工单位应按国家规定向建设单位提交完整、准确的竣工图等文件材料，作为交工验收的依据。

2.竣工图的编制人员

施工单位在工程建设过程中履行编制竣工图的职责时，必须贯彻"谁施工、谁负责"的原则。一般应由参加工程施工的有关技术人员承担。

编制竣工图是一项技术性较强的工作，也要承担技术责任，因此应由参加组织施工的施工技术人员或由（处）队的工程师、技术员负责编制；负责施工的工程技术人员的主要任务是按照施工图指导工人施工，解决和处理施工中的技术问题。一旦发生技术变更，使建筑物与施工图不相符合时，工程技术人员有责任更改绘制竣工图，以保证图物相符；负责施工的工程技术人员，对施工情况最了解，对变动部位知道最详细，尤其对隐蔽部位验收质量情况最清楚，而绝大部分原始记录等第一手资料都掌握在施工技术人员手中。

因此，由施工技术人员编制竣工图能做到准确、符合实际，能够保证竣工图的质量。

（二）编制时间及数量要求

1.竣工图编制的时间

工程建设周期一般较长，竣工后再编制竣工图，原始记录不易收集齐全，事后许多问题要靠回忆进行整理,往往因为当事人记不清楚,造成编制的竣工图不准确。

施工中往往会出现管理组织、管理人员的变动和交替现象,特别是施工单位的人员变动,都会对竣工后编制竣工图有直接影响,容易出现责任不清或互相扯皮现象。

由于有些施工单位承包的工程项目较多,而技术力量又不足,一个技术人员要负责几项工程,前面的工程刚接近收尾,新的工程又跟着上来,全部精力主要用在工程建设上,造成竣工图编制工作"老账未了,新账又来"的被动局面。随着时间的推移,竣工的项目越来越多,编制竣工图也就更困难了。

有些施工单位本来技术人员有限,再加上竣工后要整理移交资料,势必牵制一部分技术力量和需要一定的时间,既影响交工验收,又影响新项目的开工。

综上所述,把编制竣工图放在竣工后集中完成,工作量太大,时间要求紧,人员也不好安排,赶编出来的竣工图质量也不高,所以国家规定把编制竣工图的工作放在施工中进行。

跟随施工进度进行编制,把繁重的工作量分散,可以克服技术力量不足的困难;跟随施工进度编制,工程情况看得清、摸得准,观测清楚,编制准确;跟随施工进度编制,工程质量检查人员能及时核对竣工资料与实物的误差,以保证竣工图的质量。

2. 竣工图编制的套数

国家有关编制竣工图的规定,原则上不少于两套,一套移交生产使用单位保管,一套移交有关主管部门或技术档案部门长期保存。国家重点建设项目以及其他重要工程,若两套竣工图不能满足需要时,建设单位、施工单位在施工合同中必须明确其编制竣工图的套数。

(三)竣工图编制的质量要求

"百年大计、质量第一"是基本建设的宗旨,作为基本建设项目的竣工图,与工程长期共存,也应视作百年大计。因此,在编制竣工图时,必须重视编制质量。竣工图的编制质量必须符合下列要求:

(1)竣工图的图形和有关文字说明必须清楚准确、反映现场变更实际。做到图、物、文字一致,没有错误、遗漏和含糊不清的地方。

(2)利用施工图改绘竣工图时,必须在更改处注明变更依据,即在修改时要注明设计变更单,图纸会审记录或材料代用单的编号。做到指示明确、整齐美观,以便于查阅。当无法在图纸上表达清楚时,应在图标上方或左上方用文字说明,并须标注有关变更洽商记录的编号。新增加的文字说明,应在其涉及的竣工图上作相应的添加和变更。

(3)蓝图的更改可根据变更的具体情况选用"注改"和"杠改"(划改),不能刮改,以保持图面整洁。应用施工蓝图编制竣工图时,必须使用新蓝图。禁止用在工地上受到磨损,残缺不全和有油垢的旧蓝图编制竣工图。

(4)图上各种引出说明一般应与图框平行,引出线不得相互交叉,不遮盖其他线条。

(5)所有竣工图均须由编制单位逐张加盖、签署竣工图章。竣工图章中的内容填写齐全、清楚,不得代签。竣工图章盖在图纸标题栏附近空白处。

(6)编制竣工图必须用碳素墨水书写和绘制,不得用其他墨水和颜色的笔绘制,以便长期保存。描绘用纸必须是质地优良,透明度好的硫酸纸或薄尼龙纸,描绘线条要实在,墨色要均匀,以符合复晒的要求。竣工图章应使用不褪色红印泥。

(7)同一建筑物、构筑物重复的标准图、通用图可不编入竣工图中,但必须在图纸目录中列出图号,指明该图所在位置并在编制说明中注明,不同建筑物、构筑物应分别编制。

（8）竣工图应按《技术制图　复制图的折叠方法》(GB/T 10609.3—2009)，统一折叠成A4图幅。

（9）竣工图要具备完善的图样目录或文件目录。

（10）竣工图样上各专业名词、术语、代号、图形文字、符号和选用的结构要素，以及填写的计量单位，均应符合有关标准和规定。

第二节　竣工图的内容与种类

《关于编制基本建设工程竣工图的几项暂行规定》第二条规定：各项新建、扩建、改建、迁建的基本建设项目都要编制竣工图。特别是建设项目中的基础、地下建筑、管线、结构、井巷、洞室、桥梁、隧道、港口、水坝以及设备安装等工程，都要编制竣工图。要求所有上述规定范围内的工程项目都要编制竣工图，特别是工程的隐蔽部位要重点做好竣工图的编制工作。

一、竣工图的基本内容

竣工图编制基本内容主要包括总体方面和各专业方面两大基本内容。

（一）总体方面

总体方面竣工图包括：项目总平面布置图、位置图及地形图，设计图总目录，设计总说明，总体工程图，各单项工程图等内容。

（二）各专业方面

各专业方面竣工图包括：土建工程（含建筑、结构）竣工图，给排水工程竣工图，电力、照明电气和弱电（包括通信、避雷、接地、电视等）工程竣工图，暖通工程（包括采暖、通风、空调）竣工图，煤气（以及氧气、乙炔气、蒸气、压缩空气等）工程竣工图，设备及工艺流程竣工图。具体内容如下。

1. 建筑工程竣工图

（1）图纸目录；

（2）设计说明；

（3）屋面、楼面、地面（含地下室工程）、分层平面图；

（4）立面图；

（5）剖面图；

（6）门窗图；

（7）楼梯间、电梯间、电梯井道的平面和剖面详图；

（8）电梯机房平、剖面图；

（9）地下部分的防水防潮图，外墙伸缩缝防水图；

（10）阳台、雨篷、挑檐及其他建筑大样图；

（11）专业性特强的建筑图（如声学、光学、热学、抗震、防辐射等）；

（12）总体工程中的道路、铁路、围墙、大小堤岸、码头、闸门、桥梁，各种动力管、路、线、网的沟、坑、井、支架等地上和地下的建筑图；

（13）属于建筑工程的金属构件、钢筋混凝土的零星构件图。

2. 结构工程竣工图

(1)图纸目录；

(2)设计说明；

(3)基础平面、剖面图及节点大样图；

(4)屋面、楼面、地面(含地下室工程)分层结构平面布置图；

(5)柱详图，包括模板图、配筋图、剖面图、节点大样图；

(6)各层结构布置中的梁、板详图，包括模板图、配筋图、剖面图、节点大样图；

(7)工业厂房屋盖结构中的屋架、梁、板、支撑的平面布置图及大样图，吊车梁、吊车轨道及柱节点大样图；

(8)楼梯间、电梯间、电梯井道结构平面、剖面图及节点大样图；

(9)电梯机房结构平、剖面图。

3. 给排水工程竣工图

(1)图纸目录；

(2)设计说明；

(3)给排水设备明细表；

(4)各层给排水(包括给水、废水、污水、雨水、透气管)平面布置图；

(5)各种给排水(包括给水、废水、污水、雨水、透气管)主管图及透视图；

(6)各种给排水工程实际施工详图；

(7)屋顶水箱、屋面给排水工程图；

(8)水泵房、水池、水塔、冷水塔等工程给排水工程图；

(9)总体工程中的给排水工程图。

4. 电力、照明电气和弱电工程竣工图

(1)图纸目录；

(2)设计说明；

(3)电气设备明细表；

(4)变配电、供电、动力、照明、冷暖通风消防等电管、电线、电缆平面图、系统图；

(5)设备、工艺流程、制冷系统电管、电线、电缆走向图；

(6)各种高、低压柜、变配电箱原理图、二次接点图；

(7)弱电系统的通信、避雷、接地、电视线路图；

(8)总体工程中的电力、照明的地上架空线路图及地下线路图。

5. 暖通工程竣工图

(1)图纸目录；

(2)设计说明；

(3)暖通设备明细表；

(4)各层平面布置图；

(5)暖通管道立面透视图；

(6)总体工程中的暖通管道系统图。

6. 煤气工程竣工图

(1)图纸目录；

（2）设计说明；

（3）各层平面布置图；

（4）煤气管道立面透视图；

（5）总体工程中的煤气管道系统图。

7.设备及工艺流程竣工图

（1）图纸目录；

（2）设计说明；

（3）设备明细表；

（4）设备安装竣工图；

（5）管道化生产工艺流程竣工图；

（6）总体工程中有关工艺流程系统竣工图。

二、竣工图的种类

上述竣工图的基本内容是竣工图的内在表现,根据工程的实际情况和绘制竣工图的方法不同,竣工图的外在表达形式,即竣工图的主要类型有以下四种：

（1）利用施工蓝图改绘的竣工图；

（2）在硫酸纸图上改晒制的竣工图；

（3）重新绘制的竣工图；

（4）用CAD绘制的竣工图。

第三节　竣工图的编制

一、竣工图编制的步骤

（一）收集和整理各种依据性文件资料

在施工过程中,应及时做好隐蔽工程检验记录,收集好设计变更文件,以确保竣工图质量。施工图是编制竣工图的基础,有一张施工图,就应编制一张相应的竣工图(施工图取消的例外)。在正式编制竣工图前,应完整地收集和整理好施工图与设计变更文件。设计变更文件是编制竣工图的依据,是所有原设计施工图变更的图纸、文件及有关资料的总称。其中,由设计单位提供的设计变更文件有:设计变更单、补充设计图、修改设计图、技术交底图纸会审会议记录、各种技术会议记录、其他涉及设计变更的文件资料等。由施工单位提供的设计变更文件有:隐蔽工程验收单、工程联系单、技术核定单、材料代用单、其他涉及设计变更的文件资料等。

（二）分阶段编制竣工图

竣工图是工程实际的反映。为确保竣工图的编制质量,要做到边建设、边编制竣工图。也就是说,以单项工程为单位,以每个单项工程中的各单位工程为基础,分阶段地编制竣工图。一般来说,在每个单项工程中,竣工图绘制与工程交工验收的时间差,应不大于一个单位工程的施工进程。例如,当结构工程完成后,基础竣工图应绘制完毕;当安装工程完成后,结构竣工图应在一个月内绘制完毕,以此类推。在每个单项工程交工后,施工单位应在一个月内绘制完毕该单项工程的全部竣工图,并提供给建设单位予以复核、检查。建设单位和上级主管部门应对施工单位绘制竣工图的情况进行监督、检查,发现问题及时指正,确保竣工图的完整、准确、规范化、标准化。

(三)竣工图的审核

竣工图编制完毕后,监理单位应督促和协助各设计、施工单位负责检查其竣工图编制情况,发现不准确或短缺时要及时修改和补齐。承担施工的项目技术负责人还应逐张予以审核签认。采用总包与分包的建设项目,应由各施工单位负责编制所承包工程的竣工图,汇总整理工作由总包单位负责。竣工图的审核重点是能否准确反映工程施工实际状况。

竣工图的审核内容主要是:

(1)所有修改点是否都已修改到位;

(2)平面图、立面图、剖面图之间的相关处是否都已作相应修改;

(3)所有修改处是否都标注了修改依据;

(4)所有修改依据是否都已手续齐全。

(四)竣工图的签名盖章

竣工图编制后,应将竣工图标记章逐页加盖在图纸正面右下角的标题栏上方空白处或适当空白的位置,使图纸折叠装订后标记章能显露在右下角。

竣工图标记章由编制人、技术负责人(审核人)及监理负责人签名或盖章,以示对竣工图编制负责。建设单位技术负责人或其责成有关专业技术人员,对施工单位移交的竣工图应逐张予以复核,把好质量关。国外引进项目、引进技术或由外方承包的建设项目,外方提供的竣工图应由外方签字确认。

二、竣工图编制的方法

(一)竣工图编制的一般方法

根据国家有关规定,在实际工作中,竣工图大部分是利用原施工图来编制的。竣工图的编制工作,可以说是以施工图为基础,以各种设计变更文件、施工技术文件为补充修改依据而进行的。依据竣工图编制的原则,竣工图编制的基本方法有下列几种。

1. 注记修改法

注记修改法是用一条粗直线将被修改部分划去。因为注记修改基本上不涉及图纸上线条的修改,而是用文字、符号加以注释。因此,此法仅适用于原施工图上仅是用文字注释的内容。如建筑、结构施工图的总说明、材料代用、门窗表的修改和变更等。

2. 杠划法

杠划法即在原施工图上将不需要的线条用粗直线或叉线划去,重新编制竣工图的真实情况。此法是竣工图编制工作中最常用的一种基本方法。其优点是,被划去的内容和重新绘制的内容都一目了然,且编制竣工图的工作量较小;不足是,当变更较大或较多时,图面易乱,表达易不清。

3. 叉改法

在施工蓝图上将应去掉或修改前的内容打叉,表示取消,在实际位置绘出修改后的内容,并用带箭头的引出线标注修改依据。

4.刮改法

刮改法即在原施工底图上刮去需要更改的部分,重新绘制竣工后的真实情况,再复晒竣工蓝图。此法的特点是必须具备施工底图方可进行,对于大型工程和重要建筑物,考虑到目前蓝图不利于长期保存,最好编制竣工底图,或者利用现代复印设备,先制作施工底图,再利用刮改法做竣工底图。

5.贴图更改法

原施工图由于局部范围内文字、数字修改或增加较多、较集中,影响图面清晰,或线条、图形在原图上修改后使图面模糊不清,宜采用贴图更改法。即将需修改的部分,用别的图纸书写绘制好,然后粘贴到被修改的位置上。粘贴时,必须与原图的行列、线条、图形相衔接。在粘贴接缝处要加盖编制人印章。重大工程不宜采用贴图更改法。整张图纸全面都有修改的,也不宜用贴图更改法,应该重绘竣工图。

6.重新绘制新图

重新绘制新图即在施工过程中,随工程分部的修建而逐步编制,待整个工程竣工,各个部分的竣工图也基本绘制完成,经施工部门有关技术负责人审查、核实后,再描绘成底图,底图核签之后即可晒制竣工蓝图。此法的特点是:竣工图清晰准确、系统完整,便于永久保存和利用。

(二)图纸修改的技术要求

(1)所有修改处都要标注修改依据。标注修改依据应按设计变更文件名称、编号、条文号、产生日期、其所在案卷号和页码的先后顺序填写。例如,本图修改依据设计变更单建施修××号,见本卷××页。

(2)所有设计变更文件中的变更内容,必须不遗漏地在施工图中全面反映,即每项变更内容,不但要在文件所指的竣工图上反映,而且要在所有涉及的每张竣工图上反映。

(3)每一张竣工图的技术要求要一致,同一案卷内竣工图的技术要求也要一致。修改后的文字和数字位置要与被修改部分的位置大致相对应。

(4)作为竣工图的蓝图必须是图面清晰的新图纸。

(5)一张更改通知单涉及多图的,如果图纸不在同一卷册的,应将复印件附在有关卷册中,或在备考表中说明。

(三)各种形式竣工图的绘制方法应用

1.利用施工蓝图改绘竣工图

在施工蓝图上一般采用杠划改、叉改法;局部修改可以圈出更改部位,在原图空白处绘出更改内容;所有变更处都必须引划索引线并注明更改依据。具体的改绘方法可视图面、改动范围和位置、繁简程度等实际情况而定。

1)取消设计内容

尺寸、门窗型号、设备型号、灯具型号、钢筋型号和数量、注解说明等数字、文字、符号的取消,可采用杠改法。即将取消的数字、文字、符号等,用横杠杠掉,从修改的位置引出带箭头的索引线,在索引线上注明修改依据。例如,依据××年×月×日设计变更通知单,××层结构图(结××)中 Z1(Z2)柱断面图,(Z2)取消。

隔墙、门窗、钢筋、灯具、设备等取消,可用杠改法和叉改法。例如,2 层③轴上隔墙取消,可在隔墙的位置上打"×",并从修改处用箭头索引引出,注明修改依据。

2）增加设计内容

在建筑物某一部位增加隔墙、门窗、钢筋、灯具、设备等，均应在图上绘出，并注明修改依据。例如，某建筑3层⑨轴线上增加隔墙，可在3层⑨轴线上改绘，改绘后注明更改依据。改绘后还要注意，改绘部分剖面图及其他图纸中相应部分应同时进行改绘。

3）修改设计内容

当图纸的某部位发生设计变化，若不能在原位置上改绘时，可采用绘制大样图或另补绘图纸的方法。

一般在原图上标出修改部位的范围后，再在其空白处绘出修改部位的大样图，并在原图改绘范围和改绘的大样图处注明修改依据。如果原图纸无空白处，可另用硫酸纸绘补图纸并晒成蓝图，或用绘图仪绘制白图附在原图之后。并在原修改位置和补绘的图纸上注明修改依据，补图要有图名和图号。

2. 在硫酸纸图上修改晒制的竣工图

在原硫酸纸图上依据设计变更、工程洽商等内容用刮改法进行绘制，即用刀片将需要改的部位刮掉，再用绘图笔绘制修改内容，并在图中空白处做一修改备考表，注明变更、洽商编号（或时间）和修改内容，晒成蓝图。

3. 重新绘制竣工图

如果需要重新绘制竣工图的，必须按照有关的制图标准和竣工图的要求进行绘制及编制。要求重新绘制的竣工图与原图的比例相同，并且还应符合相关的制图标准，有标准的框和内容齐全的图签，再加盖竣工图章。

4. 用 CAD 绘制竣工图

计算机 CAD 技术的应用给竣工图的绘制带来巨大的方便，在电子版施工图上依据设计变更、工程洽商的内容进行修改，修改后用云图圈出修改部位，并在图中空白处做一个修改备考表，打印出图，并且在其图签上必须有原设计人员签字，加盖竣工图章。

第四节　竣工图章及图纸折叠

一、竣工图章

所有竣工图上必须加盖竣工图章，竣工图章应具有明显的"竣工图"字样，并包括施工单位、编制人、审核人、技术负责人、编制日期、监理单位、总监、现场监理等内容。各方负责人要对竣工图负责。竣工图章样式如图 9-1 所示。

竣工图由编制单位逐张加盖竣工图章后，由各方负责人签署姓名。竣工图章中的签名必须齐全，不得代签。凡由设计单位编制的竣工图，其设计图签中必须注明为竣工阶段，并由绘制人和技术负责人在设计图签中签字。竣工图章应加盖在图签附近的空白处，应使用不褪色红色或蓝色印泥。

二、竣工图纸的折叠方法

（一）竣工图折叠的一般要求

竣工图纸编制完成后，应按裁图线裁剪整齐，图纸幅面应符合建筑制图标准的规定。工程图纸样式如图9-2所示。图纸基本幅面与代号如表9-1所示。

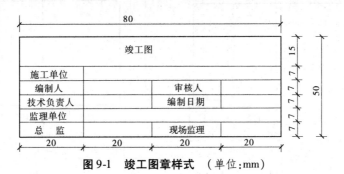

图9-1　竣工图章样式　（单位：mm）

图面应向内折叠，叠成手风琴风箱形式。折叠后幅面尺寸应以4#图纸基本尺寸（297 mm×210 mm）为准。图标及竣工图章应露在外面。3#、2#、1#、0#图纸应在装订边297 mm处折一三角或剪一缺口，折进装订边。折叠后装订边较图内薄，装订时，根据实际需要可以在装订边加入纸板，使装订边与卷内资料等厚，以方便装订和存放。

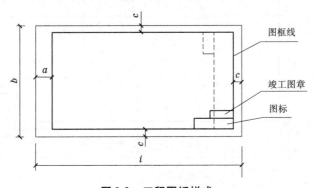

图9-2　工程图纸样式

表9-1　图纸基本幅面与代号　（单位：mm）

基本幅面代号	0#	1#	2#	3#	4#
$b \times i$	841×1 189	594×841	420×594	297×420	297×210
c		10			5
a			25		

（二）图纸的折叠方法

4#图纸不用折叠，3#图纸折叠示意图如图9-3所示，2#图纸折叠示意图如图9-4所示，1#图纸折叠示意图如图9-5所示，0#图纸折叠示意图如图9-6所示。图中序号表示折叠次序，虚线表示折起的部分。

图纸较多时，在折叠前，最好准备一块略小于4#图纸尺寸的模板，一般可以取尺寸为292 mm×205 mm的硬纸板或塑料板。折叠时，应先把图纸铺好，再把模板放在图纸的适当位置上，然后按照图9-3～图9-6所示的折叠方法中的标号和顺序依次折叠。

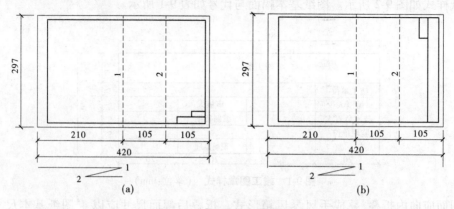

图 9-3 3# 图纸折叠示意图

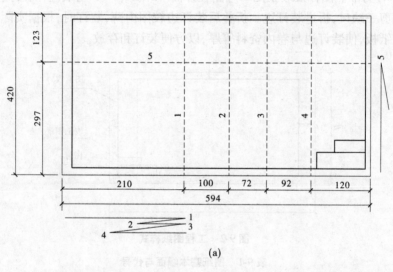

(a)

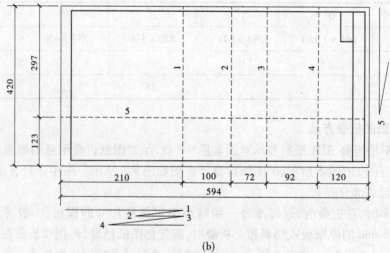

(b)

图 9-4 2# 图纸折叠示意图

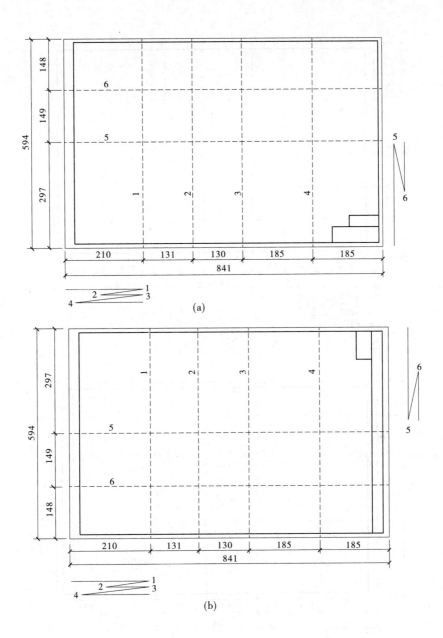

(a)

(b)

图 9-5　1#图纸折叠示意图

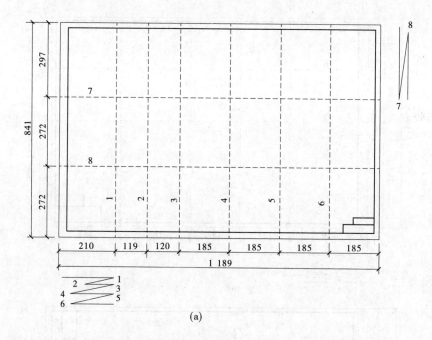

(a)

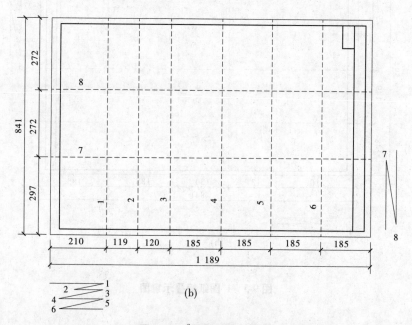

(b)

图 9-6 0# 图纸折叠示意图

第十章　市政工程资料档案管理

【学习目标】

了解市政工程资料档案管理的基本规定、工程资料编制的质量要求,熟悉市政工程资料档案报送清单,掌握市政工程资料组卷、归档、验收及管理措施。

市政工程(Municipal Engineering)是指市政设施建设工程,一般是属于国家的基础建设,是城市建设中的各种公共交通设施、给水、排水、燃气、城市防洪、环境卫生及照明等基础设施建设,是城市生存和发展必不可少的物质基础,是提高人民生活水平和对外开放的基本条件。市政工程资料是在城市建设活动中产生的,记载了市政及基础设施建设的活动状况,是市政及基础设施建设的信息源,要了解市政及基础设施建设的发展,更好地建设城市,只有依靠完整、真实、准确的市政工程资料档案。

第一节　市政工程资料档案管理的基本规定

(1)建设、勘察、设计、施工、监理等单位应将工程文件的形成和积累纳入工程建设管理的各个环节与有关人员的职责范围。

(2)在工程文件与档案的整理立卷、验收移交工作中,建设单位应履行下列职责:

①在工程招标及与勘察、设计、施工、监理等单位签订协议、合同时,应对工程文件的套数、费用、质量、移交时间等提出明确要求。

②收集和整理工程准备阶段、竣工验收阶段形成的文件,并应进行立卷归档。

③负责组织、监督和检查勘察、设计、施工、监理等单位的工程文件的形成、积累与立卷归档工作,也可委托监理单位监督、检查工程文件的形成、积累和立卷归档工作。

④收集和汇总勘察、设计、施工、监理等单位立卷归档的工程档案。

⑤在组织工程竣工验收前,应提请当地的城建档案管理机构对工程档案进行预验收;未取得工程档案验收认可文件,不得组织工程竣工验收。

⑥对列入城建档案馆(室)接收范围的工程,工程竣工验收后3个月内向当地城建档案馆(室)移交一套符合规定的工程档案。

⑦勘察、设计、施工、监理等单位应将本单位形成的工程文件立卷后,向建设单位移交。

⑧建设工程项目实行总承包的,总包单位负责收集、汇总各分包单位形成的工程档案,并应及时向建设单位移交;各分包单位应将本单位形成的工程文件整理、立卷后及时移交总包单位。建设工程项目由几个单位承包的,各承包单位负责收集、整理立卷其承包项目的工程文件,并应及时向建设单位移交。

⑨城建档案管理针对工程文件的立卷归档工作进行监督、检查、指导。在工程竣工验收前,应对工程档案进行预验收,验收合格后,需出具工程档案认可文件。

第二节　工程资料编制与组卷

一、工程资料编制的质量要求

（1）工程资料应真实反映工程的实际情况，具有永久和长期保存价值的材料必须完整、准确和系统。

（2）工程资料应使用原件，由于各种原因不能使用原件的，应在复印件上加盖原件存放单位公章，注明原件存放处，并有经办人签字及时间。

（3）工程资料应保证字迹清晰，签字、盖章手续齐全，签字应符合档案管理的要求，计算机形成的工程资料应采用内容打印、手工签名的方式。

（4）施工图的变更、洽商绘图应符合技术要求。凡采用施工蓝图改绘竣工图的，必须使用反差明显的蓝图，竣工图图面应整洁。

（5）工程档案的填写和编制应符合档案缩微管理与计算机输入的要求。

（6）工程档案的缩微制品，在制作方面必须按国家缩微标准进行，主要技术指标（密度、解像力、海波残留量等）应符合国家标准规定，确保质量，以适应长期安全保管。

（7）工程资料的照片（含底片）及声像档案，应图像清晰、声音清楚、文字说明或内容准确。

二、工程资料组卷

（一）组卷的方法

组卷应遵循工程资料的自然形成规律，保持卷内资料的有机联系，便于档案的保管和利用。一个建设工程由多个单位工程组成时，工程资料应按单位工程组卷。

工程资料组卷可采用如下方法：

（1）工程资料可按建设程序划分为工程准备阶段的文件、监理文件、施工文件、竣工图、竣工验收文件。

（2）工程准备阶段文件可按建设程序、专业、形成单位等组卷。

（3）监理文件可按单位工程、分部工程、专业、阶段等组卷。

（4）施工文件可按单位工程、分部工程、专业、阶段等组卷。

（5）竣工图可按单位工程、专业等组卷。

（6）竣工验收文件可按单位工程、专业等组卷。

立卷过程中宜遵循下列要求：

（1）案卷不宜过厚，一般不超过 40 mm。

（2）案卷内不应有重份文件。不同载体的文件一般应分别组卷。

（二）卷内文件的排列

（1）文字材料按事项、专业顺序排列。同一事项的请示与批复、同一文件的印本与定稿、主件与附件均不能分开，并按"批复在前、请示在后，印本在前、定稿在后，主件在前、附件在后"的顺序排列。

（2）图纸按专业排列，同专业图纸按图号顺序排列。

(3)既有文字材料又有图纸的案卷,文字材料排前,图纸排后。

(三)案卷的编目

1.编制卷内文件页码应符合的规定

(1)卷内文件均按有书写内容的页面编号。每卷单独编号,页码从"1"开始。

(2)页码编写位置:单页书写的文字在右下角;双面书写的文件,正面在右下角,背面在左下角。折叠后的图纸一律在右下角。

(3)成套图纸或印刷成册的科技文件材料,自成一卷的,原目录可代替卷内目录,不必重写编写页码。

(4)案卷封面、卷内目录、卷内备考表不编写页码。

2.卷内目录编制应符合的规定

卷内目录的式样如表 10-1 所示。

表 10-1　卷内目录

序号	文件编号	责任者	文件题名	日期	页次	备注

(1)序号:以一份文件为单位,用阿拉伯数字从 1 依次标注。

(2)文件编号:填写工程文件原有的文号或图号。

(3)责任者:填写文件的直接形成单位和个人。有多个责任者时,选择两个主要责任者,其余用"等"代替。

(4)文件题名:填写文件标题的全称。

(5)日期:填写文件形成的日期。

(6)页次:填写文件在卷内所排的起始页码及最后一份文件页码。

(7)卷内目录排列在卷内文件首页之前。

3.案卷封面的编制应符合的规定

(1)案卷封面印刷在卷盒、卷夹的正表面,也可采用内封面形式。案卷封面的式样宜符合《建设工程文件归档规范》(GB/T 50328—2014)的要求。

(2)案卷封面的内容应包括:档号、档案馆代号、案卷题名、编制单位、起止日期、密级、保管期限、共几卷、第几卷。

(3)档号应由分类号、项目号和案卷号组成。档号由档案保管单位填写。

(4)档案馆代号应填写国家给定的本档案馆的编号。档案馆代号由档案馆填写。

(5)案卷题名应简明、准确地揭示卷内文件的内容。案卷题名应包括工程名称、专业名称、卷内文件的内容。

(6)编制单位应填写案卷内全部文件的形成单位或主要责任者。

(7)起止日期应填写案卷内全部文件形成的起止日期。

(8)保管期限分为永久、长期、短期三种期限。各类文件的保管期限详见《建设工程文件归档规范》(GB/T 50328—2014)。同一案卷内有不同保管期限的文件,该案卷保管期限应从长。

(9)密级分为绝密、机密、秘密三种,同一案卷内有不同密级的文件,应以高密机为本卷密级。

4.卷内目录、卷内备考表、案卷内封面应符合的规定

卷内目录、卷内备考表、案卷内封面应采用70 g以上白色书写纸制作,统一采用A4幅面。

(四)案卷装订

(1)案卷可采用装订与不装订两种形式。文字材料必须装订,既有文字材料又有图纸材料的案卷应装订。装订应采用线绳三孔左侧装订法,要整齐、牢固,便于保管和利用。

(2)装订时必须剔除金属物。

第三节　市政工程资料档案的归档与验收

一、工程资料的归档

(一)归档应符合的规定

(1)归档文件必须完整、准确、系统,能够反映工程建设活动的全过程,各类市场工程档案归档范围见表3-1所示;

(2)归档的文件必须经过分类整理,并应组成符合要求的案卷。

(二)归档时间应符合的规定

(1)根据建设程序和工程特点,归档可以分阶段、分期进行,也可以在单位或分部工程通过竣工验收后进行。

(2)勘察、设计单位应当在任务完成时,施工、监理单位应当在工程竣工验收前,将各自形成的有关工程档案向建设单位归档。

(3)勘察、设计、施工单位在收齐工程文件并整理立卷后,建设单位、监理单位应根据城建档案管理机构的要求对档案文件完整、准确、系统情况和案卷质量进行审查。审查合格后向建设单位移交。

(4)工程档案一般不少于两套,一套由建设单位保管,一套(原件)移交当地城建档案馆(室)。

(5)勘察、设计、施工、监督等单位向建设单位移交档案时,应编制移交清单,双方签字、盖章后方可交接。

(6)凡设计、施工及监理单位需要向本单位归档的文件,应按国家有关规定和相关要求单位立卷归档。

二、工程档案的验收

(1)档案验收的基本要求是档案的完整性、准确性和系统性。

(2)档案验收的检查内容及质量要求如下:

①查依据性文件材料;

②查设计文件材料；

③查施工技术文件材料；

④查专项验收材料；

⑤核对竣工图；

⑥查案卷质量：包括内在质量和外观质量。

（3）档案验收的方法包括：阶段验收和预验收、档案验收与工程验收同步进行。

第四节　市政工程资料档案的管理措施

一、市政工程资料档案管理要求

为做好市政工程资料的归档和管理，确保施工中资料的完整、准确、齐全和有效利用，必须从下列几方面着手。

（一）做好开工前的必备工作

（1）施工队伍资质的落实及报审（包括主要人员的上岗情况）；

（2）合格供应商资质的落实及报审；

（3）主要原材料、成品、半成品的取样复试；

（4）主要机械设备的进场及主要人员操作的报审；

（5）测量设备的检测报审及临时水准点、基准轴线和控制点的放样复测报审；

（6）开工报告的报审。

（二）单位工程、分部工程、分项工程的划分

根据目前划分情况，就道路和排水工程而言，道路和排水各为一个单位工程。

（1）排水工程可分为2个分部工程，分别为雨水排水和污水排水。分项工程可分为沟槽开挖、管道基础、排管、接口、黄砂回填、沟槽回填土、检查井等。

（2）道路工程可分为路基、基层、面层、附属工程等分部工程。分项工程可分为路床、垫层、基层、黑色碎石沥青混凝土、沥青混凝土面层、侧平石、收水井及支管、人行道。

（三）资料表式的选用

施工单位技术资料表式统一使用《市政工程质量保证资料表式汇编》。不同的单体工程引用不同的工序单，不能随意更改表式、自制表式。如表式中没有的，施工单位应和监理单位商量制定表式，上报业主，由业主审批并向质监站备案后，方可使用。

在施工过程中，做好工程的安全、质量备案资料及保证资料，表式参照市政工程竣工备案文件汇编及市政工程安全质量文明施工文件选编。

各类资料报审监理单位的必须填好报验单，按《工程施工阶段质量监理资料基本表式》和《建设工程监理规范》中的监理表式执行。

对保证资料的数据采集、台账登记必须及时、有效、准确、完整，数据的来源一般为复试报告、现场的实测，等等，故每漏一项将影响今后的竣工验收甚至不能验收交付使用，不能忽略了它的重要性。

（四）材料的复试及质保单要求

在工程的开工前、开工中做好原材料的复试、质保单的收集工作。现场取样员应严格按

《建设工程质量检测见证取样员手册(第二版)》中有关技术标准、规范,及时做好试件的制作和各部位的取样工作。所产生的施工试压件、工程材料及主要部位取样,应在第一时间内,移交项目管理部标准养护室统一进行养护、送样复试。对检测不合格的材料必须及时将该材料进行退货,并采取一定的措施。

综上,市政工程资料档案是多元化的,它是随着工程的变化而变化的,故未尽事宜或与有关规定规范不符的,应按建设单位和档案局的有关文件与要求统一进行编制及归档,并在施工过程中相互学习和探讨。市政工程档案作为一种信息资源,能否实现有效的管理和利用,在更大范围内实现社会共享,取决于政治体制、社会环境、档案的利用需求、档案管理水平、档案信息资源自身等多方面的因素,开发利用市政工程资料档案是一切工作的最终目的,也是城建档案馆自身价值的最终体现。

二、加强市政档案管理的相关措施

(一)建立健全档案管理机制,提高档案管理水平

加强管理的重要前提是要拥有良好的体制与机制,体制与机制在提高管理水平方面发挥着极其重要的作用。项目的成功是由参与项目的所有人员经过不断努力而实现,市政工程建设也是如此,整个项目中档案管理工作的文件收集、整理、审核、归档以及移交等诸多环节的工作都需要建设单位、监理单位、设计单位、采购单位以及施工单位等共同配合才能够实现,文档管理中缺少任何一个环节的工作都会影响文档的完整性。因此,在市政工程档案管理工作中需要使档案管理的各个部门和单位对自身的职责有一个明确的认识和了解,并且能够在工作中相互配合,使档案管理的机制和体制得到不断完善,为此,可以设立一个专职的档案管理人员负责对每个工程项目管理部的工作,管理人员的具体工作是将该项档案工作认真落实到位,这样就使工程项目管理部门接手工程档案的编制工作,使同时管理档案的工作与建设工程项目成为了可能,在这种管理模式下获得的档案资料也是非常准确的。可见,项目管理部档案工作检查和督促等工作主要由档案室工作人员负责,档案管理的工作由一级变成了两级,大大提高了档案的管理效率。

(二)保证市政档案的规范化和标准化

建立标准化的市政档案是提高市政档案管理水平的重要前提,也是国家对市政档案提出的标准要求,还是促进城市可持续发展的重要条件。可见,保证市政档案的标准化在市政建设过程中占据着十分重要的地位。为了使市政档案的作用得到最大限度地发挥,市政档案管理人员在对档案收集、整理以及立卷归档验收、移交等各个工作环节过程中应严格按照《建设工程文件归档规范》(GB/T 50328—2014)中的具体规定和要求执行,以确保市政档案的管理能够变得更加标准化,提高市政档案的管理水平,为提高市政工程建设提供可靠的保障。

(三)保证市政档案的延续性

随着城市发展速度的不断加快,市政工程建设为了适应城市发展的速度,需要在原有发展的基础上做出快速的更新与转变,而市政档案在市政建设过程中发挥着极其重要的作用,这就对市政档案的质量及管理水平提出了较高的要求,需要不断提高档案管理人员的业务技能和素质水平,为市政工程建设水平的提高提供可靠的信息依据。市政档案在管理过程中需要从城市发展的实际情况出发作出相应的改变和创新,如城市的点、线以及面等方面发

生了较大的变化,市政档案管理人员也要在此基础上有所创新,确保档案的延续性,以便市政工程建设人员能够在实际工作过程中有的放矢,从而实现提高市政建设水平的目的。

(四)实现市政档案管理自动化

在经济发展速度不断加快及科学技术发展日新月异的今天,办公条件有了很大的改善和提高,在市政档案管理工作中应充分利用现代信息技术及计算机技术,使档案管理工作变得更加自动化、规范化,提高档案人员的工作效率和水平。如可以将重要的文件信息、纸张上的文字信息输入到计算机管理系统中,使地下管网监测网络得以建立,这种做法不仅能够大大降低纸质档案的经济成本,还能够快速地查找到城市中不同地点、不同时间地下管网存在的诸多问题,以便采取及时有效的措施使问题得到有效的解决,为城市人们正常的生活秩序提供可靠的保障。因此,需要实现市政档案管理的自动化,减少纸质档案的数量,降低经济成本的投入,从而实现提高档案管理人员工作效率及促进市政建设的目的。

第十一章 工程资料的计算机管理

【学习目标】

了解工程项目管理软件的发展现状;熟悉工程资料管理系统;掌握工程资料计算机管理操作方法。

第一节 工程项目管理软件发展现状

运用信息技术改造和提升建筑业是我国建筑业发展的客观要求。目前,我国工程项目管理领域,应用软件的质量和实际应用水平远远落后于发达国家。工程项目管理软件是指以项目的施工环节为核心,以时间、进度、成本、资源、信息控制等为出发点,利用计算机技术,对施工过程进行综合管理的一类应用软件。工程资料管理软件,是工程项目管理软件中工程资料管理的重要功能模块。

一、国内工程项目管理软件的发展现状

国内工程项目管理软件的研究开发始于 20 世纪 70 年代,至今经历了两次重大转变。

第一次,20 世纪 90 年代初,标志是研发主体由用户本身转变为专业化的软件企业。在七八十年代,多是各用户单位自行研制的单项功能的初级产品,即自己提出需求、自己研究、自己开发、自己使用,是一种完全的小生产方式,因此发展缓慢。90 年代初,随着市场经济的发展,建筑管理软件开发开始走上社会化、专业化、商业化的快速发展道路。90 年代是国内建筑业工程项目管理软件迅猛发展的十年,工程资料、工程造价、工程量计算、钢筋配料、平面图制作、标书制作软件等新产品大量涌现,价格逐渐降低、功能不断完善,界面友好、操作方便,通用性、实用性增强。

第二次,20 世纪 90 年代末,标志是产品由单机版转向系统集成。如将项目施工方案的设计、概预算、工程量计算、进度计划、资源计划、费用管理、信息资料管理、事务性管理等综合起来形成一个有机的整体。运行环境由单机用户拓展到网络多用户,一定程度上实现了企业内部的数据共享。

2000 年 7 月,国务院发布了《鼓励软件产业和集成电路产业发展的若干政策》,在投资融资、税收、产业技术、出口、收入分配、人才吸引与培养、知识产权保护等方面,给予优惠政策。建设部制定了《建设企业管理信息系统软件通用标准》,正在制定《建设信息平台数据通用标准》等通用行业标准,以规范建设领域信息市场行为。

工程项目管理软件作为一种行业专用软件,其发展与建筑行业的发展息息相关。据统计,我国现有各类施工企业 10 多万家,项目经理部几十万个,除此之外,工程监理、审计、建行、甲方等单位也都是管理软件的用户,远期软件需要量约在 100 万套。国内总体建设投资规模扩大,将会为建筑业创造一个良好的发展机遇,也必将拉动行业软件市场需求的增长。

20 世纪 90 年代以后,我国建筑业应用信息技术取得了突飞猛进的发展,为工程项目管

理软件的普及、推广提供了必要的条件。主要表现在:①网站建设从无到有,形成了政府网站、行业网站、企业网站三个层次。②广泛应用计算软件和工具软件。③在施工中,推广应用以信息技术为特征的自动化控制技术,取得了较好的效果。

国内工程项目管理软件经过近 30 年的发展,已经研制出适用于公司和项目两个层次的产品,而且部分软件的技术水平达到新的高度,令外国同行刮目相看,为发展适合国情的信息产品奠定了技术基础。如中国建筑科学研究院的 PKPM 工程管理系统、北京梦龙公司的智能管理系统 Pert、大连同洲公司的项目计划管理系统 TZ - Project 等。

目前,我国工程项目管理软件已经逐渐走向集成化、系列化,基本实现了工程施工与项目管理的数据共享。大型的建筑工程项目管理系列软件可完成招标、施工组织设计、施工过程控制(计划、成本、质量、安全)以及现场、合同、信息管理等,可解决施工过程中经常遇到的技术问题(模板、脚手架设计、冬季施工、常用计算工具箱等),软件通常包括施工管理和施工技术两大系统。

国内工程项目管理软件数量虽不少,但没有一个能够像 P3 那样知名的品牌。软件研发单位在研发过程中普遍缺乏严格的测试环节,软件的改动和版本的升级频繁,造成成本的增加和维护上的难度,带给用户许多不必要的麻烦。而且,由于缺乏行之有效的软件开发管理体制,一个关键性设计人员的变动往往会严重影响软件产品的整个生产过程。在功能模块上,国产软件偏重进度计划管理,在资源管理、费用管理方面远远落后于国外软件。此外,国产软件都无法实现网络环境下异质数据库的互连、没有对用户开放二次开发的接口。

二、国外工程项目管理软件的发展

国外项目管理中的计算机应用可以追溯到 20 世纪 50 年代中后期网络计划技术的出现,到了 60 年代中后期,网络分析程序已经十分成熟。整个 70 年代,研究的重点是完善和扩展网络模型分析软件的应用功能,如成本和资源的平衡优化,同时提出并研究了项目管理信息系统。进入 80 年代以后,PC 机的普及和项目管理工作的科学化、标准化,使一般中小型企业、中小型项目也可用计算机进行管理,网络技术才真正普及。90 年代后,工程项目管理软件发展迅速,不断有功能强大、使用方便的软件推出,在项目管理中发挥了重要作用,计算机的应用已经成为项目管理必不可少的一个组成部分。

工程项目管理软件的功能层次不断提高,对应着三个显著阶段:

第一功能层次,也称基本功能,如进度控制、质量管理、资源管理、费用控制、采购管理等,是对基层工作流程的模拟,在一定程度上实现数据共享,减轻了基层项目管理人员的工作强度。在 20 世纪 80 年代已基本完成这方面的功能开发并在基层项目管理中广泛应用。

第二功能层次有两个特点:一是分析和预测功能,包括工期变动分析、不可预见事件分析(如恶劣气候、汇率变动、市场物价变动、分包商情况变动等)。在分析基础上产生预测功能,主要包括进度预测、投资预测、资金需求预测等,并有相应的数学模型。二是计算机网络的使用和通信功能,主要是局域网上的多用户操作和多项目管理,以及借助 Internet、Intranet、电子邮件、电子邮箱等先进的通信工具和手段,减少项目管理组织的工作所受的地域限制。P3 及 MS - Project 都是这一层次的产品。

第三功能层次是基于因特网的项目管理,使整个项目管理业务与因特网结合,具有跨平台兼容、交互性和实时性,项目组成员之间可以协同工作,实现在线文档管理、在线讨论、视频会议等。到目前为止,尚无完善的产品出现,但有两个软件即 Mesa/Vista、WebProject 已初具雏形。

第二节　常用工程资料管理系统介绍

工程资料管理系统是项目管理软件中信息资料管理的重要模块,全国各地建筑行业软件企业开发了大量的工程管理系统,其中工程资料管理系统较为丰富,本书以中国建筑科学研究院软件研究所针对河南省实际情况开发的 PKPM"郑州市建设工程资料管理系统"(V5.0 版)为例,来介绍工程资料的计算机管理。

一、PKPM"郑州市建设工程资料管理系统"简介

PKPM"郑州市建设工程资料管理系统",是为了加强建设工程资料的规范化管理,提高工程管理水平,体现工程资料为工程质量的重要组成部分,落实安全生产责任,切实加强施工现场的安全生产管理工作,根据国家有关规范、标准和全国各地区相关规定,结合河南省郑州市实际情况,由中国建筑科学研究院建筑工程软件研究所和郑州市质量工程监督站联合开发的。

PKPM"建筑工程资料管理系统软件"是一套面对工程资料管理全过程的管理系统,可完成工程项目建设各个阶段的工程资料填写、收集、整理、查询、组卷、打印等工作。同时,软件具有操作方便快捷、自动组卷、打印清晰等特点,本软件基本实现了按照计算机化管理水平对工程资料的管理。目前最新版本为 2016.8.26 版,PKPM"建筑工程资料管理软件"有以下特点:

1. 建筑工程资料的智能输入

工程资料管理软件是结合最新的国家验收标准《建筑工程施工质量验收统一标准》(GB 50300—2013)、各专业验收规范和各地区《建筑工程技术资料管理规程》而编制的一套工程资料软件。软件提供了快捷、方便的智能输入方式,可完成施工所需的各种资料表格的录入、并结合具体的表格提供了自动评定、计算及资料汇总、归档等功能。软件内置了施工技术交底资料模版,根据地方情况提供丰富详实的工程资料实例,以方便用户在编制资料过程中使用。软件具有完善的施工技术资料数据统计及管理功能,实现了从原始数据录入到信息检索、汇总、维护一体化管理。

2. 工程质量验收表格的智能计算和评定

依据《建筑工程施工质量验收统一标准》(GB 50300—2013)以及与其配套的各专业验收规范编制而成,该软件可简单、方便的录入用户所需各种质量验收表格,并可进行智能计算和评定,并提供了多种不同的打印、输出功能。

3. 安全资料管理资料的智能检查

安全资料管理软件通过简便的录入方式和智能检查,自动评分、汇总方式,为企业严格执行相关法律、法规、标准提供了信息化的管理环境和手段,使施工安全管理工作标准化、规范化。同时更方便施工企业安全资料的电子文档归档、查询、备案管理。

建筑工程资料管理系列软件可完成工程项目建设各个阶段的工程资料填写、收集、整理、查询、组卷、打印等工作,同时软件具有操作方便快捷、自动组卷、打印清晰等特点,可大

大减轻资料员的工作量,减少因工作量重复出现的失误错误率,提高工作效率。

二、用户管理

"建筑工程资料管理系统软件"安装完成后,桌面上自动生成"建筑工程资料管理软件5.0版本"图标,双击软件快捷方式图标(见图11-1),系统自动进入开始向导界面。系统默认以管理员身份admin登录,密码为空,登录以后可以修改密码,创建不同的用户,并可以赋予不同用户不同的资料管理权限(见图11-2)。

建筑工程资料管理软件5.0版本.lnk

图11-1　软件快捷方式图标

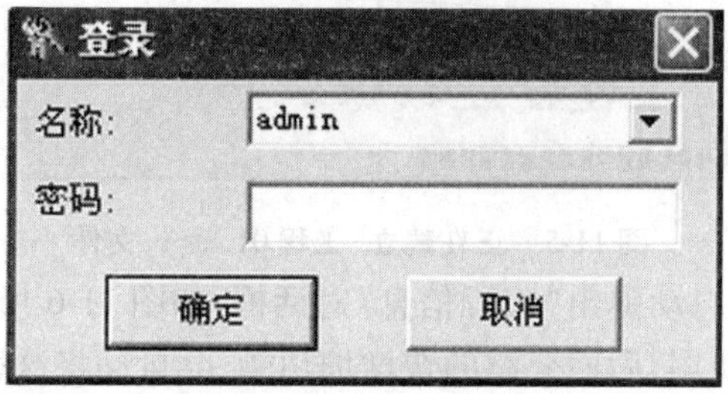

图11-2　用户登录选择界面

下一次用户登录时,弹出用户登录选择界面,选择用户名称,输入密码,各工程资料管理人员以不同的用户名称登录,进行各自权限下的工程资料管理工作。

三、新建工程

用户登录后弹出"操作向导"对话框,如图11-3所示,该对话框软件默认是【打开其他工程】,单击开始向导中的【创建新工程文件】,单击【确定】。在弹出的新建窗口中,输入文件名:工程01,点取【打开】,如图11-4和图11-5所示。

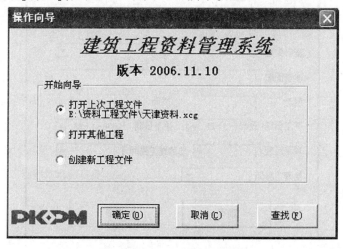

图11-3　"操作向导"对话框

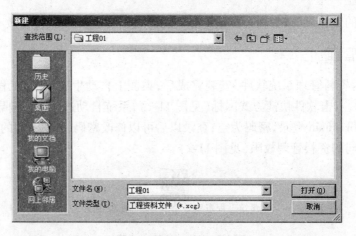

图 11-4　新建工程文件

图 11-5　正在建立"工程 01. xcgl"文件

新工程文件建立后，自动弹出"工程信息"对话框，如图 11-6 所示，这里所填写的工程信息在各类表格中经常被使用，后面介绍的快增加功能，会自动将这里的信息填写到表格的相

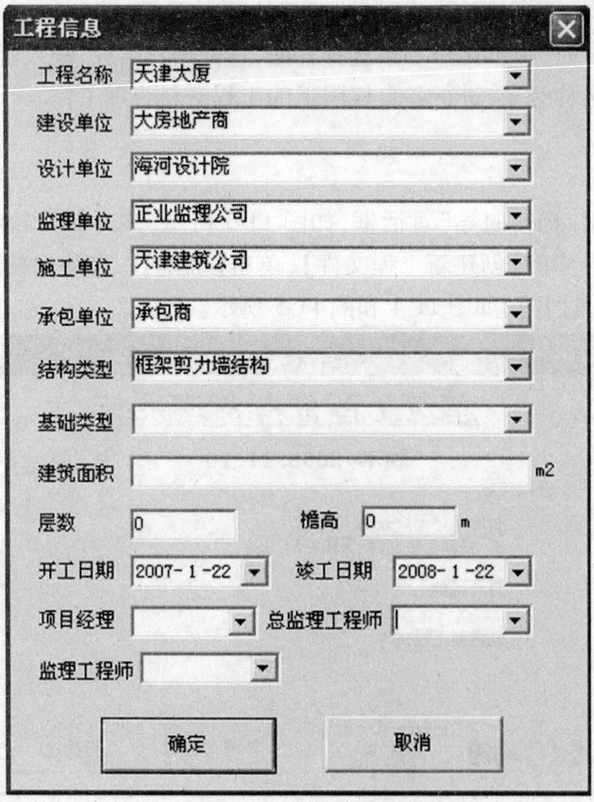

图 11-6　"工程信息"对话框

应位置。因此,此处填写应完整、全面,以免重复填写修改。

工程信息填写的方法有两种:

(1)从下拉选择框中选择,用户不必输入汉字,只需选择即可,从而提高资料的录入速度。移动光标到要填写的倒三角键头,在弹出的下拉列表中选择所需内容。

(2)自由输入,将光标移到要填写的位置变为可写状态,选择输入法直接录入信息,开工日期和竣工日期可以根据实际情况进行填写。

填写完工程信息后,进入操作系统主界面,如图11-7所示。

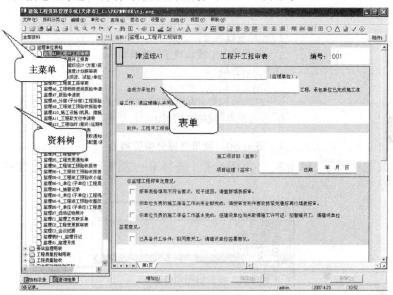

图11-7 操作系统主界面

主界面中包括以下几个部分:主菜单,见图11-8;快捷工具条,见图11-9;状态条,显示当前项目的有关信息。

文件(F)	资料分类(I)	编辑(E)	单元(C)	查询(Q)	签名(S)	设置(O)	归档(P)	视图(V)	帮助(H)

图11-8 下拉主菜单

主菜单由【文件】、【资料分类】、【编辑】、【单元】、【查询】、【签名】、【设置】、【归档】、【视图】、【帮助】10个菜单子项组成。

图11-9 快捷工具条

工具条主要为操作方便而设置,有了它,常用操作就可以不必经过繁复的系统菜单来发出命令。上面的按钮均具有自动提示功能,当鼠标在它上面稍作停留,系统就会弹出提示窗口显示其主要功能,当移动鼠标时,这些小窗口就会自动消失。工具条上的命令,主菜单上都有命令与其对应。

图11-9中快捷键命令分别为:创建一个新项目,打开一个已有项目,查找打开已有项目,保存表格,打印预览,打印,放大,缩小,撤销,恢复,文档表格筛选,快速查找表格,日期格式选择,打开资料库,打开词库,绘图,打开图集,字体设置,字体颜色设置,设置字体背景色,格式刷,文字大小自适应,插入 CAD 图形,插入图片,拆分单元格,合并单元格,自动折行,居

左对齐,水平居中对齐,居右对齐,居上对齐,垂直居中对齐,居下对齐,选择线形或粗细、画边框,在当前单元中画圈,在当前单元中画三角,自动评定,画√,自定义圆圈数字。

四、工程资料的编制与管理

(一)资料输入

1. 选择资料类别

系统默认打开全部资料,用户可以选择资料类别,以下以××工程资料为例。在主菜单上单击【资料输入】→【A_基建文件】或其他类型。菜单选择分类资料如图11-10所示。

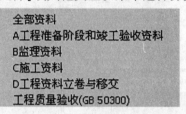

图11-10　菜单选择分类资料

也可以在主界面下,单击左上角组合框,选择某一类型。快捷方式选择分类资料如图11-11所示。

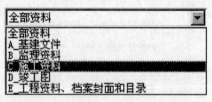

图11-11　快捷方式选择分类资料

2. 查找表样和资料及节点打印

用户可以直接查找到具体样式的表格模板。在左边的资料树上,在空白处单击鼠标右键,选择【查找表样】,然后输入表样的表式编号,如"C2－1－1",直接在树型目录中找到该表单,如图11-12、图11-13所示。

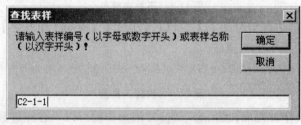

图11-12　查找表样

用户还可以直接查找到具体的资料,在左边的资料树上,在空白处单击鼠标右键,选择【查找资料】,然后输入资料名称,如"天力大厦"。

用户还可以一次打印某一节点下的所有资料。在左边的资料树上,选择某一节点,单击鼠标右键,选择【打印】即可。

3. 增加表单

当选择了某一类型的表单后,就可以用下面三种方法之一增加该类型的表单。

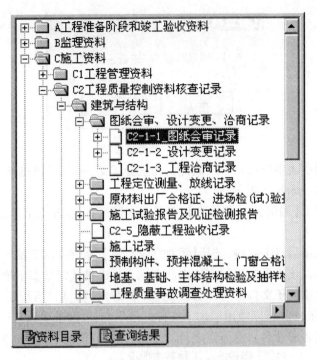

图 11-13　显示查找表样

第一种方法,在主菜单上【编辑】→【增加空白文档】;第二种方法,单击鼠标右键,弹出菜单,选择【增加空白文档】;第三种方法,单击表单下方的 增加(A) 按钮,选择"增加空白文档"。

增加表单后,将显示一个空白表单,用户填写完后,可以按 保存(S) 来保存或按 取消(C) 不保存。

4. 复制表单

当选择了某一表单(被复制的对象)后,就可以用下面三种方法之一复制该表单。

一是在主菜单上【编辑】→【复制当前文档】;二是单击鼠标右键,弹出菜单,选择【复制当前文档】;三是单击表单下方的 增加(A) 按钮,选择"复制当前文档"。

用户输入新记录的名称后完成复制。

5. 修改表单

用户选择了某一个资料表单后,表单为只读状态,单击按钮 修改(M) 进入修改状态,修改完成后,可以按 保存(S) 来保存或按 取消(C) 不保存。

进入修改状态后,单击按钮 加一页(N),用户可以在当前表单上追加一页。"加一页"就是使一个表单中包含多个表页。但是,打印时,只能一页一页地打印。

6. 删除表单

当选择了某一表单(被操作的对象)后,就可以用下面三种方法之一删除该表单。

一是在主菜单上【编辑】→【删除】;二是单击鼠标右键,弹出菜单,选择【删除】;三是单击表单下方的 删除(D) 按钮。

系统将要求用户确认是否删除!选择【是(Y)】删除该表单,选择【否(N)】不删除该表单。删除表单如图 11-14 所示。

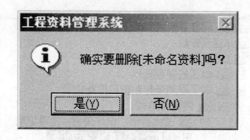

图 11-14　删除该表单

用户可以将当前表单中的某一页删除。当选择了某一表单（被操作的对象）后，就可以用下面两种方式之一删除该表单。

一是在主菜单上【编辑】→【删除页】；二是单击鼠标右键，弹出菜单，选择【删除页】。

7. 添加子文件夹

资料表单被选定后点击右键，选择【添加子文件夹】，如图 11-15 所示，选择完毕后，在左侧资料树上会显示以该目录命名的文件夹。在该文件夹被选定状态下增加新表格会被自动归至该文件夹下。添加子文件夹可以方便文件（表格）的浏览。当所添的同一张表格很多时（如技术交底记录），就可以使用添加子文件夹的功能，添加子文件夹可以"XX 层、XX 段"命名或以施工工艺名称命名。总而言之，添加的文件夹只要便于记忆、浏览即可。

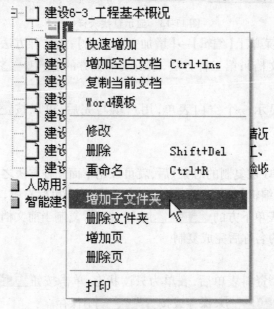

图 11-15　添加子文件夹

8. 重命名

当选择了某一表单（被操作的对象）后，就可以用下面两种方式之一重命名该表单。

一是在主菜单上【编辑】→【重命名】；二是单击鼠标右键，弹出菜单，选择【重命名】。如图 11-16 所示。

用户输入新名称后，按【确定】即可。

9. 自定义表格

有时，各个单位可能需要一些本单位特有的表格，用户可以自己定义表格，可以任意合

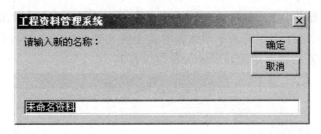

图 11-16 重命名

并组合、拆分,改变行高、列宽,输入文字,加上边框,画线等。

单击【文件】→【自定义表样】,弹出"设置表页大小"对话框,设置行数、列数,确定后编辑设定表样,如图 11-17、图 11-18 所示。

图 11-17 自定义表格行数、列数

图 11-18 自定义表格

表格定义完后,必须保存为表样,单击【文件】→【保存自定义表样】。

用户也可以删除已经存在的自定义表样,单击【文件】→【删除自定义表样】。

10.单位之间往来表单的输入

某些表单需要在施工单位与监理单位之间流转填报,还有一些试验类表单要在试验室与施工单位之间流转。软件提供了表格的保存和装入表格文件的功能,方便这类表单的流转填报。

软件操作:单击【文件】菜单,选择【导出文档】选择相应的保存路径,监理单位与施工单位往来资料表单就导出了,用户可用软盘或其他介质拷贝下来拿到监理单位。

将软盘插到电脑里,打开本软件,单击【文件】,选择【导入文档】弹出"装入表格文件"对话框,见图 11-19,选择相应的表单则该表单就会装入到相应的位置。(注:监理单位填完相应的内容用同样方法将表单流转到施工单位保存)。

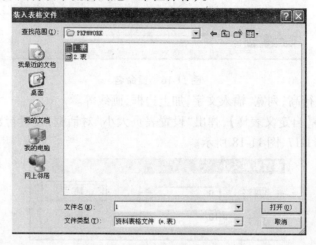

图 11-19 选择要装入的文件

(二)单元格式

1. 设置字体

先按住鼠标左键拖动,选择一块区域,如图 11-20 所示。

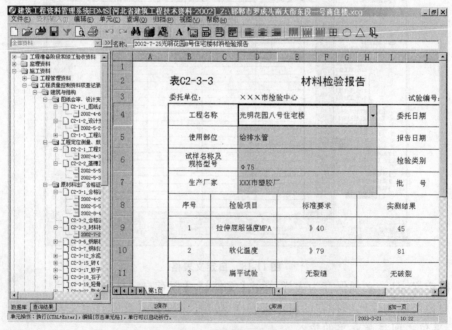

图 11-20 选择一块区域

单击主菜单【单元】→【字体】,或者在工具条上单击按钮 Aᵃ,弹出对话框如图 11-21 所示,设置了合适的字体后,按【确定】按钮即可。

注意:设置当前单元格的格式时,必须是带黑框状态(选中状态),不能是编辑状态。

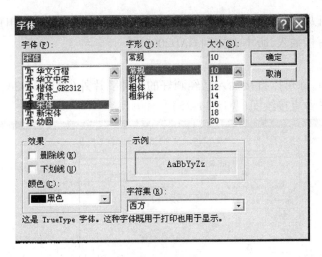

图 11-21　设置字体

2. 插入图片

选择要插入图片的单元格,单击工具栏上的按钮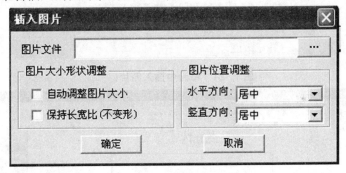,弹出插入图片对话框(见图 11-22),选择准备插入的图片(见图 11-23)。

图 11-22　插入图片

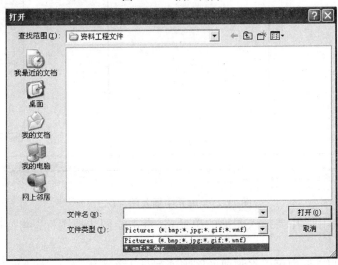

图 11-23　选择插入的图片

注意:目前可以插入图片的格式有 bmp、jpg、gif、wmf、emf、dwg 等,用户可以将 AutoCAD 软件绘制的图形直接插入,版本支持到 CAD2006。

3. 绘图

在填写表格时,除可以直接插入已经画好的各种图片外(见图 11-24),还可以通过软件系统内置的图形平台直接绘图(见图 11-25)。

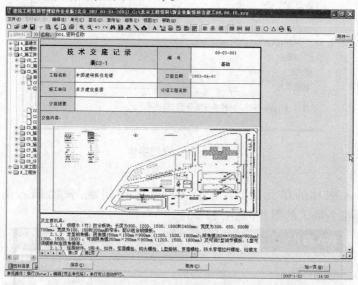

图 11-24　单元中插入图片(一)

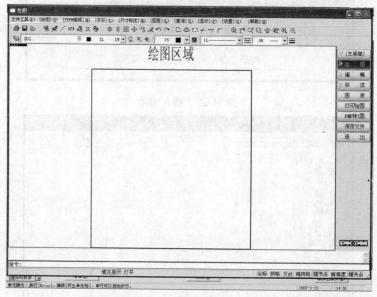

图 11-25　单元中插入图片(二)

在编辑的表单中选中要插入图形的单元格,点击绘图快捷图标"🖌",进入绘图操作界面。

在绘图区域的方框内可以将需要的图形通过 cad 方式或 pkpm 方式进行绘制,也可以录入文字,达到形成图文并茂的要求,还可以插入已有的 T 图进行编辑插入,如图 11-26 所示。

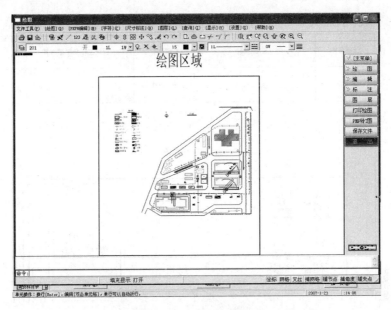

图 11-26　单元中编辑图形

绘制、编辑好图形后可以存为单独的一个文件，也可以直接退出，并在弹出的对话框中选择【是(Y)】，即可将所绘制的图形插入到当前单元格中，如图 11-27 所示。

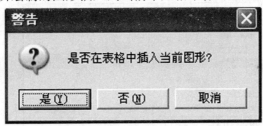

图 11-27　是否插入图形对话框

在单元格中插入图形后，如果需要对图形进行修改，只有使表单处于编辑状态，双击图形区即可对图形进行修改。

插入单元格图文如图 11-28 所示。

4. 拆分单元

选择要拆分的单元格，单击按钮▦，如图 11-29 所示。

5. 合并单元

选择要合并的一块单元区域，单击按钮▦。

注意：一般合并单元后，某些单元的边线可能丢失，需要单击工具条上加边框按钮▦给单元加边框。选择要合并的一块单元区域如图 11-30 所示。

提示：一般"拆分单元"与"合并单元"结合使用，才能将一个单元划分成用户想要的格式。例如，划分为两部分，左边是图像，右边是文字。

6. 对齐单元

选择要对齐的一块单元区域，单击工具栏上的按钮▮▮▮▮▮▮或主菜单【单元】→【居左】、【居中】、【居右】、【居上】、【垂直居中】、【居下】。

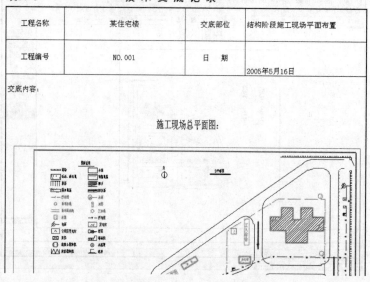

图 11-28　插入单元格图文

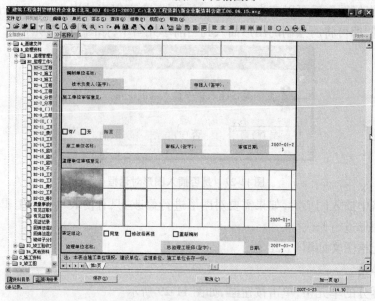

图 11-29　拆分单元格

注意:设置当前单元格的格式时,必须是带黑框状态(选中状态),不能是编辑状态。

7.给单元加边框

选择一块单元区域,单击工具条上加边框按钮田,弹出的对话框如图 11-31 所示。

选择画线类型及样式(细线、中粗线、粗线)、颜色,单击【画线】按钮或单击【抹线】按钮。

8.在单元内画轴线符号

选择单元(这时单元上有黑框),单击工具条上按钮⊗,⊗主要用于绘制轴线符号。

在单元格内输入相关内容用中括号括起,如图 11-32 所示。

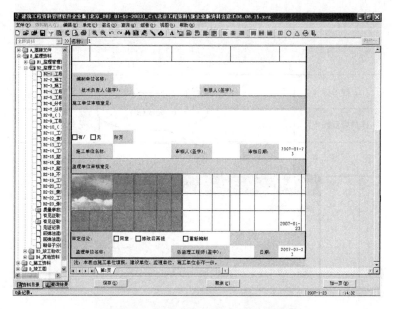

图 11-30　选择要合并的一块单元区域

图 11-31　给单元加边框

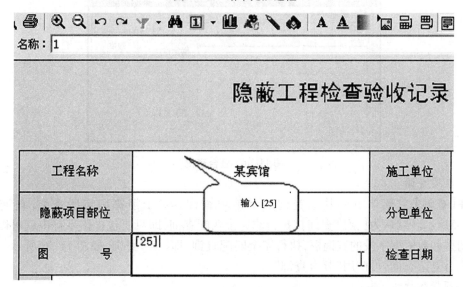

图 11-32　给内容加中括号

点击工具栏上的画轴线按钮,见图 11-33,单击 OK 完成。

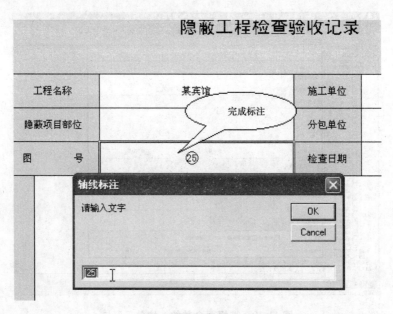

图 11-33　选择画轴线

（三）查询与打印

1. 复合查询

对于所有可单项查询的字段,均可在复合查询中用于构造条件,形成复合条件。同时,满足所有这些条件的当前类型的表单才会被列出来。

先选取字段名称,构造好一个查询条件时,按【增加】按钮,则加入到查询条件列表框中。若想删除一个查询条件,则先在查询列表框中选中一个查询条件,按【删除】按钮即可。最后按【确定】执行查询。复合查询见图 11-34。

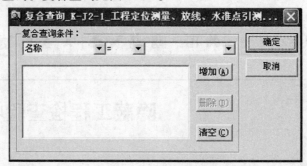

图 11-34　复合查询

2. 单项查询

在【查询】主菜单下的其他查询都是单项查询。对于字符型字段查询,查询框如图 11-35 所示。默认为【模糊查询】,执行非完全匹配查询,即只要包含该字符串就可以。而对日期型和数值型字段的查询框,执行完全匹配查询,即"="查询,如图 11-36 所示。若用户要进行复杂查询,可使用"复合查询"。

3. 预览及打印

单击工具栏上的打印按钮或主菜单【文件】、【打印预览】,即可进入【打印预览】。在打印预览状态下,还可以进行打印设置、页面设置。打印预览、页面设置、打印设置分别见

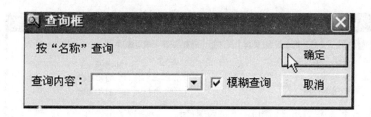

图 11-35　单项查询字符型字段

图 11-36　单项查询日期型

图 11-37～图 11-39。

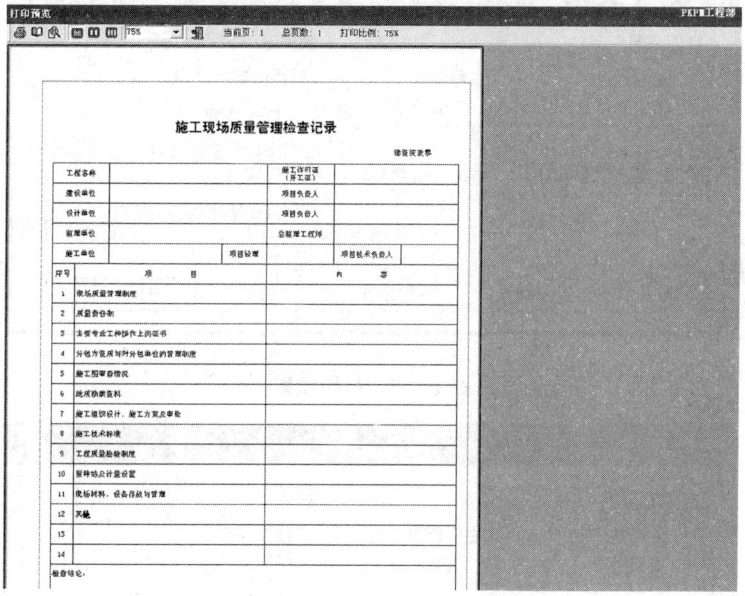

图 11-37　打印预览

当指定的页边距不合适时,可以调整。当在指定的纸张上打印不下时,可以调整缩放比例。例如,可以设为90%,也可以返回重新调整行高和列宽,还可以设置页边距。设置后返回并保存。

4. 多份打印功能

软件提供了表格打印多份的功能,首先选中要打印的表格,然后点击打印快捷图标,弹出如图 11-40 所示对话框。

在打印份数的对话框中填入要打印的份数,点击打印即可实现多份打印。

5. 集中打印功能

用户可以把在本工程中填写过的资料有选择地打印出来。具体操作如下:

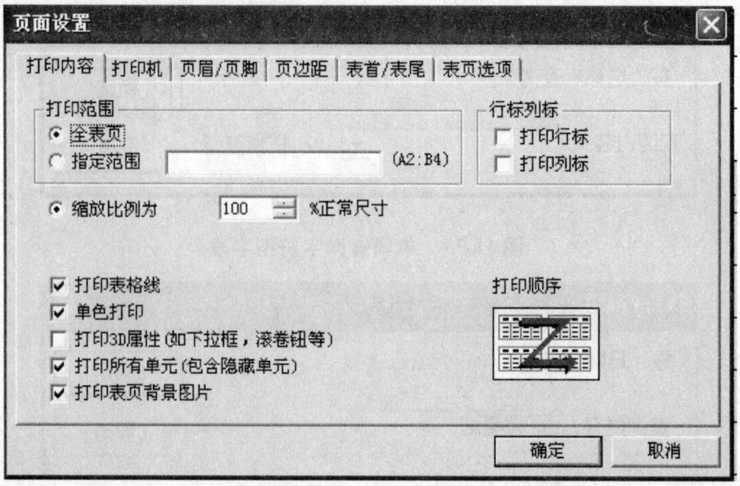

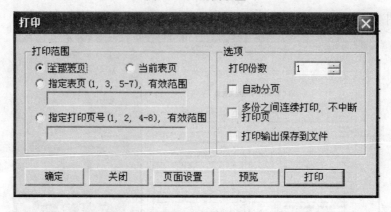

图 11-38　页面设置

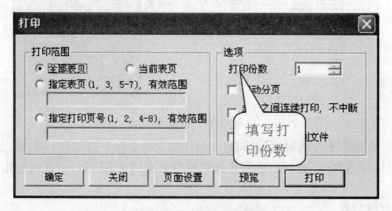

图 11-39　打印设置

图 11-40　打印份数设置

首先,选择筛选命令(见图 11-41),将本工程中填写过的资料文档筛选出来。

然后,对即将打印的资料文档进行选择,如图 11-42 所示。

点击打印命令,弹出如下命令栏,点击【确定】即可执行,见图 11-43。

图 11-41　文档筛选

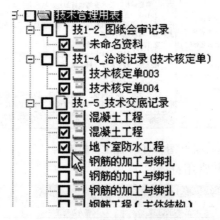

图 11-42　打印选择

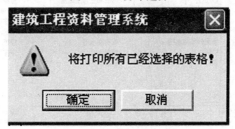

图 11-43　打印确定对话框

五、软件辅助功能

（一）从资料库输入内容

资料库提供了施工工艺标准、通病防治和质量预控,用户可以直接复制、粘贴,使用其中的内容。单击工具栏上的按钮 ,就可以进入施工资料库,如图 11-44 所示。

用户还可以扩充修改该资料库:

（1）单击鼠标右键选择节点,弹出菜单,单击【增加】或【插入】;

（2）单击鼠标右键选择节点,弹出菜单,单击【增加下级】;

（3）单击鼠标右键选择节点,弹出菜单,单击【删除】或【重命名】。

注意:资料库实际是一个实用小工具,可以单独使用。

如果用户对资料库做了扩充修改,那么重新安装资料软件时,请务必将安装目录下的 docsys 文件备份到别的目录下,安装完系统后,再将该文件复制回来。

（二）使用词组库

单击工具栏上的按钮 Ω ,就可以进入词组库,如图 11-45 所示。词组库提供了建筑工程

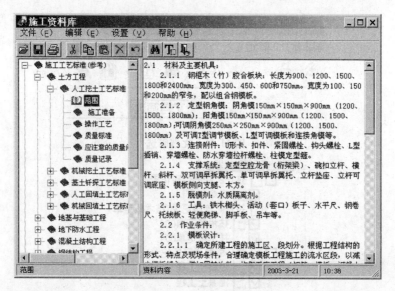

图 11-44　施工资料库

中常用的分部分项工程名称和常用符号。

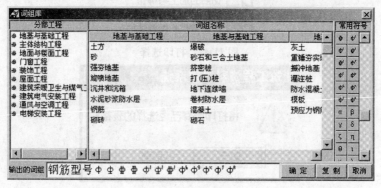

图 11-45　词组库

（三）签名

软件设置了电子签名的功能,条件成熟时,用户可用该功能实现无纸办公。一般情况下,要求用户在软件中输入或通过下拉条选择人员名称;在打印时自动隐掉人员名称,打印后要求相关人员手工签名。

电子签名之前必须先进行签名设置。签名设置就是将签名图像保存到数据库。

单击【签名】→【签名设置】,见图 11-46。

用户单击【修改】按钮修改签名或删除签名时,应先输入密码,见图 11-47。当用户需要在某一个单元签名时,也需要输入姓名和密码,见图 11-48。

（四）文件加密

软件设置了文件加密功能,用户可根据需要对工程项目文件进行加密。点取【文件】菜单,选择加密文件,如图 11-49 所示,软件会自动弹出加密文件对话框,如图 11-50 所示,输入密码并加以确认,文件加密就完成了。

注意:加密是对整个工程项目文件加密,不是对单张表格加密。一定要牢记密码,忘记密码将无法打开工程项目文件。

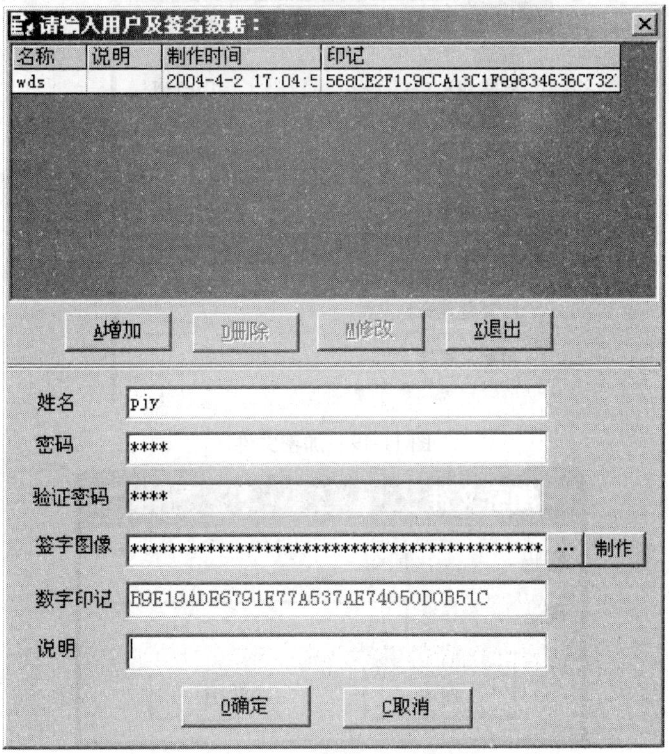

图 11-46　签名设置

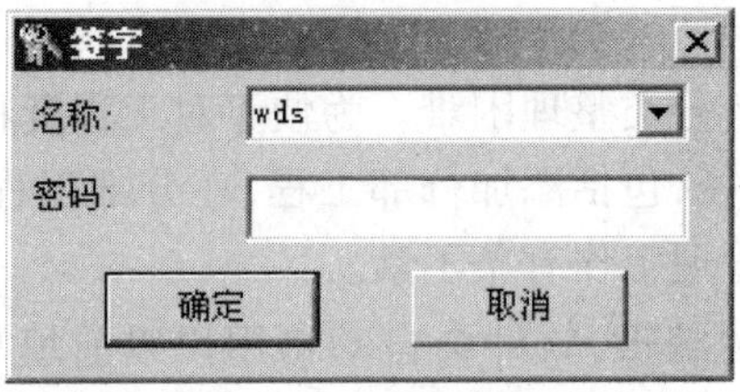

图 11-47　输入密码

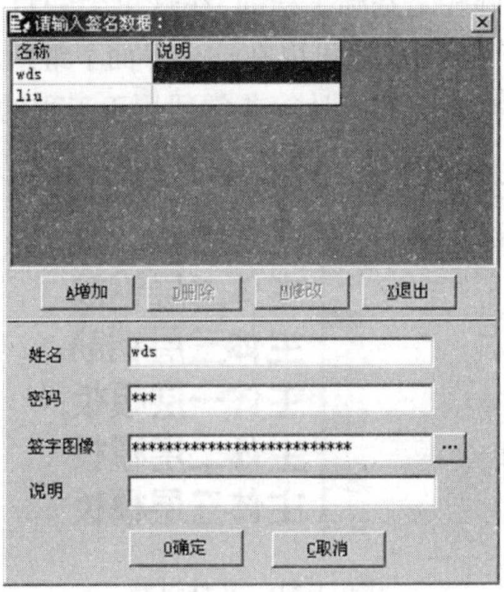

图 11-48　修改签名

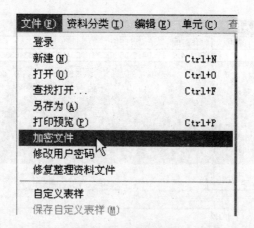

图 11-49　加密文件

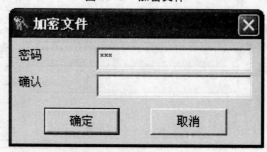

图 11-50　输入密码

（五）过滤功能

由于工程资料种类繁多,分类整理困难。为便于对工程资料进行分类整理,软件提供了在过滤状态下进行分类的途径,包括添加分部工程,在分部工程下添加子文件夹,生成条理清晰的树状显示图,使资料管理工作有条不紊。

单击 $\boxed{Y}$,进入过滤状态的编辑,软件会自动将用户以前填写的表格按其所在的分部工程和特殊子分部工程排列,有序地呈现在用户面前。例如:用户填写了若干份技术交底记录,那么哪些是主体工程的,哪些是基础工程的,在这里会一目了然地列在左侧的树状显示图中,如图 11-51 所示。接下来,用户还可以在这个界面下继续填报工作。在过滤状态下编辑,还可以完成成批复制、成批删除和统计等非常适用于工程的工作,见图 11-52。

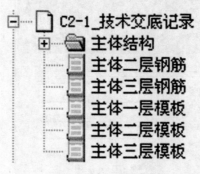

图 11-51　文件过滤

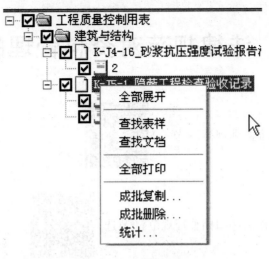

图 11-52　成批处理

附录　法律规范对资料管理的要求

附录1　《建设工程监理规范》(节选)

附录2　《建设工程文件归档整理规范》(节选)

附录3　《建筑工程施工质量验收统一标准》

参 考 文 献

[1] 建设部人事教育司,城市建设司.资料员专业与实务[M].北京:中国建筑工业出版社,2006.
[2] 吴锡桐.建筑工程资料员手册[M].上海:同济大学出版社,2005.
[3] 李海军.建筑工程资料员培训教程[M].北京:科学出版社,2003.
[4] 赵功.公路工程资料员培训教程[M].北京:科学出版社,2003.
[5] 赵功.市政道路工程资料员培训教程[M].北京:科学出版社,2003.
[6] 王勇.建筑设备安装工程资料员培训教程[M].北京:科学出版社,2003.
[7] 潘全祥.资料员[M].北京:中国建筑工业出版社,2005.
[8] 陈洪刚,姚鹏.资料员[M].北京:机械工业出版社,2007.
[9] 郭丽峰.资料员[M].北京:化学工业出版社,2008.
[10] 本书编委会.资料员[M].哈尔滨:哈尔滨工程大学出版社,2008.
[11] 秦付良.资料员一本通[M].北京:中国建材工业出版社,2008.
[12] 建设部.资料员专业与实务[M].北京:中国建筑工业出版社,2006.
[13] 本书编委会.资料员一本通[M].北京:中国建材工业出版社,2006.
[14] 郭泽林.资料员专业管理实务[M].北京:中国建筑工业出版社,2007.
[15] 颜晓蓉.资料员专业基础知识[M].北京:中国建筑工业出版社,2007.
[16] 卜永军.资料员一本通[M].北京:中国建材工业出版社,2008.
[17] 本书编委会.资料员全能图解[M].天津:天津大学出版社,2009.
[18] 潘全祥.怎样当好资料员[M].北京:中国建筑工业出版社,2008.
[19] 陈光.资料员岗位实务知识[M].北京:中国建筑工业出版社,2007.
[20] 本书编委会.建筑工程资料员一本通[M].哈尔滨:哈尔滨工程大学出版社,2008.
[21] 本书编委会.建设监理资料员一本通[M].哈尔滨:哈尔滨工程大学出版社,2008.
[22] 本书编委会.建筑安全资料员一本通[M].哈尔滨:哈尔滨工程大学出版社,2008.
[23] 本书编委会.公路工程资料员一本通[M].哈尔滨:哈尔滨工程大学出版社,2008.
[24] 本书编委会.市政工程资料员一本通[M].哈尔滨:哈尔滨工程大学出版社,2008.
[25] 潘全祥.施工现场十大员技术管理手册——资料员[M].北京:中国建筑工业出版社,2005.
[26] 李建坤.建筑施工现场资料员技术操作标准规范[M].北京:当代中国音像出版社,2003.
[27] 本书编委会.市政工程管理人员职业技能全书——资料员[M].武汉:华中科技大学出版社,2008.
[28] 李辉.建设工程资料管理[M].北京:高等教育出版社,电子科技大学出版社,2004.
[29] 吕宗斌.建设工程技术资料管理[M].武汉:武汉理工大学出版社,2005.
[30] 中华人民共和国建设部,国家质量监督检验检疫总局.GB/T 50300—2001 建筑工程施工质量验收统一标准[S].北京:中国建筑工业出版社,2002.
[31] 中华人民共和国建设部,中华人民共和国国家质量监督检验检疫总局.GB/T 50326—2001 建设工程项目管理规范[S].北京:中国建筑工业出版社,2002.
[32] 中华人民共和国建设部,国家质量监督检验检疫总局.GB/T 50328—2001 建设工程文件归档整理规范[S].北京:中国建筑工业出版社,2002.
[33] 中华人民共和国建设部,中华人民共和国国家质量监督检验检疫总局.GB 50358—2005 建设项目工程总承包管理规范[S].北京:中国建筑工业出版社,2005.
[34] 郭林峰.土木工程施工现场技术管理指南丛书——资料员[M].北京:化学工业出版社,2008.
[35] 夏萍.建设工程资料管理操作务实[M].上海:上海百家出版社,2009.
[36] 本书编委会.市政工程资料员培训教材[M].北京:中国建材工业出版社,2010.
[37] 张玲.资料员专业管理实务[M].郑州:黄河水利出版社,2010.
[38] 杨军,李吉曼.资料员——专业技能入门与精通[M].北京:机械工业出版社,2012.